아하! e-러닝강좌가 있는,

# 컴퓨터 응용수학

강태원 · 한수경 지음

동영상 강좌 제공
http://www.kyowoo.co.kr/appmath.html

MATHEMATICS

C·O·M·P·U·T·E·R

A·P·P·L·I·E·D

M·A·T·H·E·M·A·T·I·C·S

KYOWOOSA 教友社

# 머리말

이 책은 누구를 위한 것인가?

IT 관련 이공계 학생 및 IT 분야 종사자가 필요로 하는 수학과 그 응용을 문제풀이 관점에서 다룬다.

이 책은 무엇을 다루는가?

기초대수로부터 선형대수, 수치해석 및 확률의 기초 개념을 하나로 묶어낸 것이다.

이 책은 어떻게 그것을 다루는가?

다양한 주제를 쉬운 예제와 함께 명백하게 다룬다.

생활과 밀접한 예제를 사용한다.

말하듯이 서술하여 책과 대화하는 느낌으로 개념을 이해하도록 한다.

이 책의 특징은 무엇인가?

http://www.kyowoo.co.kr/appmath.html에서 동영상 강좌가 제공된다.

분야에 따라 차이는 있으나 IT 분야에서 필요로 하는 기초수학은 크게 미분적분학, 이산수학, 선형대수, 수치해석, 확률 및 통계다. 그 중요성에 대하여는 대체로 공감함에도 불구하고 무슨 이유에서인지 IT 분야의 교육에서 수학의 비중이 점점 줄어들었다. 이 책은 미분적분학과 이산수학과는 구분되는 선형대수, 수치해석 및 확률의 기초 개념을 하나의 묶어낸 것이다.

이 책은 4부로 구성되어 있다.

1부는 기초개념을 다루는 것으로 4개의 장으로 구성되며 집합, 함수, 군, 환, 체, 지수와 제곱근, 로그, 팩토리얼, 순열과 조합, 로또, 생일문제, 복소수, 다항식과 부분분수, 직선과 그 응용, 기초기하, 도형, 삼각비, 사인법칙, 코사인법칙, 삼각법공식, 신의 방정식,

삼각함수, 삼각방정식, 좌표계, 쌍곡선함수, 복소수와 극형식, 오일러 방정식, 이항정리, 매클로린 급수, 도함수 공식, 테일러 정리를 다룬다.

2부는 IT 분야에 특히 중요한 선형대수의 핵심 개념을 4개의 장에서 다룬다. 행렬과 연산, 여러 가지 행렬들, 역행렬, 행렬식, 기본연산, 기본 행 연산, 기본 행렬, 연립방정식과 소거법, 연립방정식 해의 존재, 크래머 공식, 반복법, LU 분해 및 쌍분해, 그리고 암호화와 복호화, $R^n$ 공간벡터, 내적과 외적, 벡터공간, 부분공간, 1차결합, 1차종속, 1차독립, 유한차원 벡터공간, 기저, 차원, 선형사상, 고유값과 고유벡터, 특성다항식, 특성방정식, 행렬의 대각화, hamilton-cayley 정리, 선형변환, 평행이동, 회전이동, 확대축소변환, 합성변환, 반사이동, 전단변환을 다룬다.

3부는 확률과 확률분포를 3개의 장에서 다룬다. 확률에 근거를 둔 추론을 강조하였다. 추론확률, 조건부 확률, 베이즈 정리, 확률추론, 확률과 신뢰도, 확률변수, 평균, 분산, 결합 확률분포, 공분산, 상관계수, 단일분포, 이항분포, 기하분포, 초기하분포, 포와송분포, 연속확률분포, 정규분포, 감마분포, 지수분포, 거듭제곱분포, 중심극한정리, 랜덤워크를 다룬다.

4부는 수치해석의 기초개념과 미분방정식에 의한 모델링을 다룬다. 주 내용은 이분법, 뉴턴법, 가위치법, 할선법, Lagrange 보간다항식, 분할차분, 뉴턴 보간다항식, 수치미분, 수치미분 2점 공식, 수치미분 3점 공식, 수치적분, 수치구적법, $n+1$점 사다리꼴 공식, $n+1$점 심프슨 공식, $n+1$점 심프슨 $\frac{3}{8}$공식, 수치적분 오차정리, 상미분방정식, 선형미분방정식, 모델링, 박테리아 증식, 방사능 붕괴, 뉴턴의 냉각법칙, 1계 미분방정식의 해법을 다룬다.

마지막으로 16장에서는 10가지 증명법을 예제와 함께 다룬다.

이 책의 목적은 IT 관련 지식을 응용하는데 필요한 수학을 이해하는 것이다. 즉, 수학자를 위한 것이 아니라 흔히 사용하는 IT 기술과 이론의 바탕이 되는 수학을 이해하고 그리하여 새로운 창조를 위해 수학을 잘 사용할 수 있는 기초를 제공하는 것이다. 모쪼록 독자들이 이 책을 통하여 앞선 이론과 기술을 정확하게 이해하고 자신의 생각을 엄밀하고 효과적으로 표현할 수 있는 소양을 익히기를 바란다.

강태원 · 한수경

# 차례

## 제1부 기초개념 / 1

### Chapter 1. 기초대수 / 2



### Chapter 2. 도형, 삼각법 / 29

# 제1부

# 기초개념

# Chapter 01 기초대수

대상들의 모임인 집합(set)은 수학의 가장 근본적인 개념이다. 우리가 어떤 대상들에 개념을 부여하고 다루기 위해서는 우선 그 대상을 다른 것들과 구분할 수 있어야 하고 또 그것을 모아 놓아야 할 것이다. 그리고 그것들에 대해서 이러쿵저러쿵 주장을 하게 된다. 집합을 다루는 수학을 집합론(set theory)이라 한다. 집합을 엄밀하게 정의하고 관련 이론을 다루는 것은 이 책의 범위가 아니다. 여기서는 집합의 기초 개념과 그 연산에 대하여 다룬다.

**1.1 정의 (집합)** : 속하는지 아닌지가 분명한 사물의 모임을 **집합**이라 하고, 어떤 집합에 속하는 사물을 그 집합의 원소라 한다.

예 "$a$와 $b$가 집합 $A$에 속한다"는 $a,\ b \in A$로 나타낸다. 이때 $a$와 $b$는 $A$의 원소다.

**1.2 정의 (집합의 동치)** : 두 집합에 속하는 원소가 모두 같은 경우 "두 집합은 같다"하고 $A = B$로 나타낸다.

예 $A = \{2,\ 3,\ 4\}$, $B = \{4,\ 5,\ 6\}$이라 하자, $3 \in A$이지만 $3 \notin B$이다. 따라서 집합 $A$와 $B$는 같지 않다.

**1.3 정의 (합집합, 교집합)** : 두 집합 $A$, $B$의 **합집합** $A \cup B$는 $A$ 또는 $B$에 속하는 모든 원소를 원소로 갖는 집합이다. 두 집합 $A$, $B$의 **교집합** $A \cap B$는 $A$ 및 $B$에 모두 속하는 원소를 원소로 갖는 집합이다.

**예** $A=\{2, 3, 4\}$, $B=\{4, 5, 6\}$이라 하자, $A$와 $B$의 합집합과 교집합은 각각 $A\cup B=\{2, 3, 4, 5, 6\}$, $A\cap B=\{4\}$이다.

**1.4 노트 (공집합 null set, empty set)** : 원소가 없는 집합을 공집합이라한다.

**예** $\{\ \}=\varnothing$

**예** $\{\{\ \}\}=\{\varnothing\}\neq\varnothing$

**1.5 노트 (집합의 표현)** : 집합은 지금까지와 같이 원소를 나열하여 표현한다. 다른 방법으로는 집합을 구성하는 조건을 제시하는 **조건제시법**이 있다.

**예** $A=\{x\in Z\,|\,2\leq x\leq 4\}$

**예** $A\cap B=\{x\,|\,x\in A\wedge x\in B\}$, $A\cup B=\{x\,|\,x\in A\vee x\in B\}$

**1.6 노트 (여러 가지 수 집합)** : 실수 집합을 $R$이라 할 때 우리가 사용하는 수 집합은 다음과 같다.

: $R=Q\cup Q^c$, $Q$ = 유리수, $Q^c$ = 무리수

: $Q=\{\ a/b\ \mid\ a, b\in Z$, 단, $b\neq 0\}$, $Q=Z\cup Z^c$

: $Z^c=\{\ \cdots, 1/2, 2/3, \cdots\ \}$

: $Z=nI\cup\{0\}\cup pI$, $nI=\{\ \cdots, -2, -1\ \}$, $pI=N=\{\ 1, 2, \cdots\ \}$,

$pI=N=$자연수(natural number) 집합

: $Q^c=\{\ \sqrt{2}, e, \log 2, \pi, \cdots\ \}$

## ■ 함수

**1.7 정의 (함수 function)** : 집합 $A$에서 집합 $B$로의 함수 $f$는 $A$의 각 원소 $x$에 대하여 $B$의 유일한 $y$에 대응시키는 것이다.

: $f:A\rightarrow B$로 나타내며, 집합 $A$에서 집합 $B$로의 함수 또는 사상(map)이라 부른다.

: $x$에서의 $f$값이 원소 $y$일 때 즉, 집합 $A$의 원소 $x$가 집합 $B$의 원소 $y$에 대응될 때 $y=f(x)$로 나타낸다.

: $A$ = 함수 $f$의 정의역, $B$= 함수 $f$의 공변역, $f(A) = \{y \in B \mid y = f(x),\ x \in A\}$ = 치역

: 함수는 기능적인 측면에서 블랙박스로 설명되기도 한다. 즉, 입력이 주어지면 어찌어찌 처리하여 결과를 생성하는 장치로 볼 수 있다. 그러나 형식적인 수학에서는 이와 같이 함수를 두 집합 원소의 대응 관계로 정의한다는 것을 잘 이해해야한다.

**예** $y = x^2$

**1.8 정의 (제곱근 square root)** : 음이 아닌 $a \in R$에 대하여 $\sqrt{a}$는 $a$의 **제곱근**을 나타낸다.

: 즉, $\sqrt{a}\sqrt{a} = a$이다. 또한, $(-\sqrt{a})(-\sqrt{a}) = a$이므로 $-\sqrt{a}$ 역시 제곱근이며 이를 음 제곱근이라 한다. 따라서 제곱근은 방정식 $x^2 = a$의 근이다.

**예** $a = 169,\ \sqrt{a} = \sqrt{169} = 13$

$13^2 = 13 \times 13 = 169$, 169의 음 제곱근은 -13이다.

**1.9 노트 (무리함수)** : 제곱근이라는 것은 "음이 아닌 $x \in R$를 양의 제곱근 $\sqrt{x}$에 대응시키는 함수"로 해석할 수 있다. 이를 **무리함수**라 한다.

**예** $y = \sqrt{x},\ x \geq 0$

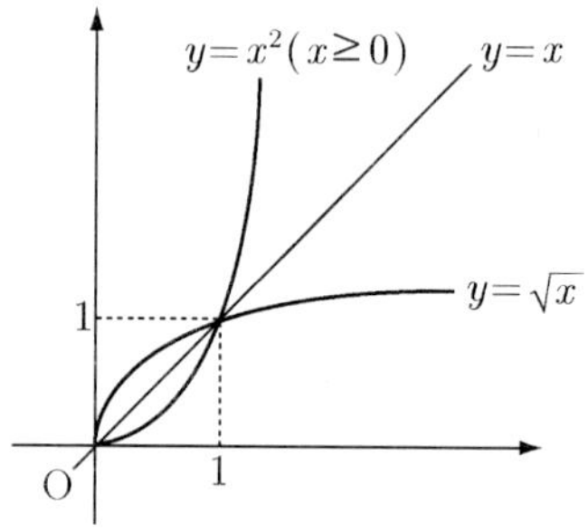


**1.10 정의 (절대값 absolute value)** : 실수 $a$에 대한 절대값 $|a|$는 다음과 같다.

$$|a| = \begin{cases} a : a \geq 0 \\ -a : a < 0 \end{cases}$$

즉, $a \in R$이고 $a$가 음이 아니면 $|a| = a$, $a$가 음수면 $|a| = -a$

**예** $a$가 각각 5, −1, −6, −14.3일 때, $|a|$는 5, 1, 6, 14.3이다.

**1.11 정의 (비교 greater than, less than)** : 대상들은 비교에 의해 순서를 정할 수 있다.

: 실수 $a$, $b$에 대하여 $a=b+c$($c$ 양의 실수)이면 $b$는 $a$보다 작고, $a$는 $b$보다 크다.

: $a>b$로 나타낸다.

: $a-b>0$이면 $a>b$이다.

: $a>b=b<a$

**예** $a=3$, $b=-2$이면 $c=5$ 이고 따라서 $3>-2$이다.

## ■ 군, 환, 체

여기서는 일반적인 수 체계(number system)를 다룬다. 수 집합은 그에 포함된 수 자체만으로는 큰 의미가 없다. 그 수들에 작용하는 연산자가 주어져야 비로써 의미를 갖게 된다. 들판에 가득 쌓아놓은 돌덩어리들도 그자체로는 아무 쓸모가 없다. 수 체계는 이러한 〈수, 연산자〉 짝을 말한다. 이 개념들은 추상대수(abstract algebra)의 기초가 된다.

**1.12 정의 (이항연산 binary operation)** : $\circ : G\times G\rightarrow G$, $G\neq\varnothing$ 인 함수 $\circ$를 이항연산이라 한다.

: $\circ(a, b)$는 $a\circ b$로 나타낸다.

**예** $\circ(2, 3)=5$, $2\circ 3=5$; $+(2, 3)=5$, $2+3=5$

**1.13 노트** : 이진연산은 연산의 결과가 참, 거짓인 연산 즉, 논리연산을 말한다.

**1.14 정의 (군 group)**

: 이항연산 $\circ$이 정의된 집합 $G$가 다음 공리를 만족하면 $<G, \circ>$는 군이다.

[G1] 결합법칙 : $\forall a, b, c\in G$, $(a\circ b)\circ c=a\circ(b\circ c)$

[G2] 항등원 : $\forall a\in G$, $\exists|\ e\in G\cdot\ni\cdot a\circ e=e\circ a=a$

[G3] 역원 : $a\in G$, $\exists|\ a^{-1}\in G\cdot\ni\cdot a\circ a^{-1}=a^{-1}\circ a=e$

**예** 자연수와 덧셈 $< N, + >$ 그리고 정수와 덧셈 $< Z, + >$

**풀이** 자연수는 개수를 세거나, 순서를 정하는 가장 원초적인 수다. 자연수는 덧셈에 대한 결합법칙이 성립됨은 명백하다. 항등원은 더해서 결과가 같은 수 즉, 0인데 0은 자연수가 아니므로 자연수의 경우 덧셈에 대한 항등원이 존재하지 않는다. 따라서 $< N, + >$ 는 군이 아니다. 정수의 경우 덧셈에 대한 결합법칙이 성립됨은 명백하다. 다음으로 $e = 0$으로 놓으면 $\forall a \in Z,\ a + 0 = 0 + a = a$이므로 유일한 항등원 0이 존재한다. 마지막으로 $a \in Z$이면 $a + (-a) = (-a) + a = 0$이므로 각각의 정수 $a$에 대하여 유일한 역원 $a^{-1} = -a$이 존재함을 알 수 있다. 따라서 정수 집합은 덧셈에 대하여 군이다. 항등원과 역원이 존재하되 오직 하나만 존재한다는 유일성은 16장 증명법을 참조하라.

**예** 자연수와 곱셈 $< N, \times >$

**풀이** 곱셈의 경우 결합법칙이 성립하고 항등원 1이 존재함을 알 수 있다. 하지만 1을 제외한 자연수의 경우 $a \times ? = 1$이 되는 ?는 $\frac{1}{a}$ 즉 $a^{-1} = \frac{1}{a}$, $(a > 1)$이고 이것은 자연수가 아니다. 즉, 자연수 내에는 곱셈에 대한 역원이 존재하지 않는다. 따라서 자연수는 곱셈에 대하여는 군이 아니다.

: 결론적으로 자연수의 집합은 덧셈과 짝을 이루는 경우 항등원이 없어서, 곱셈과 짝을 이루는 경우 항등원은 있지만 역원이 없어서 군이라는 수 체계가 아니다.

**1.15 정의 (아벨 군 abelian group)** : 교환법칙을 만족하는 군을 아벨 군이라 한다.

: $\forall a, b \in G,\ (a \circ b) = (b \circ a)$

**예** $N, Z, Q, R$

**풀이** 정수, 유리수, 실수는 모두 덧셈에 관한 교환법칙이 성립하는 아벨 군이다.

**예** 행렬의 곱은 교환법칙이 성립하지 않는다.

**풀이** 다음과 같은 2차 정방행렬 $a, b$는 행렬의 곱에 대하여 교환법칙이 성립되지 않음을 보여준다(행렬의 곱은 5장 참조).

$$a = \begin{pmatrix} 0 & 1 \\ 1 & 0 \end{pmatrix},\ b = \begin{pmatrix} 1 & 0 \\ 0 & -1 \end{pmatrix}$$

$$ab = \begin{pmatrix} 0 & 1 \\ 1 & 0 \end{pmatrix}\begin{pmatrix} 1 & 0 \\ 0 & -1 \end{pmatrix} = \begin{pmatrix} 0 & -1 \\ 1 & 0 \end{pmatrix},\ ba = \begin{pmatrix} 1 & 0 \\ 0 & -1 \end{pmatrix}\begin{pmatrix} 0 & 1 \\ 1 & 0 \end{pmatrix} = \begin{pmatrix} 0 & 1 \\ -1 & 0 \end{pmatrix}$$

**1.16 정의 (환 rings)** : 집합 $R(\neq \varnothing)$이 더하기(+)와 곱하기(·)를 가질 때, $< R, \ \cdot, +>$ 이 다음 공리를 만족하면 $R$은 환이다.

[R1] +에 대한 결합법칙 : $\forall a, b, c \in R, \ (a+b)+c = a+(b+c)$

[R2] 영(zero)원소(+에 대한 항등원) : $\forall a \in R, \ \exists 1 \ 0 \in R \cdot \ni \cdot \ a+0 = 0+a = a$

[R3] 음 원소(+에 대한 역원) : $a \in R, \ \exists | \ -a \in R \cdot \ni \cdot \ a+(-a) = (-a)+a = 0$

[R4] +에 대한 교환법칙 : $\forall a, b \in R, \ (a+b) = (b+a)$

[R5] ·에 대한 결합법칙 : $\forall a, b, c \in R, \ (a \cdot b) \cdot c = a \cdot (b \cdot c)$

[R6] 분배법칙 : $\forall a, b, c \in R, \ a \cdot (b+c) = a \cdot b + a \cdot c,$

$$(b+c) \cdot a = b \cdot a + c \cdot a$$

: 음 원소의 합은 $a+(-b) = a-b$와 같이 나타낸다.

: 곱에 관한 교환법칙 $\forall a, b \in R, \ a \cdot b = b \cdot a$이 만족할 때 **교환 환**이라 한다.

: 곱에 대한 항등원 1이 존재하는 환($\forall a \in R, \ \exists | \ 1 \in R \cdot \ni \cdot \ a \cdot 1 = 1 \cdot a = a$)을 단위원을 갖는 환이라 한다.

**예** 부울 대수 boolean algebra $< \{0, 1\}, \ \cdot, +>$

| · | 0 | 1 |
|---|---|---|
| 0 | 0 | 0 |
| 1 | 0 | 1 |

| + | 0 | 1 |
|---|---|---|
| 0 | 0 | 1 |
| 1 | 1 | 1 |

| ⊕ | 0 | 1 |
|---|---|---|
| 0 | 0 | 1 |
| 1 | 1 | 0 |

**풀이** 집합 $\{0, 1\}$은 주어진 덧셈 연산 +에 대하여 1에 대한 음 원소가 존재하지 않는다. 따라서 환이 아니다. 그러나 덧셈 연산을 ⊕로 사용하는 경우 즉, $< \{0, 1\}, \cdots, \oplus >$는 환이다.

**1.17 정의 (정역 integral domain)** : 단위원을 갖는 교환 환 $R$이 0인자를 갖지 않으면 정역이라 한다. 0이 아닌 두 수의 곱이 0일 때, 두 수를 0인자라 한다. 실수의 경우 정역이 아님을 알 수 있다. 실수의 경우 $a \cdot b = 0$이면 $a = 0$ 또는 $b = 0$이다.

**예** 행렬 집합은 행렬의 곱에 대하여 0인자를 갖는다.

**풀이** 예를 들어 2차 정방행렬에 대하여 $\begin{pmatrix} -1 & 1 \\ 0 & 0 \end{pmatrix}\begin{pmatrix} 0 & 1 \\ 0 & 1 \end{pmatrix} = \begin{pmatrix} 0 & 0 \\ 0 & 0 \end{pmatrix}$이 성립한다. 즉, 0이 아닌 두 행렬의 곱이 0(영행렬)이 될 수 있다.

**1.18 정의 (체 field)** : 단위원을 갖는 교환 환 $F$의 (0이 아닌) 모든 원소가 곱셈에 대한 역원을 가지면 체라고 한다.

$a(\neq 0)\in F,\ \exists|\ a^{-1}\in F \cdot \ni \cdot a^{-1}\cdot a = a \cdot a^{-1} = 1$

**예** 유리수 $Q$와 실수 $R$은 두 연산 합과 곱에 대하여 체이다.

**풀이** 유리수와 실수가 단위원 1을 갖는 교환 환임은 쉽게 보일 수 있다.

**1.19 노트 (실수의 성질)** : 실수 $< R,\ \cdot,\ + >$에 대하여 다음이 성립한다.

$a \cdot 0 = 0$

$-(-a) = a$

$-a = -1 \cdot a$

$a = b$이면 $a + c = b + c$이다

$a + c = b + c$이면 $a = b$이다

$a = b$이면 $a \cdot c = b \cdot c$이다

$a \cdot c = b \cdot c$이고 $c \neq 0$이면 $a = b$이다

$a - b = a + (-b)$

$\frac{a}{b} = \frac{c}{d} \Leftrightarrow a \cdot d = b \cdot c,\ (b,\ d \neq 0)$

$\frac{a}{b} = \frac{a \cdot c}{b \cdot c},\ (c \neq 0)$

$\frac{a}{c} + \frac{b}{c} = \frac{a + b}{c},\ (c \neq 0)$

$\frac{a}{b} \cdot \frac{c}{d} = \frac{a \cdot c}{b \cdot d},\ (b,\ d \neq 0)$

## ■ 지수와 제곱근

**1.20 정의 (지수/거듭제곱 법칙)** :

$a^m \cdot a^n = a^{m+n}$

$$\frac{a^m}{a^n} = \begin{cases} a^{m-n} & m > n \\ 1 & m = n \\ \dfrac{1}{a^{n-m}} & m < n \end{cases}$$

$$(a^m)^n = a^{mn}$$

지수는 크거나 작은 수를 다루거나, 근사값 등을 계산하는데 용이하게 사용된다.

예 $a^{-m} = \dfrac{1}{a^m}$, $a^0 = 1\,(a \neq 0)$, $0^0 = 0$, $0^x = 0$

예 크거나 작은 값의 계산

$(67,800)(0.00001) = (6.78 \times 10^4) \cdot (1 \times 10^{-5}) = 6.78 \times 10^{-1} = 0.678$

예 근사값

$(67,800)(0.00001) \approx (1 \times 10^5) \cdot (1 \times 10^{-5}) = 1$

**1.21 노트 (제곱근)** : 방정식 $x^n = a$의 근(해)가 $b$일 때, $b$를 $a$의 $n$ 제곱근이라 부르며 $b = \sqrt[n]{a}$로 나타낸다. $a^p$의 $q$ 제곱근 즉 $x^q = a^p$의 근은 $\sqrt[q]{a^p} = a^{\frac{p}{q}}$이다. 예를 들어 $q$가 2인 경우, $\sqrt[2]{a^p} = \sqrt{a^p} = a^{\frac{p}{2}}$이다.

$$a^{\frac{1}{x}} = \sqrt[x]{a}$$

$$\sqrt[x]{ab} = \sqrt[x]{a}\,\sqrt[x]{b} = a^{\frac{1}{x}}\,b^{\frac{1}{x}}$$

$$\sqrt[x]{\frac{a}{b}} = \frac{\sqrt[x]{a}}{\sqrt[x]{b}} = \frac{a^{\frac{1}{x}}}{b^{\frac{1}{x}}}$$

$$\left(a^{\frac{1}{y}}\right)^x = a^{\frac{x}{y}} = \sqrt[y]{a^x}$$

$$\sqrt[x]{\sqrt[y]{a}} = \left(a^{\frac{1}{y}}\right)^{\frac{1}{x}} = a^{\frac{1}{xy}}$$

예 $\sqrt{48} = \sqrt{2 \cdot 24} = \sqrt{2 \cdot 2 \cdot 12} = \sqrt{2 \cdot 2 \cdot 2 \cdot 6}$

$= \sqrt{2 \cdot 2 \cdot 2 \cdot 2 \cdot 3} = \sqrt{4^2 \cdot 3} = 4 \cdot \sqrt{3}$

$$\sqrt{48} \times \sqrt{12} = \sqrt{4^2 \cdot 3} \times \sqrt{2^2 \cdot 3} = 4\sqrt{3} \times 2\sqrt{3} = 8 \times \sqrt{3^2} = 24$$

$$\frac{\sqrt{12}}{\sqrt{3}} = \frac{2\sqrt{3}}{\sqrt{3}} = 2 \ \left(\frac{\sqrt{12}}{\sqrt{3}} = \sqrt{\frac{12}{3}} = \sqrt{2^2} = 2\right)$$

$$\sqrt{0.03} = \sqrt{\frac{3}{100}} = \frac{\sqrt{3}}{\sqrt{100}} = \frac{\sqrt{3}}{\sqrt{10^2}} = \frac{\sqrt{3}}{10}$$

$$= \sqrt{3 \times 0.01} = \sqrt{3 \times 10^{-2}} = (3 \times 10^{-2})^{\frac{1}{2}}$$

$$= 3^{\frac{1}{2}} \times 10^{-2 \times \frac{1}{2}} = \sqrt{3} \times 10^{-1} = \frac{\sqrt{3}}{10}$$

**1.22 정리** : 2차 방정식(quadratic equations) $ax^2 + bx + c = 0\,(a \neq 0)$의 근의 공식은 다음과 같다.

**예** $x_{\pm} = \dfrac{-b \pm \sqrt{b^2 - 4ac}}{2a}$

**풀이** $0 = a(x^2 + \frac{b}{a}x) + c = a(x^2 + \frac{b}{a}x + \frac{b^2}{4a^2}) - \frac{b^2}{4a^2} + c = a(x + \frac{b}{2a})^2 - \frac{b^2}{4a} + c$

따라서 $(x + \frac{b}{2a})^2 = \dfrac{b^2 - 4ac}{4a^2}$ 이다.

이를 $x$에 대해서 풀면 $x + \frac{b}{2a} = \pm \dfrac{\sqrt{b^2 - 4ac}}{\sqrt{4a^2}} = \pm \dfrac{\sqrt{b^2 - 4ac}}{2a}$ 이고

$x_{\pm} = \dfrac{-b \pm \sqrt{b^2 - 4ac}}{2a}$ 이다.

**예** 2차 방정식 $2x^2 - 6x + 4 = 0$의 해는 $x_{\pm} = \dfrac{-(-6) \pm \sqrt{(-6)^2 - 4(2)4}}{2(2)}$ 즉 2 또는 1이다.

: $2x^2 - 6x + 4 = 2(x-2)(x-1) = 0$이므로 2차식을 1차 항의 곱으로 나타낼 수 있다.

**1.23 노트** : $n$차 방정식은 $n$개의 해를 갖는다. 또한, 5차 이상의 방정식은 근의 공식이 존재하지 않는다.

: 3차 방정식의 근의 공식

$$x_1 = -\frac{b}{3a} - \frac{2^{\frac{1}{3}}(-b^2+3ac)}{3a(-2b^3+9abc-27a^2d+\sqrt{4(-b^2+3ac)^3+(-2b^3+9abc-27a^2d)^2})^{\frac{1}{3}}}$$

$$+\frac{(-2b^3+9abc-27a^2d+\sqrt{4(-b^2+3ac)^3+(-2b^3+9abc-27a^2d)^2})^{\frac{1}{2}}}{3\ 2^{\frac{1}{2}}a}$$

$$x_2 = -\frac{b}{3a} + \frac{(1+i\sqrt{3})(-b^2+3ac)}{3\ 2^{\frac{2}{3}}a(-2b^3+9abc-27a^2d+\sqrt{4(-b^2+3ac)^3+(-2b^3+9abc-27a^2d)^2})^{\frac{1}{3}}}$$

$$+\frac{(1-i\sqrt{3})(-2b^3+9abc-27a^2d+\sqrt{4(-b^2+3ac)^3+(-2b^3+9abc-27a^2d)^2})^{\frac{1}{2}}}{6\ 2^{\frac{1}{2}}a}$$

$$x_3 = -\frac{b}{3a} + \frac{(1-i\sqrt{3})(-b^2+3ac)}{3\ 2^{\frac{2}{3}}a(-2b^3+9abc-27a^2d+\sqrt{4(-b^2+3ac)^3+(-2b^3+9abc-27a^2d)^2})^{\frac{1}{3}}}$$

$$+\frac{(1+i\sqrt{3})(-2b^3+9abc-27a^2d+\sqrt{4(-b^2+3ac)^3+(-2b^3+9abc-27a^2d)^2})^{\frac{1}{2}}}{6\ 2^{\frac{1}{2}}a}$$

**1.24 정의 (로그 logarithm)** : 양의 실수 $x$에 대한 (밑이 $a$인) 로그 값은 $\log_a x$로 나타내며, $x = a^y$ 이면 $y = \log_a x$ 이다. 즉, $\log_a x$란 $a$에 나$(\log_a x)$를 거듭제곱하면 $x$가 된다는 것으로 이해하라. 즉, $\log_2 8 = 3$은 2에 3제곱은 8이란 뜻이다. 그리고 $2^3 = 8$은 2에 거듭제곱해서 8이 되는 수 즉, $\log_2 8$은 3이란 뜻이다. 또한, $\log_a x = \log_a(x)$ 즉, 함수로 이해 할 수 있다. 지수와 마찬가지로 로그 개념은 크거나 작은 수를 쉽게 다루려고 만든 것이다. 밑이 e인 로그를 **자연로그**라 하고 $\ln x (= \log_e x)$로 나타낸다.

**예** $\log_3 9$를 계산하시오.

**풀이** 구하려는 $\log_3 9$를 $x$라 가정하면 즉, $x = \log_3 9$이면, 정의에 의하여 (3에다 니$(x)$를 거듭제곱하면 9라는 뜻) $3^x = 9$이므로 $x = \log_3 9 = 2$. 실제로 3에다 $\log_3 9$를 거듭제곱하면 $3^{\log_3 9} = 9$임을 알 수 있다.

**예** $\log_{10} 10$을 계산하시오.

**풀이** 구하려는 $\log_{10}10$을 $x$라 가정하면, $10^x = 10$이므로 $x = \log_{10}10 = 1$.

**예** $\log_{27}9$을 계산하시오.

**풀이** 구하려는 $\log_{27}9$을 $x$라 가정하면, $27^x = 9$, $(3^3)^x = 3^2$, $3^{3x} = 3^2$, $x = \log_{27}9 = \frac{2}{3}$.

**예** $\log_{10}0.01$을 계산하시오.

**풀이** 구하려는 $\log_{10}0.01$을 $x$라 가정하면, $10^x = 10^{-2}$이므로 $x = \log_{10}0.01 = -2$.

**예** $\ln e$를 계산하시오.

**풀이** 구하려는 $\ln e$를 $x$라 가정하면, $\ln e = \log_e e$이고 $e^x = e$이므로 $x = \ln e = 1$.

**예** $\log_3 \frac{1}{27}$을 계산하시오.

**풀이** 구하려는 $\log_3 \frac{1}{27}$을 $x$라 가정하면, $3^x = \frac{1}{27} = \frac{1}{3^3} = 3^{-3}$, $x = \log_3 \frac{1}{27} = -3$.

**예** 로그방정식 $\log_2 x = 3$의 해를 구하시오.

**풀이** 정의에 의하여 $2^3 = x$이므로 $x = 8$.

**예** 로그방정식 $\log x = 3$의 해를 구하시오.

**풀이** 정의에 의하여 $10^3 = x$이므로 $x = 1000$.

**1.25 노트 (로그법칙)** : 십진수 8은 이진수로 $1000_2$이다. 8보다 작은 수는 2진수로 3자리 이내의 수들이고, 1000보다 작은 수는 10진수로 3자리 이내의 수들이다. 즉, 로그는 큰 수를 줄여서 다룰 수 있게 한다. 로그는 지수에 대한 역 연산이며 다음 로그법칙이 성립한다.

$$\log_a(xy) = \log_a x + \log_a y$$

$$\log_a\left(\frac{x}{y}\right) = \log_a x - \log_a y$$

$$\log_a x^n = n\log_a x,\ \log_a 1 = 0,\ \log_x x = 1$$

**예** $\log 5+\log 7$를 계산하시오.

**풀이** $\log 5+\log 7=\log(5\times 7)=\log 35$.

**예** $\log_2 16-\log_2 4$를 계산하시오.

**풀이** $\log_2 16-\log_2 4=\log_2\frac{16}{4}=\log_2 4=\log_2 2^2=2$.

**예** $2\log 3=\log 3^2=\log 9$

$\frac{1}{2}\log 3=\log 3^{\frac{1}{2}}=\log\sqrt{3}$

$\log 32-\log 128=\log 2^5-\log 2^7=5\log 2-7\log 2=-2\log 2=\log 2^{-2}=\log\frac{1}{4}$

**예** $\log 450$을 계산하시오.

**풀이** $\log 450=\log(2\times 3^2\times 5^2)=\log 2+2\log 3+2\log 5$

: 큰 수를 작은 수의 합으로 계산

**예** $\log(x-1)+\log(x+8)=2\log(x+2)$의 해를 구하시오.

**풀이** $\log(x-1)(x+8)=\log(x+2)^2$ 이므로,

$$x^2+7x-8=x^2+4x+4$$

$$3x=12,\ \therefore x=4$$

**1.26 노트 (밑 변환)**

: $\log_b x=\frac{\log_a x}{\log_a b}$를 이용하여 밑을 변환할 수 있나.

**예** $\log_4 8=\frac{\log_2 8}{\log_2 4}=\frac{\log_2 2^3}{\log_2 2^2}=\frac{3\log_2 2}{2\log_2 2}=\frac{3}{2}$

**1.27 노트 (로그함수와 무리함수 그래프)** : 통상 로그함수나 무리함수를 그릴 때는 심미적인 이유 때문인지 비율을 정확하게 고려하지 않는다. 그래서 함수 값의 크기에

대한 오해가 있을 수 있다. 통상적으로 그리는 $y=x$ $vs.$ $y=\sqrt{x}$ $vs.$ $y=\log(x)$의 그래프를 한 곳에 그리면 그림 (a)와 같을 것이다. 그러나 실제로 세 그래프의 관계는 (b)와 같다. (c)는 (b)의 원점 부분을 확대한 것이다.

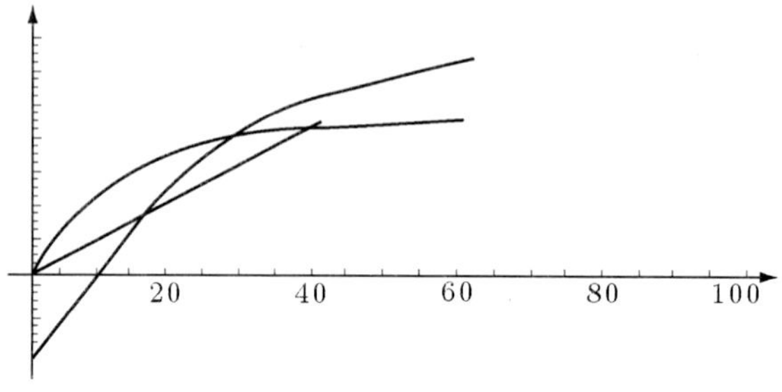


(a) 통상적인 경우

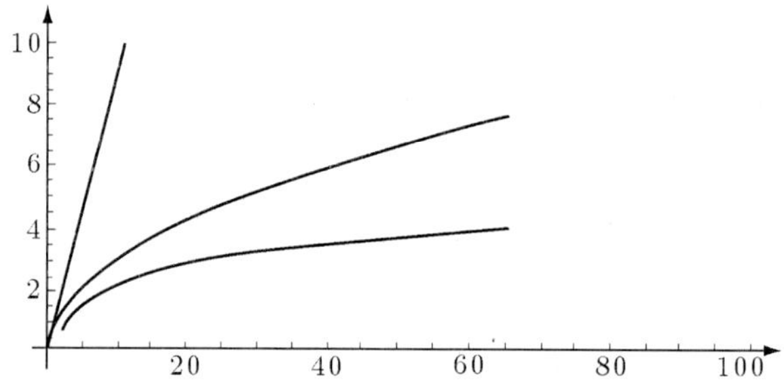


(b) 실제 크기

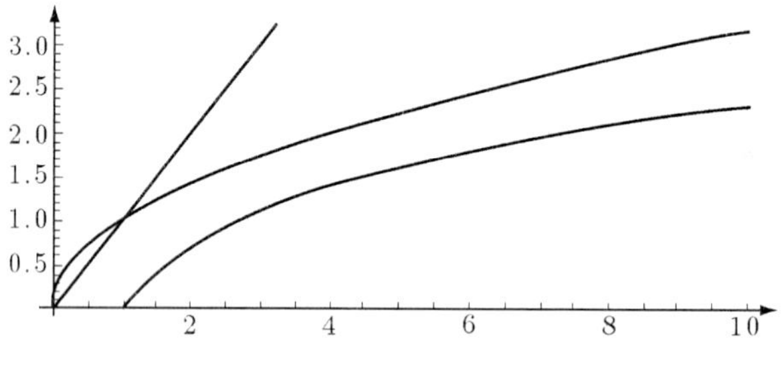


(c) 원점 부분 확대

: $\forall x \in R$, $\log x < x$, $\log x < \sqrt{x}$ 이다.

: $0 \le x \le 1$이면 $x \le \sqrt{x}$ 이고 $x > 1$이면 $\sqrt{x} < x$이다.

예 $t$에 관한 식 $\theta = \theta_0(1 - e^{\frac{-t}{\tau}})$를 $\theta$에 관한 식으로 바꾸면 다음과 같다. 이 예에서 알 수 있듯이 지수·로그함수는 비선형 증가감소 현상에 자주 등장한다.

$$\frac{\theta}{\theta_0} = 1 - e^{\frac{-t}{\tau}}, \quad e^{\frac{-t}{\tau}} = 1 - \frac{\theta}{\theta_0}$$

$$\log_e e^{\frac{-t}{\tau}} = \log_e(1 - \frac{\theta}{\theta_0}), \quad \frac{-t}{\tau} = \log_e(1 - \frac{\theta}{\theta_0})$$

따라서, $t = -\tau \log_e(1 - \frac{\theta}{\theta_0})$

## ■ 팩토리얼, 순열과 조합, 로또, 생일문제

### 1.28 정의 (팩토리얼 factorials)

$$n! = \prod_{i=1}^{n} = n \cdot (n-1) \cdot (n-2) \cdots 3 \cdot 2 \cdot 1$$

$$0! = 1! = 1$$

예 $4! = 4 \cdot 3 \cdot 2 \cdot 1 = 24$

### 1.29 응용 (순열과 조합)

: $n$개의 서로 다른 대상에서 $k$개를 취하여 순서대로 나열하는 경우의 수를 순열(permutation)이라하고 $P_k^n$로 나타낸다.

$$P_k^n = \frac{n!}{(n-k)!} = C_k^n k!$$

: $n$개의 서로 다른 대상에서 $k$개를 취하는 경우의 수를 조합(combination)이라하고 $C_k^n$ 로 나타낸다.

$$C_k^n = \frac{n!}{k!(n-k)!} = \frac{P_k^n}{k!}$$

: $C_k^n = \binom{n}{c}$로 나타내기도 한다.

**예** 금강산에 5명이 놀러갔다. 경치가 아름다운 바위 옆에서 둘씩 짝을 지어 사진을 찍는다면 메모리는 얼마가 소비되나(단 사진 1장은 1M로 가정)?

**풀이** $\binom{5}{2} = \frac{5!}{2!\cdot(5-2)!} = \frac{5!}{2!\cdot 3!} = \frac{5\cdot 4\cdot 3\cdot 2\cdot 1}{2\cdot 1\cdot 3\cdot 2\cdot 1} = \frac{20}{2} = 10$

**예** 위 예에서, 바위가 너무 묘하게 생겨서 누가 바위 옆에 서느냐가 유의미하게 되었다. 메모리 사용량은?

**풀이** $P_2^5 = C_2^5 \cdot 2! = \binom{5}{2}\cdot 2! = 10\cdot 2 = 20$

**예** 로또(45)에 당첨될 확률을 계산하시오.

**풀이** 먼저 45가지 수에서 6개를 뽑는 경우의 수를 계산하면 다음과 같다.

$$\binom{45}{6} = \frac{45!}{6!(39!)} = \frac{45\cdot 44\cdot 43\cdot 42\cdot 41\cdot 40\cdot 39!}{6!\cdot 39!}$$

$$= \frac{5,864,443,200}{720} = 8,145,060$$

따라서 당첨확률은 $\frac{1}{8,145,060}$ 이다.

**예** $n$명중 생일이 같은 사람이 둘 이상(한 쌍 이상) 있을 확률을 **생일문제**라 한다.

$p(n)$ = $n$명중 생일이 같은 사람이 둘 이상(한 쌍 이상) 있을 확률
$p^*(n)$ = $n$명중 생일이 같은 사람이 한 쌍도 없을 확률
$p(n) = 1 - p^*(n)$

$$p^*(n) = \frac{365}{365}\times\frac{364}{365}\times\frac{363}{365}\times\frac{362}{365}\times\cdots\times\frac{(365-n+1)}{365}$$

$$= \frac{365\times 364\times 363\times 362\times\cdots\times(365-n+1)}{365^n}$$

$$= \frac{365!}{365^n\times(365-n)!}$$

$$p(n) = 1 - \frac{365!}{365^n\times(365-n)!}$$

$n = 20$일 때 확률은 41%, $n = 30$일 때 70%, 그리고 $n = 50$일 때 97%, $n = 57$이면 99%로 계산된다. 즉, 57명만 모이면 그 가운데 2명 이상의 생일이 같을 확률이 99%이고, 100명이 모이면 거의 1에 가까워진다.

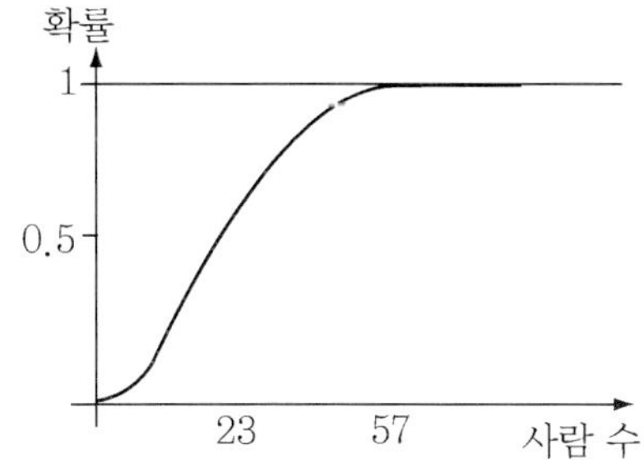


57명이 모이면 그 가운데 2명 이상의 생일이 같을 확률이 99%라는 것은 57명이 모인 집단이 100개 있으면 그 중 99개에는 같은 생일을 갖는 사람이 2명 이상 있다는 뜻이다. 한 학급 당 정원이 57명이고 100개 학급으로 구성된 학교의 경우 99개 학급에 생일이 같은 학생들이 있게 된다.

## ■ 복소수

**1.30 정의 (복소수 complex numbers)** : $z = x + iy$, $x, y \in R$ 형태의 수를 복소수라고 한다. 여기서 $x$를 복소수 $z$의 실수부, $y$를 복소수 $z$의 **허수**(imaginary number)부라 한다. 여기서 $i$는 $i^2 = -1$을 만족하는 것으로 자체가 허수이면서 허수부를 이끈다. 허수 $i$는 방정식 $x^2 + 1 = 0$의 해에서 유래한 것으로 $x^2 = -1$을 만족하는 것은 $x = \pm\sqrt{-1} = \pm i$ 이다. 허수부 $y$가 0인 복소수는 실수이므로 실수 $R$은 복소수 $C$의 부분 집합이다.

**예** 5, $\sqrt{2}$, $\pi$, $5 + i7$, $i6$은 모두 복소수이다.

: 이중에서 5, $\sqrt{2}$, $\pi$는 실수이다.

: $i6$와 같이 실수부가 0인 복소수를 순허수라 한다.

**예** 방정식 $x^2+9=0$의 해를 구하시오.

**풀이** $x^2=-9$이므로 $x=\sqrt{-9}=\sqrt{(-1)(9)}=\sqrt{-1}\sqrt{9}=i(\pm 3)=\pm i3$

**예** 방정식 $2x^2+3x+5=0$의 해를 구하시오.

**풀이** $x=\dfrac{-3\pm\sqrt{3^2-4\cdot 2\cdot 5}}{2\cdot 2}=\dfrac{-3\pm\sqrt{-31}}{4}=\dfrac{-3\pm i\sqrt{31}}{4}$

**예** $z=-1-i2$일 때, $z^2+3z+4$의 값을 구하시오.

**풀이** $z^2+3z+4=(-1-i2)^2+3(-1-i2)+4=1+i4-4-3-i6+4=-2-i2$

### 1.31 노트 (방정식과 수 체계) :

| | |
|---|---|
| $x+1=0,$ | 음수 $-1$ |
| $2x=1,$ | 유리수 $\frac{1}{2}$ |
| $x^2=2,$ | 무리수 $\sqrt{2}$ |
| $x^2=-1,$ | 허수 $i$ |

### 1.32 정의 (복소수의 동치, 4칙 연산)

: 두 복소수 $z_1=x_1+iy_1, z_2=x_2+iy_2$에 대하여 다음과 같이 정의한다.

: $z_1=z_2$ 필요충분 $x_1=x_2,\quad y_1=y_2$

: $z_1\pm z_2=(x_1\pm x_2)+i(y_1\pm y_2)$

: $z_1z_2=(x_1+iy_1)(x_2+iy_2)=x_1x_2+iy_1x_2+iy_2x_1+i^2y_1y_2$

$\quad=x_1x_2+i(y_1x_2+y_2x_1)-y_1y_2$

: 교환법칙, 결합법칙, 분배법칙이 성립한다.

| | |
|---|---|
| 교환법칙(commutative) | $z_1+z_2=z_2+z_1$<br>$z_1z_2=z_2z_1$ |
| 결합법칙(associative) | $(z_1+z_2)+z_3=z_1+(z_2+z_3)$<br>$(z_1z_2)z_3=z_1(z_2z_3)$ |
| 분배법칙(distributive) | $z_1(z_2+z_3)=z_1z_2+z_1z_3$ |

**예** $z_1 = 2 + i4,\ z_2 = 3 - i$ 에 대하여 $z_1 + z_2, z_1 - z_2, z_2 - z_1$ 을 계산하시오.

**풀이** $(2 + i4) + (3 - i) = (2 + 3) + i(4 - 1) = 5 + i3$

$(2 + i4) - (3 - i) = (2 - 3) + i(4 - (-1)) = -1 + i5$

$(3 - i) - (2 + i4) = (3 - 2) + i(-1 - 4) = 1 + i(-5) = 1 - i5$

**1.33 노트 (복소평면)** : 복소수는 복소평면이라 부르는 2차원 평면에 기하학적으로 나타낼 수 있다(그림 (a)). 앞에서 설명한 1.32의 예제에서 $(2 + i4) + (3 - i) = (2 + 3) + i(4 - 1) = 5 + i3$의 기하학적 의미는 그림 (b)와 같다. 즉 두 복소수를 평면상의 벡터로 생각하면 복소수의 합은 벡터의 합과 정확하게 일치한다. 복소수는 서로 직각인 성분 $x, y$를 하나의 수로 다룬다는 점에서 의미가 크다.

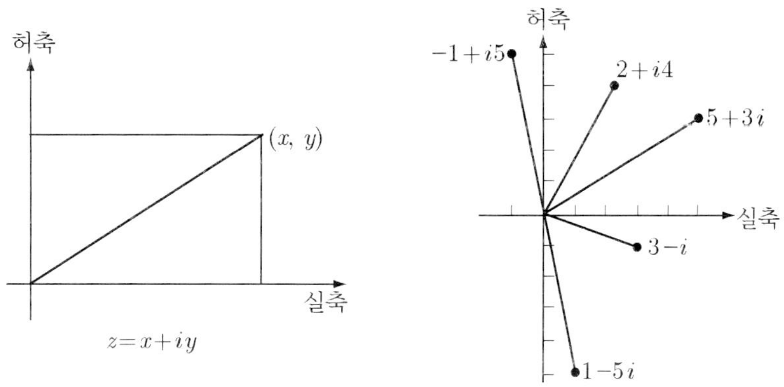


(a) (b)

**1.34 정의 (켤레 복소수 conjugate)**

: 복소수 $z$에 대하여 허수부의 부호를 바꾼 것을 켤레 또는 공액이라 하고 $z^*$로 나타낸다.

: $z = x + iy,\ z^* = x - iy$

: 켤레 복소수는 복소평면에서 $x$축 대칭 관계에 있다.

**예** $zz^* - (x + iy)(x - iy) = x^2 + y^2$이므로 두 켤레 복소수를 곱하면 실수가 된다.

**예** 복소수 $z$의 실수부($Re(z)$) $x$와 허수부($Im(z)$) $y$를 $z, z^*$로 나타낼 수 있다.

: $Re(z) = x = \dfrac{1}{2}(z + z^*),\ Im(z) = y = \dfrac{1}{2i}(z - z^*)$

### 1.35 노트 (복소수 계산 방법)

: $i$를 보통 문자와 똑같이 취급하여 계산하고 $i^2=-1$, $i^4=1$로 고친다.

: 실수부와 허수를 분리하여 끼리끼리 모은다.

: 분모에 허수$i$가 있으면 분모의 켤레를 분모, 분자에 곱하여 계산한다.

**예** 복소수 나눗셈 $\dfrac{z_1}{z_2}$을 계산하시오.

$$\frac{z_1}{z_2}=\frac{z_1 z_2^*}{z_2 z_2^*}=\frac{(x_1+iy_1)(x_2-iy_2)}{(x_2+iy_2)(x_2-iy_2)}=\frac{(x_1+iy_1)(x_2-iy_2)}{x_2^2+y_2^2}$$

: 분모가 실수가 되어 하나의 복소수가 얻어진다.

**예** 켤레 복소수에 대하여 다음이 성립한다. 증명은 연습문제로 남긴다.

$$(z_1+z_2)^* = z_1^* + z_2^*$$

$$(z_1-z_2)^* = z_1^* - z_2^*$$

$$(z_1 z_2)^* = z_1^* z_2^*$$

$$\left(\frac{z_1}{z_2}\right)=\frac{z_1^*}{z_2^*}$$

**1.36 노트 (복소수의 크기)** : 복소수의 크기는 두 가지 관점에서 생각할 수 있다.

1) 복소평면에 나타냈을 때 원점에서 해당 복소좌표까지의 거리로 정의한다. 이 경우 복소수 크기를 반지름으로 하는 동심원상의 모든 복소수는 같은 크기이다.
2) 실수부와 허수부 두 점을 기준으로 하는 사전식 순서 예를 들어 실수부의 순서를 우선하는 경우 실수부를 기준으로 순서를 정하고 실수부가 같은 경우 허수부로 크기를 비교한다.

## ■ 다항식과 부분분수

**1.37 정의 (단항식, 다항식)** : $cx^n$ 형태의 항(term)을 $x$에 대한 **단항식**(monomials)이라 한다. 유한개 단항식의 합으로 구성된 식을 **다항식**(polynomials)이라 한다.

: $x$는 변수, $c$는 상수, $n$은 음이 아닌 정수

: 단항식은 $P(x) = cx^n$, 다항식은 $P(x) = a_n x^n + a_{n-1} x^{n-1} + \cdots + a_1 x + a_0,\ a_n \neq 0$ 과 같이 함수의 형태로 사용한다.

: 0은 정수이자 단항식이기도 하다. 한 사람이 교수, 아버지, 아들, 배우자, …와 같이 여러 가지로 보이듯이 같은 대상을 때와 장소와 상황에 따라 다양하게, 다르게 볼 수 있어야 한다.

: $P(x) = a_n x^n + a_{n-1} x^{n-1} + \cdots + a_1 x + a_0,\quad a_n \neq 0$에서 $n$을 이 다항식의 **차수**(degree)라 한다.

**1.38 정의 (대수함수, 초월함수)** : 다음과 같은 형태의 함수 $y$를 $x$에 대한 **대수**(algebraic) **함수**라 한다.

$$P_0(x) y^n + P_1(x) y^{n-1} + \cdots + P_{n-1}(x) y + P_n(x) = 0$$

: 대수함수가 아닌 함수를 **초월**(transcendental) **함수**라 한다.

**예** $y = \sqrt{x},\quad x > 0$는 대수함수다.

**풀이** 위 함수는 $y^2 - x = 0$와 같고, $P_0(x) = 1,\ P_1(x) = 0,\ P_2(x) = -x$이므로 대수함수다. 즉, $y = ax^r$ 형태로 구성된 것이 대수함수다.

**예** $\sin(x),\ \log(x),\ e^x$는 초월함수다.

**1.39 정의 (유리식/유리함수)** : 다음과 같은 다항식의 비를 유리식 혹은 유리함수(rational function)라 한다.

$$R(x) = \frac{N(x)}{D(x)},\quad D(x) \neq 0$$

: 차수$(N(x)) <$ 차수$(D(x))$이면 진분수

: 차수$(N(x)) >$ 차수$(D(x))$이면 가분수

**예** $\dfrac{4x-5}{x^2-x-2}$는 진분수 $\dfrac{x^2-x-2}{4x-5}$는 가분수다.

**1.40 노트 (부분함수 partial fractions)** : 계산을 쉽게 하기위하여 분수를 부분분수의 합으로 분해할 수 있다. 예를 들어 분수식을 미분이나 적분하는 경우 먼저 부분분수로 나누면 쉽게 해결할 수 있다.

**예** $$\frac{4x-5}{x^2-x-2} = \frac{(x+1)+3(x-2)}{(x-2)(x+1)}$$
$$= \frac{(x+1)}{(x-2)(x+1)} + \frac{3(x-2)}{(x-2)(x+1)}$$
$$= \frac{1}{x-2} + \frac{3}{x+1}$$

: 주어진 분수를 부분분수로 분해하는 것은 일정한 패턴을 가진다. 아래에서 두 가지 유형의 부분분수화를 다룬다.

**예** $D(x) = \prod_{i=1}^{k}(a_i x + b_i) = (a_1 x + b_1)(a_2 x + b_2)\cdots(a_k x + b_k)$이면 다음과 같이 부분분수화 한다.

$$\frac{r(x)}{D(x)} = \sum_{i=1}^{k} \frac{A_i}{a_i x + b_i}$$

**예** $$\frac{f(x)}{(x+a)(x-b)(x+c)} = \frac{A}{(x+a)} + \frac{B}{(x-b)} + \frac{C}{(x+c)}$$

**풀이** $$\frac{11-3x}{x^2+2x-3} = \frac{11-3x}{(x-1)(x+3)} = \frac{A}{(x-1)} + \frac{B}{(x+3)} = \frac{A(x+3)+B(x-1)}{(x-1)(x+3)}$$

$\therefore\ 11-3x = A(x+3)+B(x-1)$

방법 1) 항등식

$$11-3x = A(x+3)+B(x-1) = (A+B)x+3A-B$$

$A+B=-3, \quad 3A-B=11$

$4A=8 \quad i.e. \quad A=2, B=-5$

방법 2) $x=1$ 대입

$11-3(1)=A(1+3)+B(1-1)$

$8=4A \quad i.e. \quad A=2, B=-5$

따라서 최종결과는 $\dfrac{11-3x}{x^2+2x-3}=\dfrac{2}{(x-1)}+\dfrac{-5}{(x+3)}$이다.

**예** $E(x)=\left[\prod_{i=1}^{k-2}(a_i x+b_i)\right]\times(x^2+a_k x+b_k)$이면 다음과 같이 부분분수화 한다.

$$\frac{r(x)}{E(x)}=\sum_{i=1}^{k-2}\frac{A_i}{a_i x+b_i}+\frac{A_k x+B_k}{x^2+a_k x+b_k}$$

**예** $\dfrac{f(x)}{(ax^2+bx+c)(x+d)}=\dfrac{Ax+B}{(ax^2+bx+c)}+\dfrac{C}{(x+d)}$

**풀이** $\dfrac{7x^2+5x+13}{(x^2+2)(x+1)}=\dfrac{Ax+B}{(x^2+2)}+\dfrac{C}{x+1}=\dfrac{(Ax+B)(x+1)+C(x^2+2)}{(x^2+2)(x+1)}$

$7x^2+5x+13=Ax^2+Ax+Bx+B+Cx^2+2C$

$=(A+C)x^2+(A+B)x+B+2C$

항등식의 성질에 의하여 $A=2, \quad B=3, \quad C=5$이다.

따라서 $\dfrac{7x^2+5x+13}{(x^2+2)(x+1)}=\dfrac{2x+3}{(x^2+2)}+\dfrac{5}{x+1}$이다.

## ■ 직선

**1.41 노트** : 직선(line)은 두 데이터의 선형관계를 나타내는 수단으로 유용하게 활용할 수 있다. 기울기(slope)와 절편(intercept)을 아는 경우, 두 점을 아는 경우, 기울기와 한 점을 아는 경우에 직선의 방정식은 다음과 같다.

1) $m$ : 기울기, $b$ : 절편

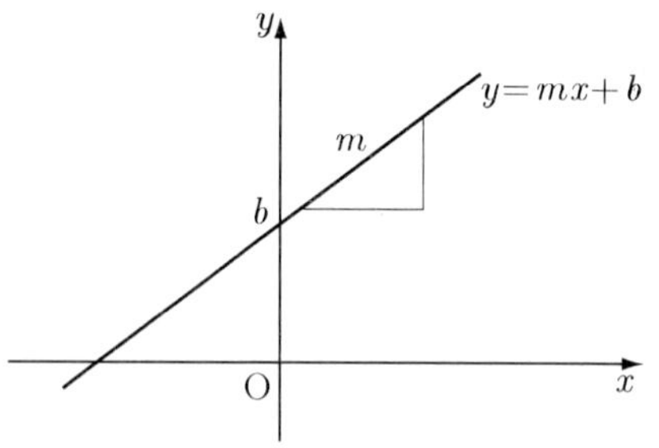


2) 두 점을 알 때

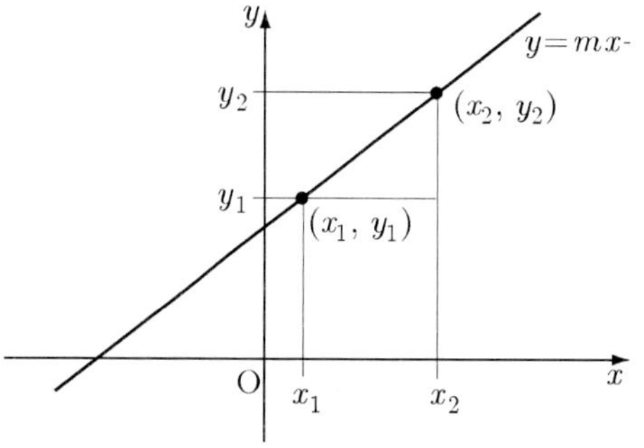


$$m = \frac{y_2 - y_1}{x_2 - x_1}$$

$$b = y_1 - mx_1$$

$$\therefore\ y - y_1 = \frac{y_2 - y_1}{x_2 - x_1}(x - x_1)$$

3) 기울기 $m$, 한 점 $(x_1, y_1)$

$y_1 = mx_1 + b$이므로 $y - y_1 = m(x - x_1)$

**예** (5, 7)와 (6, 8)을 지나는 직선의 방정식을 구하시오.

**풀이** $y - 7 = \frac{8-7}{6-5}(x-5)$, $y = x + 2$

**1.42 노트 (2차곡선 포물선)** : 같은 방법으로 세 점 $(x_1, y_1)$, $(x_2, y_2)$, $(x_3, y_3)$을 지나는 2차곡선/포물선 $y = ax^2 + bx + c$을 구할 수 있다.

$$y_1 = ax_1^2 + bx_1 + c \qquad ①$$

$$y_2 = ax_2^2 + bx_2 + c \qquad ②$$

$$y_3 = ax_3^2 + bx_3 + c \qquad ③$$

1) ①에서, $c = y_1 - bx_1 - ax_1^2$

2) ②−①, $y_2 - y_1 = b(x_2 - x_1) + a(x_2^2 - x_1^2)$

$$b = \frac{y_2 - y_1}{x_2 - x_1} - a\frac{x_2^2 - x_1^2}{x_2 - x_1} = \frac{y_2 - y_1}{x_2 - x_1} - a(x_2 + x_1)$$

3) ③−①, $y_3 - y_1 = b(x_3 - x_1) + a(x_3^2 - x_1^2)$에 2)의 $b$를 대입

$$y_3 - y_1 = \left(\frac{y_2 - y_1}{x_2 - x_1} - a(x_2 + x_1)\right)(x_3 - x_1) + a(x_3^2 - x_1^2)$$

$$a = \frac{1}{(x_3 - x_2)}\left[\frac{y_3 - y_1}{x_3 - x_1} - \frac{y_2 - y_1}{x_2 - x_1}\right]$$

**1.43 정리 (회귀 regression)** : 데이터 들이 주어진 경우 데이터들의 선형 추세를 최소자승법으로 직선에 적합(fitting)할 수 있다.

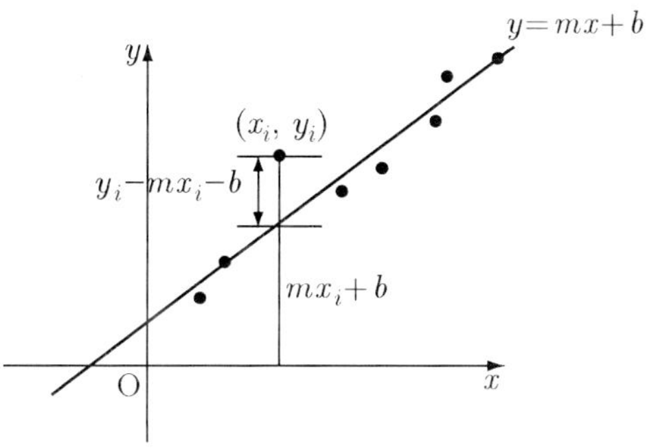


: 여기서 데이터와 구하려는 직선의 오차의 총합은 $Q = \sum_{i=1}^{N}(y_i - mx_i - b)^2$이다.

: $Q$를 최소로 하는 $m$, $b$를 정하는 문제이므로 $Q$를 각각 $m$, $b$로 미분했을 때 0이 되는 점에서 최소인 성질을 이용한다.

$$\frac{\partial Q}{\partial m} = -2\sum_{i=1}^{N} x_i(y_i - mx_i - b) = 0 \quad ①$$

$$\frac{\partial Q}{\partial b} = -2\sum_{i=1}^{N}(y_i - mx_i - b) = 0 \quad ②$$

1) ①, ②를 정리하면,

$$\sum_{i=1}^{N} x_i y_i - m\sum_{i=1}^{N} x_i^2 - b\sum_{i=1}^{N} x_i = 0 \qquad ③$$

$$\sum_{i=1}^{N} y_i - m\sum_{i=1}^{N} x_i - b\sum_{i=1}^{N} = 0 \qquad ④$$

2) ④식에서 $b$를 계산하면,

$b = -\dfrac{1}{N}\left(m\sum_{i=1}^{N} x_i - \sum_{i=1}^{N} y_i\right) = \dfrac{1}{N}\left(\sum_{i=1}^{N} y_i - m\sum_{i=1}^{N} x_i\right)$ 이고, $b$를 ③에 대입하면,

$$m = \frac{N\left(\sum_{i=1}^{N} x_i y_i\right) - \left(\sum_{i=1}^{N} y_i\right)\left(\sum_{i=1}^{N} x_i\right)}{N\left(\sum_{i=1}^{N} x_i^2\right) - \left(\sum_{i=1}^{N} x_i\right)^2}$$

**예** 입력데이터 개수에 따른 처리시간이 다음과 같이 측정되었다. 입력과 처리시간을 나타내는 직선을 구하시오.

| 입력 데이터개수 ($x$) | 처리시간 ($y$) | $xy$ | $x^2$ | $y^2$ |
|---|---|---|---|---|
| 50 | 30 | 1500 | 2500 | 900 |
| 100 | 65 | 6500 | 10000 | 4225 |
| 150 | 90 | 13500 | 22500 | 8100 |
| 200 | 130 | 26000 | 40000 | 16900 |

| 입력 데이터개수 ($x$) | 처리시간 ($y$) | $xy$ | $x^2$ | $y^2$ |
|---|---|---|---|---|
| 250 | 150 | 37500 | 62500 | 22500 |
| 300 | 190 | 57000 | 90000 | 36100 |
| 350 | 200 | 70000 | 122500 | 40000 |
| $\sum x_i$ | $\sum y_i$ | $\sum x_i y_i$ | $\sum x_i^2$ | $\sum y_i^2$ |
| 1400 | 855 | 212000 | 350000 | 128725 |

$$m = \frac{N\left(\sum_{i=1}^{N} x_i y_i\right) - \left(\sum_{i=1}^{N} y_i\right)\left(\sum_{i=1}^{N} x_i\right)}{N\left(\sum_{i=1}^{N} x_i^2\right) - \left(\sum_{i=1}^{N} x_i\right)^2} \text{이므로,}$$

$$m = \frac{7 \times 212000 - 855 \times 1400}{7 \times 350000 - 1400^2} = 0.5857$$

$$b = \frac{1}{N}\left(\sum_{i=1}^{N} y_i - m\sum_{i=1}^{N} x_i\right) \text{이므로,}$$

$$b = \frac{855 - 0.5857 \times 1400}{7} = 5.003$$

따라서 입력데이터의 개수와 처리시간은 다음과 같은 함수 관계에 있다.

$$y = 0.5857x + 5.003$$

## 연습문제

**1.** 다음 무리함수의 그래프를 그리시오.

1) $y = -\sqrt{x}$　　2) $y = \sqrt{-x}$　　3) $y = -\sqrt{-x}$

**2.** 다음 집합이 주어진 연산에 대하여 군인지 아닌지를 판별하시오.

$$< Z, + >,\ < Z, \times >,\ < R, + >,\ < R, \times >$$

**3.** 집합 $Z[\sqrt{2}] = \{a + b\sqrt{2} \mid a, b \in Z\}$는 다음 두 연산에 대하여 환임을 보이시오.

$$(a + b\sqrt{2}) + (c + d\sqrt{2}) = (a + c) + (b + d)\sqrt{2}$$

$$\begin{aligned}(a + b\sqrt{2}) \cdot (c + d\sqrt{2}) &= ac + ad\sqrt{2} + bc\sqrt{2} + bd\sqrt{2}\sqrt{2} \\ &= (ac + 2bd) + (ad + bc)\sqrt{2}\end{aligned}$$

**4.** 집합 $E = \{2k \mid k \in Z\}$ 즉, 짝수인 정수 집합은 다음 두 연산에 대하여 환임을 보이시오.

$+$ : 정수 덧셈

$\cdot$ : $m \cdot n = \frac{1}{2}(m \cdot n)$

**5.** 다음 식을 전개하시오.

1) $(x+y)^2$
2) $(x-y)^2$
3) $(x+y)^3$
4) $(x+y+z)^2$
5) $(ax+b)(cx+d)$
6) $(x+y)(x-y)$

**6.** $3x^3+6x^2y+3xy^2$을 인수분해 하시오.

**7.** 복소수 $z=x+iy$의 실수부 $x$와 허수부 $y$를 $z$, $z^*$로 나타내시오.

**8.** 켤레 복소수에 대하여 다음이 성립함을 증명하시오.

1) $(z_1+z_2)^*=z_1^*+z_2^*$
2) $(z_1-z_2)^*=z_1^*-z_2^*$
3) $(z_1z_2)^*=z_1^*z_2^*$
4) $\left(\frac{z_1}{z_2}\right)=\frac{z_1^*}{z_2^*}$

**9.** 다음 식을 부분분수로 나타내시오.

1) $\frac{x^2-3x+6}{x(x-1)(x-2)}$
2) $\frac{x^2-x-13}{(x^2+7)(x-2)}$

**10.** $\frac{1}{s^2+w^2}$을 부분분수로 나타내시오.(힌트: $s^2+w^2=(s+iw)(s-iw)$)

**11.** 다음을 계산하시오.

1) $\log_{10}100000$
2) $\log_2\frac{1}{256}$
3) $\ln e^{\pi}$
4) $\log_3 27$
5) $\log 2^2-\log 2$

**12.** 다음 방정식의 해를 구하시오.

1) $\log(x-5)+\log(x-7)=2\log(x+1)$
2) $\log 2x^3 - \log x = 2\log 4 + \log x$
3) $\log(x^2+35) - \log x = \log 12$
4) $\log(x-1) + \log(x+1) = \log 15$
5) $5^{x+1}=3^{5x-7}$

# Chapter 02 도형, 삼각법

## ■ 기초기하, 도형

**2.1 정의** : 정점에서 뻗어나간 두 반직선이 벌어진 정도를 각(angles)이라 한다.

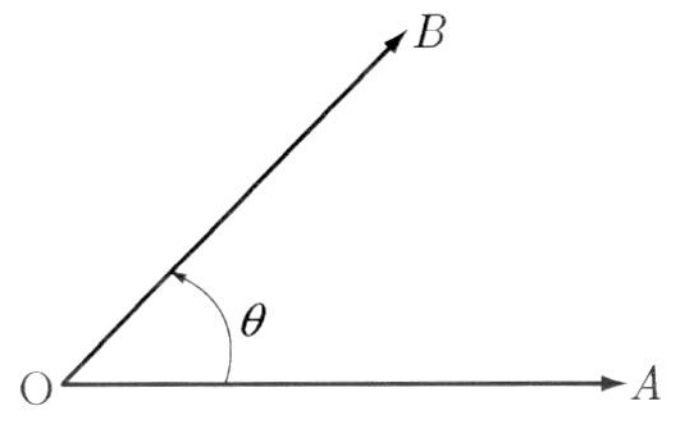


: 각 $\theta$는 각AOB로 나타낸다.

: 각의 단위는 도(degree, °), 라디안(radian)

: 도° 는 한 회전을 360등분한 단위이고, 분 minute(′) 은 1° 를 60등분한 것이다. 1′을 60등분 한 것을 초 second(″)라고 한다.

: 라디안 : 부채꼴의 호와 반지름의 비

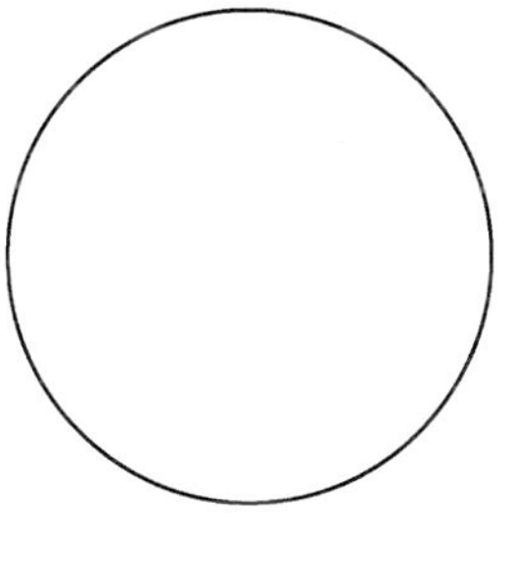

$360° = 2\pi$ 라디안

$$1° = \frac{2\pi}{360°} = 0.01745$$

$$1 = \frac{360°}{2\pi} = 57.2957°$$

**예** 0°, 45°, 90°, 180°, 270°, 360°를 라디안으로 나타내면 각각 $0,\ \frac{\pi}{4},\ \frac{\pi}{2},\ \pi,\ \frac{3}{2}\pi,\ 2\pi$이다.

**2.2 정의** : 두 개의 반직선이 만드는 두 개의 각의 크기가 같을 때의 각도, 180°를 **평각** (straight angle)이라 한다. 평각의 반 90°를 직각(right angle)이라 한다.

**2.3 정의 (예각, 둔각, 우각)**

: **예각** acute angle : $0° < \theta < 90°$

: **둔각** obtuse angle : $90° < \theta < 180°$

: **우각** reflex angle : $\theta > 180°$

**2.4 정의 (보각, 여각)**

: **여각** complementary angle : 예각에 대해, 더하여 직각이 되는 각

$\alpha + \beta = 90°$

: **보각** supplementary angle : 평각보다 작은 각도를 가지는 각에 대해, 더하여 평각이 되는 각

$\theta + \omega = 180°$

**2.5 정의 (삼각형)** : 각이 3개인 도형을 삼각형(triangles)이라한다. 삼각형의 내각의 합은 $\alpha + \beta + \gamma = 180°$ 이다. 한 각이 직각인 삼각형을 직각(right) 삼각형이라 하고 직각이 없는 삼각형을 경사(oblique) 삼각형이라 한다.

$\gamma = 90° = \alpha + \beta$

$a^2 + b^2 = c^2$

면적$= \frac{1}{2}ba$

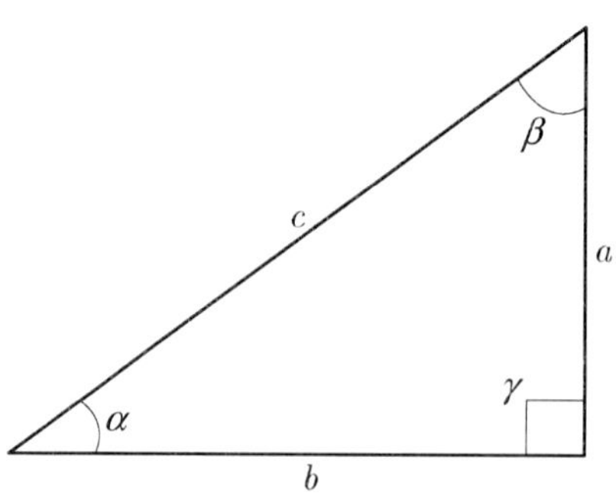

**2.6 정의 (정삼각형)** : 세변의 길이가 같은 삼각형을 정 equilateral 삼각형이라 한다.

$$\alpha = \beta = \gamma = 60^\circ$$

$$\alpha + \beta + \gamma = 180^\circ$$

$$\text{면적} = \frac{\sqrt{3}}{4} a^2$$

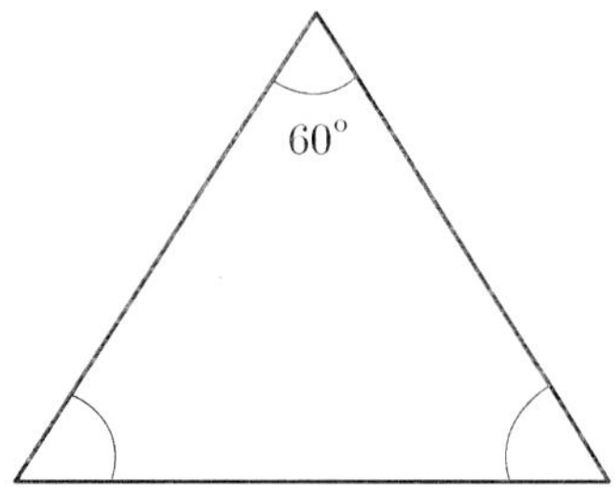


**2.7 정의 (원, 구)** : 평면상의 정해진 점에서 일정한 거리에 있는 점들의 집합을 **원**(circle)이라 한다. 공간상의 정해진 점에서 일정한 거리에 있는 점들의 집합은 **구**(sphere) 이다.

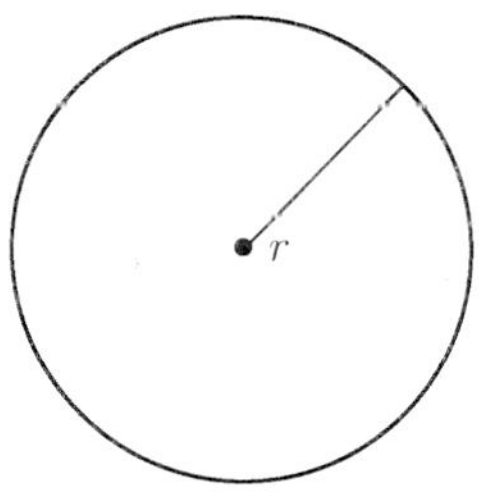


$2r$
$2\pi r$
$\pi r^2$

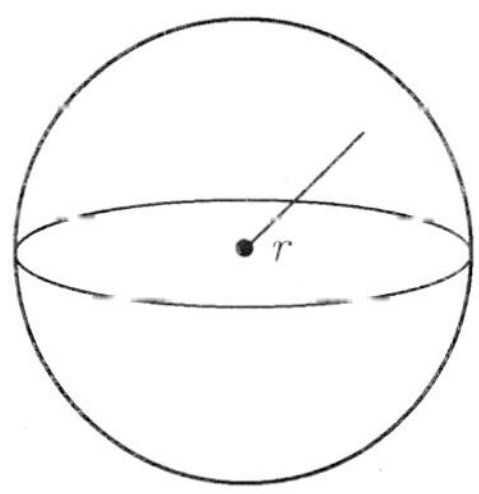


$2r$
$4\pi r^2$
$\frac{4}{3}\pi r^3$

**2.8 정의 (현, 호)** : 원 위의 두 점을 잇는 선분을 **현**(chord)이라 한다. 원주상의 두 점 사이의 연속된 부분을 **호**(arc)라고 한다.

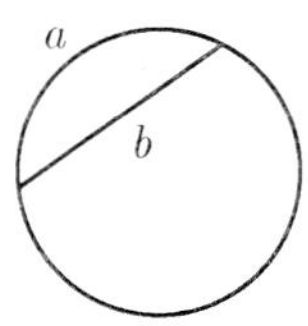


**2.9 응용** : 교차하는 두 현에 대해 다음 그림의 (a)가 성립한다. 이것은 그림의 (b)와 같이 $x$의 근사값을 계산하는데 사용될 수 있다.

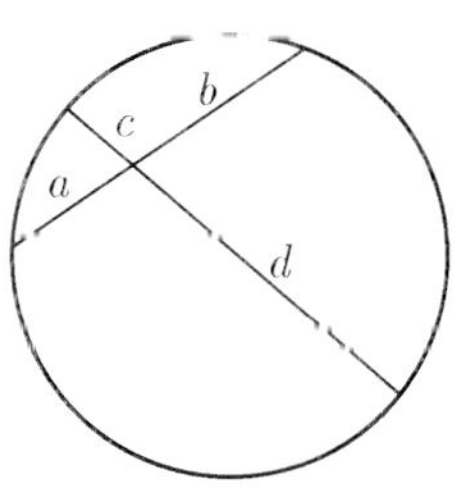


$$ab = cd$$

(a)

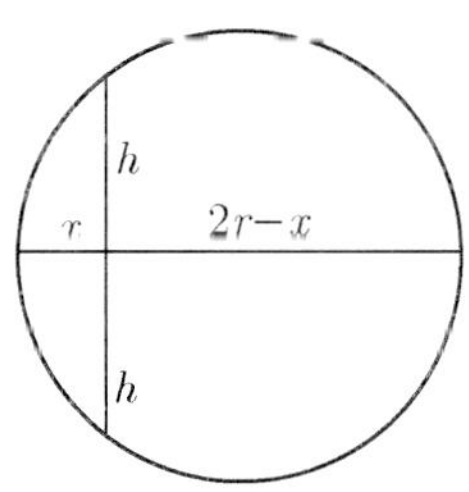


$$x(2r - x) = h^2$$

$$x \approx \frac{h^2}{2r}$$

(b)

**2.10 정의 (원기둥 right circular cylinder)** : 축과 평행인 선분의 회전으로 생긴 도형을 원기둥이라 한다. 각기둥과 유사하지만 밑면이 다각형이 아닌 원이고 서로 평행이고 합동이다.

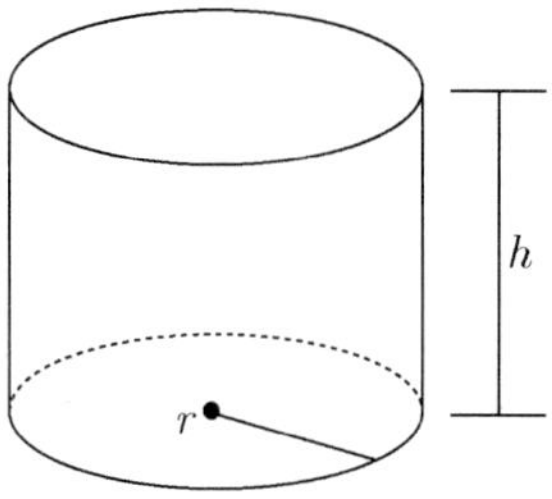


$$\text{면 적} = 2\pi rh + 2\pi r^2 = 2\pi r(h+r)$$

$$\text{부 피} = \pi r^2 h$$

**2.11 정의 (원뿔 right circular cone)** : 축에 대하여 정점과 기점을 잇는 선분을 회전하여 얻는 도형을 원뿔이라고 한다. 아이스콘의 부피를 재야한다면 아래 공식을 사용하라.

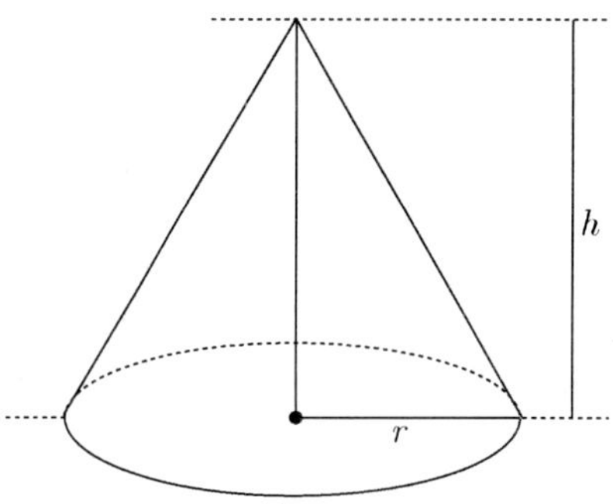


$$s = \sqrt{r^2 + h^2}$$

$$\text{표면적} = \pi rs + \pi r^2 = \pi r[\sqrt{r^2+h^2} + r]$$

$$\text{부피} = \frac{1}{3}\pi r^2 h$$

**2.12 응용** : 원뿔의 면적과 체적은 다음과 같이 원뿔을 펼치고 부채꼴의 면적과 원의 면적을 각각 계산하여 더하면 된다. 부채꼴의 면적은 다음(2.14 응용)을 참조하라.

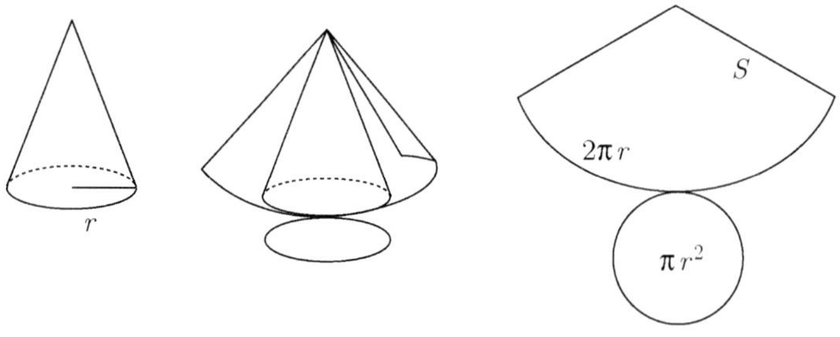


부채꼴 면적 +원 면적

$$\frac{1}{2} \times 2\pi r \times s = \pi rs$$

$$\pi r^2$$

**2.13 응용** : 호의 길이가 $l$이고 내각이 $\theta$인 부채꼴의 면적은 다음과 같이 비례 개념을 이용하여 계산한다.

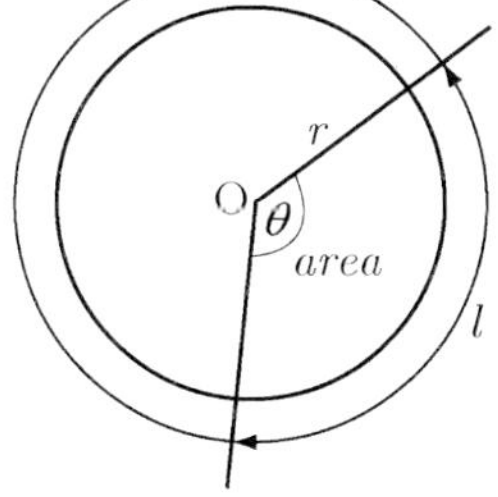


$$l = 2\pi r \times \frac{\theta^{\circ}}{360^{\circ}}$$

$$\text{면적} = \pi r^2 \times \frac{\theta^{\circ}}{360^{\circ}}$$

$$\text{따라서, 면적} = \frac{1}{2} lr$$

## ■ 삼각비

**2.14 정의 (삼각비)** : 직각삼각형에 대하여 빗변, 밑변, 및 높이의 관계를 다음과 같이 정의한다.

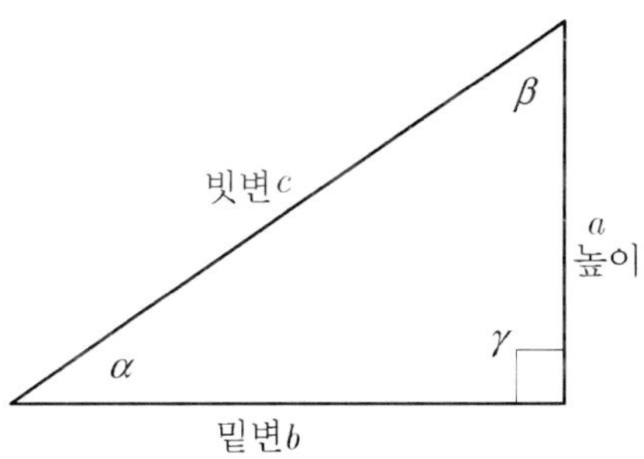


$$\sin\alpha = \frac{a}{c} = \frac{\text{높이}}{\text{빗변}}, \quad \csc\alpha = \frac{c}{a} = \frac{1}{\sin\alpha}$$

$$\cos\alpha = \frac{b}{c} = \frac{\text{밑변}}{\text{빗변}}, \quad \sec\alpha = \frac{c}{b} = \frac{1}{\cos\alpha}$$

$$\tan\alpha = \frac{a}{b} = \frac{\text{높이}}{\text{밑변}}, \quad \cot\alpha = \frac{b}{a} = \frac{1}{\tan\alpha}$$

**예** 다음 삼각형에 대한 삼각비를 계산하시오. 삼각형을 어떻게 회전하든 삼각비를 계산할 수 있도록 훈련해야 한다.

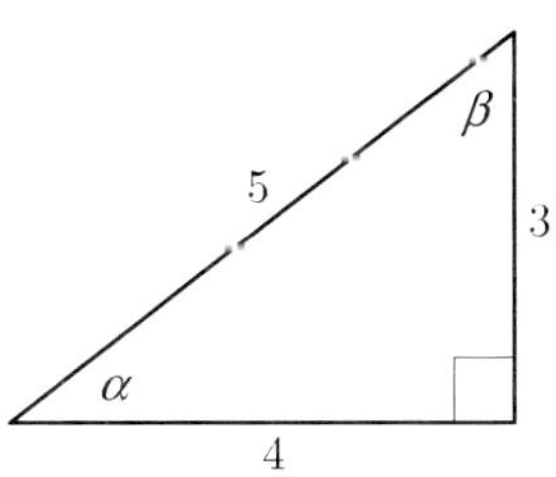


$$\sin\alpha = \frac{3}{5} \qquad \sin\beta = \frac{4}{5}$$

$$\cos\alpha = \frac{4}{5} \qquad \cos\beta = \frac{3}{5}$$

$$\tan\alpha = \frac{3}{4} \qquad \tan\beta = \frac{4}{3}$$

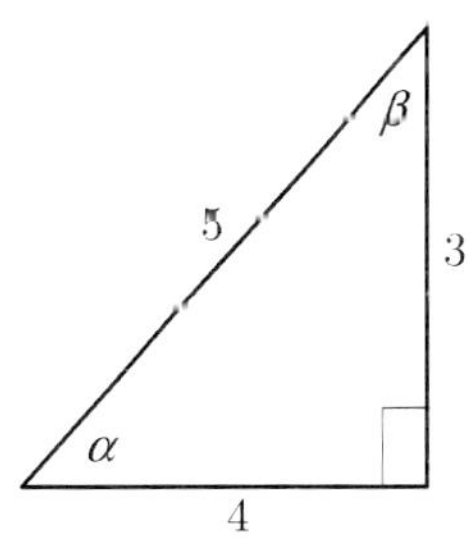

**예** 빗변과 높이를 구하시오.

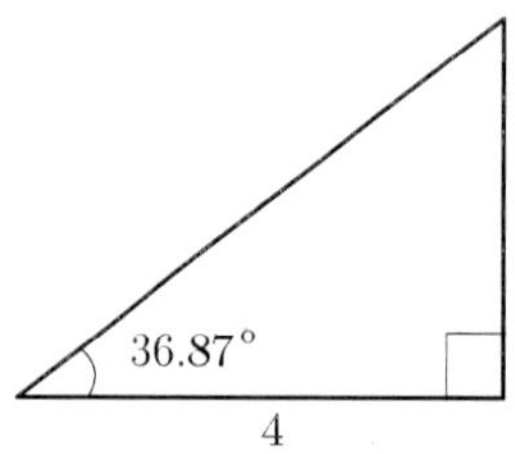


$$\cos 36.87° = \frac{4.0}{빗변},$$
$$빗변 = \frac{4.0}{\cos 36.87°} = 5.0$$
$$\tan 36.87° = \frac{높이}{4.0},$$
$$높이 = \tan 36.87° \times 4 = 3.0$$

**예** 교내에 있는 상징탑의 높이를 삼각법으로 구하시오.

높이를 구하기 위해서 한 행동과 결과 : S에서의 각(20°)을 구한 후, 10m 이동하여 S′에서 측정하였더니 42°가 되었다.

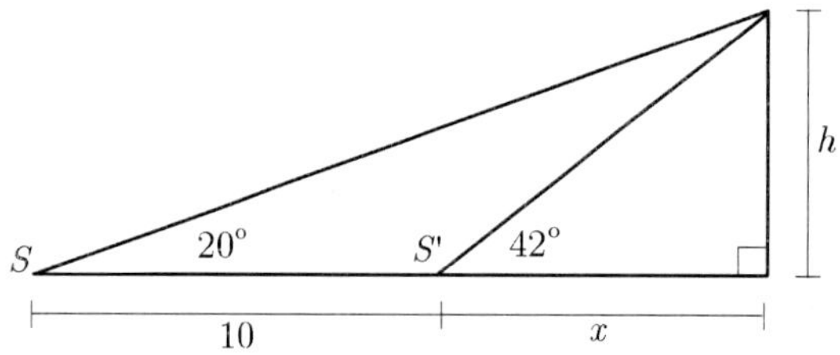


**풀이** $\tan 20° = \frac{h}{10+x},$
$$h = \tan 20° \times (10+x) = 0.3640(10+x)$$

$$\tan 42° = \frac{h}{x},\ h = \tan 42° \times x = 0.9x$$

$$0.3640(10+x) = 0.9x, \quad 3.640 = 0.9x - 0.3640x = 0.536x$$

$$x = \frac{3.640}{0.536} = 6.791m$$

$$\therefore\ h = 0.9 \times 6.791 = 6.112m$$

**예** $27m$ 높이 아파트에서 내려다보니, 한 도둑이 달아나고 있었다.

1) 발견지점 S에서의 각(34°)을 알 때, 거리 $x$를 계산하시오.
2) 6초 후 S'에서의 각(16°)을 알 때, 도둑이 달리는 속력을 계산하시오.

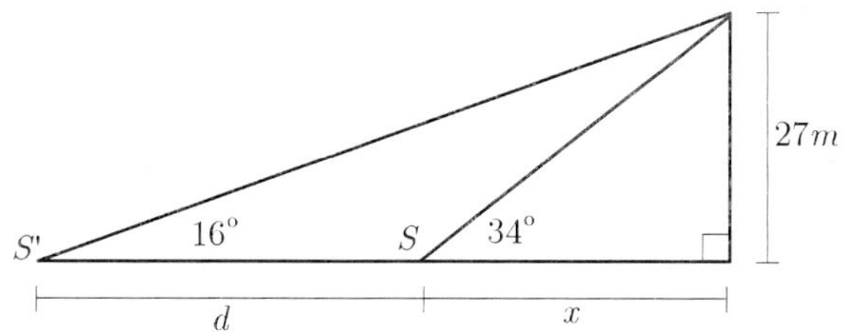


풀이 1) $\tan 34° = \dfrac{27}{x},\ x = \dfrac{27}{\tan 34°} = \dfrac{27}{0.6745} = 40.0m$

2) $\tan 16° = \dfrac{27}{40+d},\ \ 27 = \tan 16° \times (40+d)$

$\Rightarrow\ d = \dfrac{27 - \tan 16° \times 40}{\tan 16°} = 54.16m$

$\therefore\ v = \dfrac{d}{t} = \dfrac{54.16}{6} = 9.027m/s\,(11.07$초$)$

## ■ 사인법칙, 코사인법칙

**2.15 노트 (사인 sine 법칙)** : 임의의 삼각형에 대하여 다음이 성립한다. 이를 사인 법칙이라 한다. 즉, 각의 사인값과 대응되는 변의 비가 일정하다는 놀라운 성질이다. 두 변의 길이와 사이 각을 알면 면적을 구할 수 있음을 알 수 있다. 세변의 길이만으로도 면적을 계산할 수 있음은 물론이다.

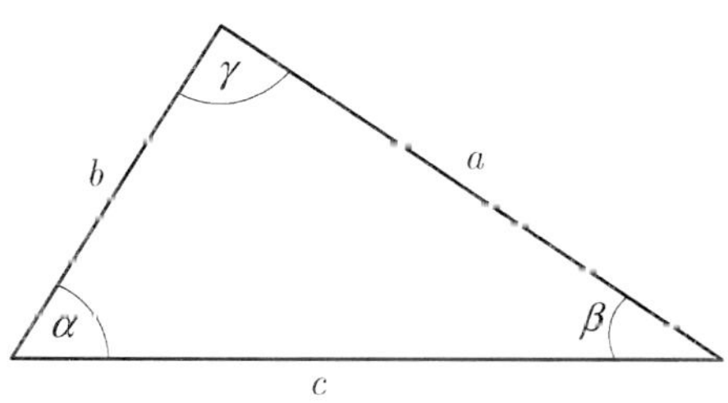


$$\frac{a}{\sin\alpha} = \frac{b}{\sin\beta} = \frac{c}{\sin\gamma}$$

$$\text{면적} = \frac{1}{2}ab\sin\gamma = \frac{1}{2}bc\sin\alpha = \frac{1}{2}ca\sin\beta$$

$$\text{면적} = \sqrt{s(s-a)(s-b)(s-c)},\quad s = \frac{a+b+c}{2}$$

: 사인법칙은 한 변을 연장하여 직각을 만든 후 삼각비 정의를 사용하여 증명할 수 있다. 증명은 독자에게 남긴다.

**예** 다음 삼각형의 변의 길이와 면적을 구하시오.

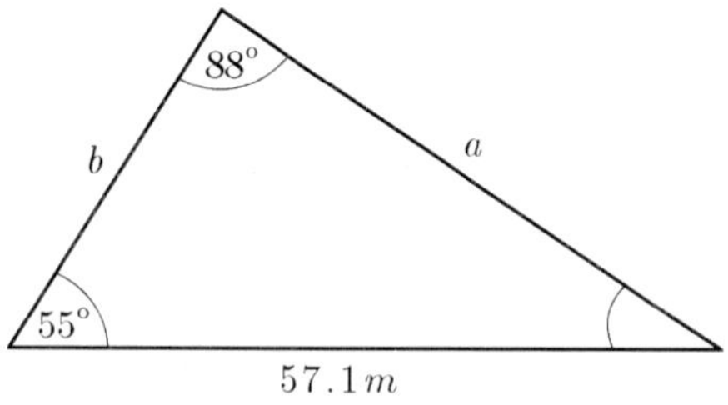


$$\frac{a}{\sin 55^\circ} = \frac{b}{\sin 37^\circ} = \frac{57.1}{\sin 88^\circ}$$

$$a = \frac{57.1\sin 55^\circ}{\sin 88^\circ} = 46.80m$$

$$b = \frac{57.1\sin 37^\circ}{\sin 88^\circ} = 34.38m$$

$$area = \frac{1}{2}ab\sin 88^\circ = 804.0m^2$$

: 가장 큰 각과 마주하는 사변이 가장 길다.

**2.16 노트 (코사인 cosine 법칙)** : 다음과 같이 두 변의 길이와 그 사이 각으로 유도되는 관계를 **코사인법칙**이라 한다. 이를 이용하면 세 변의 길이를 가지고 세 각을 계산할 수 있다. $\theta = 90^\circ$ 일 때 피타고라스 정리와 일치함을 알 수 있다.

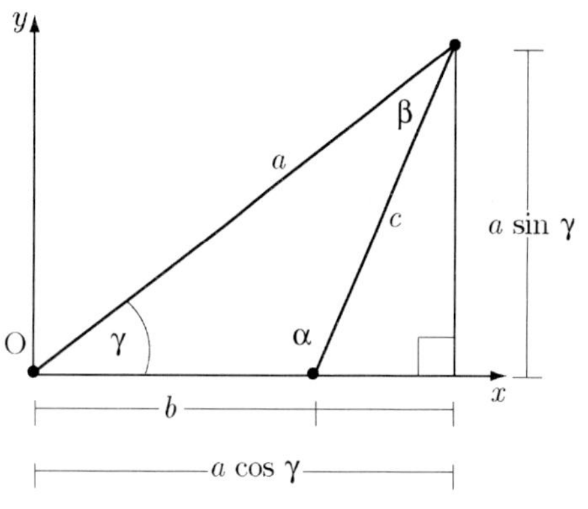


$$c^2 = (a\cos\gamma - b)^2 + (a\sin\gamma)^2$$

$$= a^2\cos^2\gamma - 2ab\cos\gamma + b^2 + a^2\sin^2\gamma$$

$$= a^2(\cos^2\gamma + \sin^2\gamma) + b^2 - 2ab\cos\gamma$$

$$= a^2 + b^2 - 2ab\cos\gamma$$

$$a^2 = b^2 + c^2 - 2bc\cos\alpha$$

$$b^2 = a^2 + c^2 - 2ac\cos\beta$$

**예** 다음 삼각형의 세 각과 면적을 구하시오.

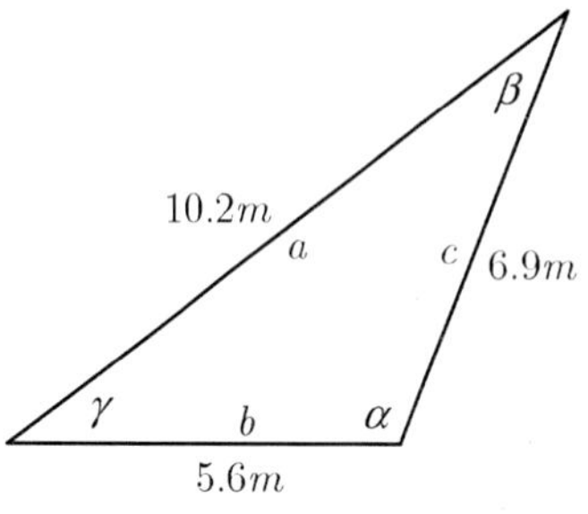


$$\cos\alpha = \frac{b^2 + c^2 - a^2}{2bc} = -0.3244$$

$$\alpha = \cos^{-1}(-0.3244) = 108.93^\circ$$

**예** 다음과 같은 크랭크 시스템에 대하여 크랭크 팔이 AB의 위치에 있을 때 ∠BAO ($\alpha$), 원점에서 팔의 끝(A)까지의 거리, A'B'에 있을 때 이동거리 $d$를 구하시오.

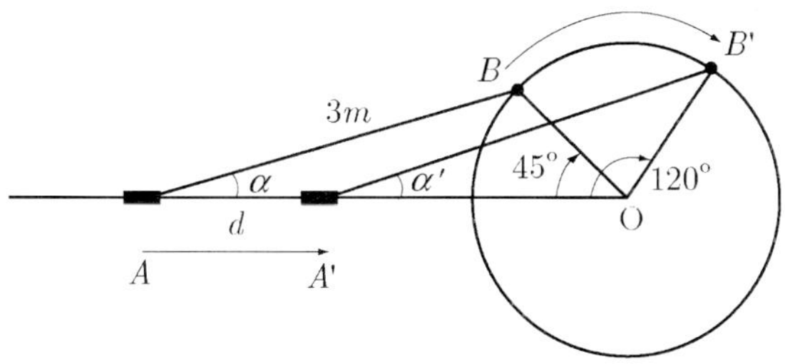


**풀이** 1) ∠BAO

$$\frac{3}{\sin 45^\circ} = \frac{1}{\sin\alpha}, \quad \sin\alpha = \frac{\sin 45^\circ}{3} = 0.2357$$

$$\alpha = \sin^{-1}(0.2357) = 13.63^\circ$$

2) AO의 길이

$$\frac{3}{\sin 45^\circ} = \frac{\overleftrightarrow{AO}}{\sin(\angle ABO)}$$ 이므로, 먼저 ∠ABO를 계산한다.

$$\angle ABO = 180^\circ - 45^\circ - 13.63^\circ = 121.37^\circ$$

$$\therefore \overleftrightarrow{AO} = \frac{3\sin(121.37^\circ)}{\sin 45^\circ} = 3.62m$$

3) 이동거리 $d$

$$\frac{3}{\sin 120^\circ} = \frac{1}{\sin\alpha'}, \quad \sin\alpha' = \frac{\sin 120^\circ}{3} = 0.2887$$

$$\alpha' = \sin^{-1}(0.2887) = 16.78^\circ$$

$$\frac{3}{\sin 120^\circ} = \frac{\overleftrightarrow{A'O}}{\sin(\angle A'B'O)}$$ 이고,

$$\angle A'B'O = 180^\circ - 120^\circ - 16.78^\circ = 43.22^\circ$$

$$\therefore \overline{A'O} = \frac{3\sin(43.22^\circ)}{\sin 120^\circ} = 2.37m$$

따라서, 이동거리 $d = 3.62 - 2.37 = 1.25m$

## ■ 삼각법공식

### 2.17 노트 (삼각법 공식) :

1) 피타고라스 정리

* $\sin^2\alpha + \cos^2\alpha = 1$

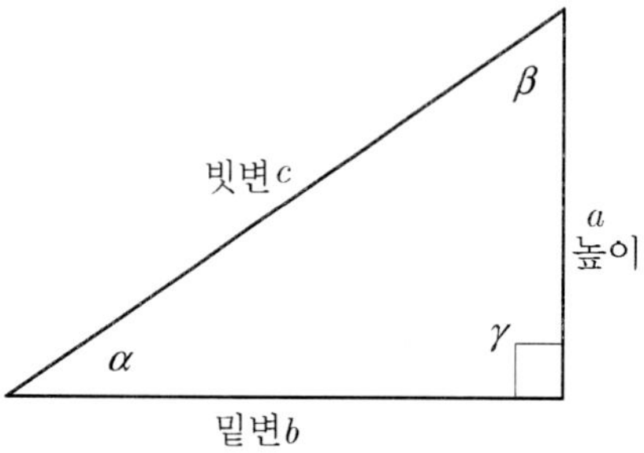


$a^2 + b^2 = c^2$, 양변을 $c^2$으로 나누면

$$\frac{a^2}{c^2} + \frac{b^2}{c^2} = \frac{c^2}{c^2}$$

즉, $(\frac{a}{c})^2 + (\frac{b}{c})^2 = 1$

$$\sin^2\alpha + \cos^2\alpha = 1$$

* $1 + \tan^2\alpha = \sec^2\alpha$

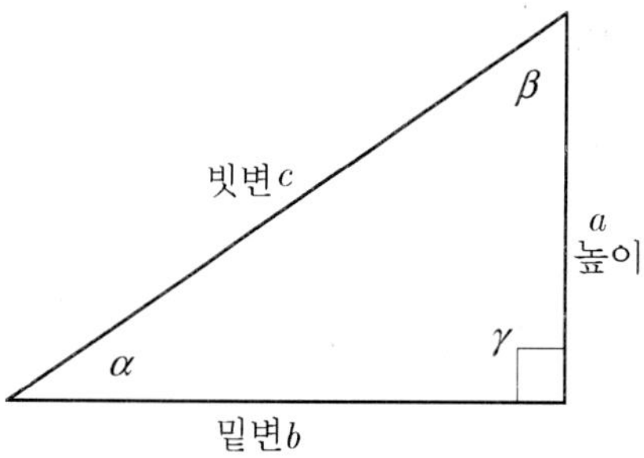


$a^2 + b^2 = c^2$, 양변을 $b^2$으로 나누면

$$\frac{a^2}{b^2} + \frac{b^2}{b^2} = \frac{c^2}{b^2}$$

즉, $(\frac{a}{b})^2 + 1 = (\frac{c}{b})^2$

$$1 + \tan^2\alpha = \sec^2\alpha$$

* $\cot^2\alpha + 1 = \operatorname{cosec}^2\alpha$

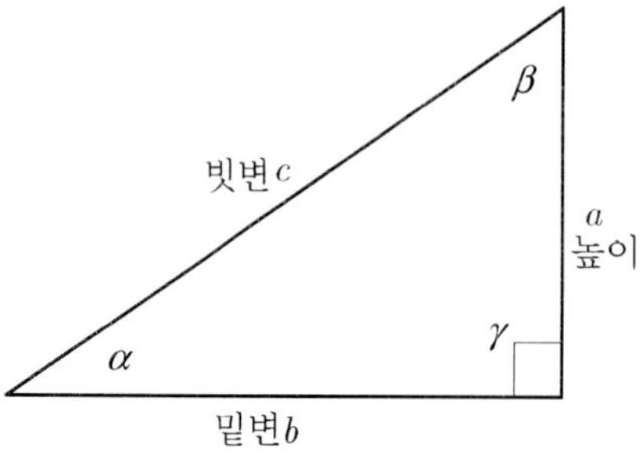


$a^2 + b^2 = c^2$, 양변을 $a^2$으로 나누면

$$\frac{a^2}{a^2} + \frac{b^2}{a^2} = \frac{c^2}{a^2}$$

즉, $1 + (\frac{b}{a})^2 = (\frac{c}{a})^2$

$$\cot^2\alpha + 1 = \operatorname{cosec}^2\alpha$$

* $\sin\alpha = \tan\alpha\cos\alpha$

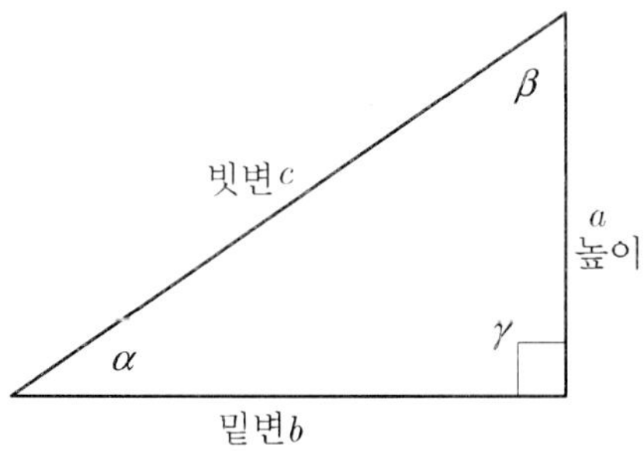


$$\sin\alpha = \frac{a}{c} = \frac{a}{b} \times \frac{b}{c} = \tan\alpha\cos\alpha$$

* $\tan\alpha = \dfrac{\sin\alpha}{\cos\alpha}$

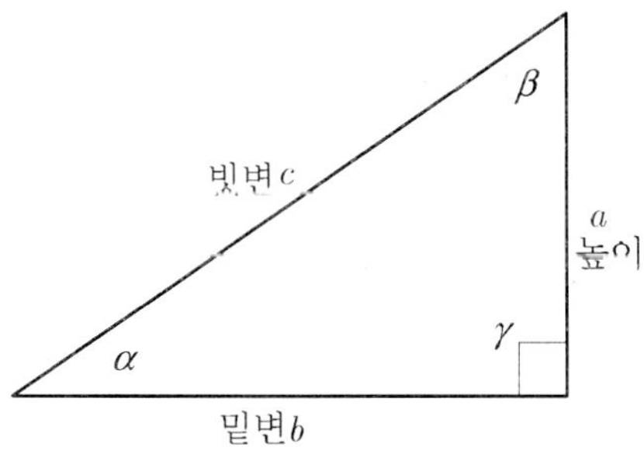


$$\tan\alpha = \frac{a}{b} = \frac{\frac{a}{c}}{\frac{b}{c}} = \frac{\sin\alpha}{\cos\alpha}$$

2) 덧셈정리

$$\sin(\alpha \pm \beta) = \sin\alpha\cos\beta \pm \cos\alpha\sin\beta$$

$$\cos(\alpha \pm \beta) = \cos\alpha\cos\beta \mp \sin\alpha\sin\beta$$

$$\tan(\alpha \pm \beta) = \frac{\tan\alpha \pm \tan\beta}{1 \mp \tan\alpha\tan\beta}$$

: 덧셈정리는 코사인법칙, 톨레미정리, 오일러공식 등으로 증명이 가능하다. 톨레미정리는 그림 (a)이고 그림 (b)와 같이 덧셈정리를 쉽게 유도할 수 있다.

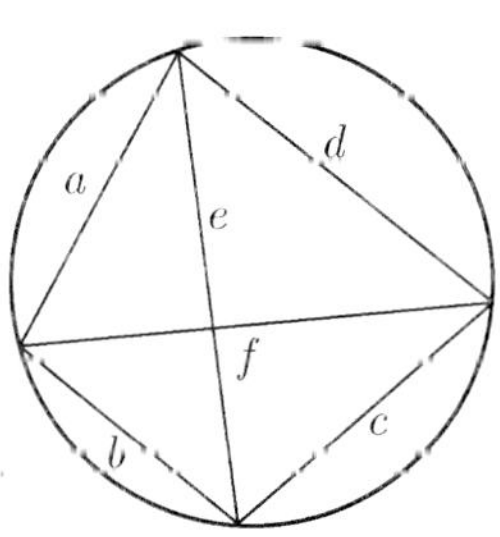


$ac+bd=ef$

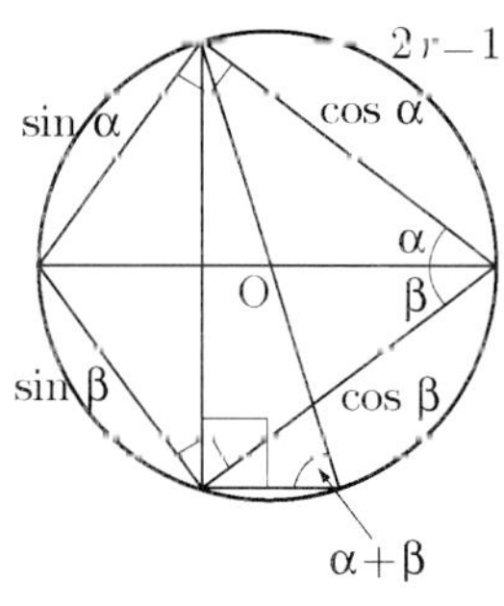


$$\sin(\alpha+\beta) = \sin\alpha\cos\beta + \cos\alpha\sin\beta$$

예 $\sin(\alpha+\beta)-\sin(\alpha-\beta)=\sin\alpha\cos\beta+\cos\alpha\sin\beta-(\sin\alpha\cos\beta-\cos\alpha\sin\beta)$

$$=2\cos\alpha\sin\beta$$

$$\sin(\pi+\alpha)=\sin\pi\cos\alpha+\cos\pi\sin\alpha$$

$$=(0)\cos\alpha+(-1)\sin\alpha=-\sin\alpha$$

3) 배각

$$\sin2\alpha=2\sin\alpha\cos\alpha$$

$$\cos2\alpha=\cos^2\alpha-\sin^2\alpha=1-2\sin^2\alpha=2\cos^2\alpha-1$$

$$\tan2\alpha=\frac{2\tan\alpha}{1-\tan^2\alpha}$$

: $\sin(\alpha+\beta)$에서 $\beta=\alpha$로 놓으면 $\sin(\alpha+\alpha)=\sin2\alpha=2\sin\alpha\cos\alpha$

예 $\frac{1-\cos2\alpha}{\sin2\alpha}=\frac{1-(1-2\sin^2\alpha)}{2\sin\alpha\cos\alpha}=\frac{2\sin^2\alpha}{2\sin\alpha\cos\alpha}=\tan\alpha$

4) 제곱, 반각

$$\sin^2\frac{\alpha}{2}=\frac{1}{2}(1-\cos\alpha),\ \sin^2\alpha=\frac{1}{2}(1-\cos2\alpha)$$

$$\cos^2\frac{\alpha}{2}=\frac{1}{2}(1+\cos\alpha),\ \cos^2\alpha=\frac{1}{2}(1+\cos2\alpha)$$

$$\tan^2\frac{\alpha}{2}=\frac{1-\cos\alpha}{1+\cos\alpha},\ \tan^2\alpha=\frac{1-\cos2\alpha}{1+\cos2\alpha}$$

: 배각 공식에서 유도

5) 곱 → 합

$$\sin\alpha\cos\beta=\frac{1}{2}sin(\alpha+\beta)+\frac{1}{2}sin(\alpha-\beta)$$

$$\cos\alpha\sin\beta=\frac{1}{2}sin(\alpha+\beta)-\frac{1}{2}sin(\alpha-\beta)$$

$$\cos\alpha\cos\beta=\frac{1}{2}cos(\alpha+\beta)+\frac{1}{2}cos(\alpha-\beta)$$

$$\sin\alpha\sin\beta=\frac{1}{2}cos(\alpha+\beta)-\frac{1}{2}cos(\alpha-\beta)$$

: $\sin(\alpha+\beta)+\sin(\alpha-\beta)=2\sin\alpha\cos\beta$

따라서, $\sin\alpha\cos\beta=\frac{1}{2}sin(\alpha+\beta)+\frac{1}{2}sin(\alpha-\beta)$

**예** $\sin 5\alpha\cos 7\alpha=\frac{1}{2}(\sin 12\alpha+\sin(-2\alpha))$

6) 합 → 곱

$\alpha=\frac{\alpha'+\beta'}{2},\quad \beta=\frac{\alpha'-\beta'}{2}$ 로 놓으면

$\sin(\alpha+\beta)+\sin(\alpha-\beta)=2\sin\alpha\cos\beta$ 에서

$\sin\alpha'+\sin\beta'=2\sin(\frac{\alpha'+\beta'}{2})\cos(\frac{\alpha'-\beta'}{2})$ 이다.

다시 $\alpha'=\alpha,\quad \beta'=\beta$로 놓으면

$\sin\alpha+\sin\beta=2\sin(\frac{\alpha+\beta}{2})\cos(\frac{\alpha-\beta}{2})$를 얻는다.

$\sin\alpha-\sin\beta=2\cos(\frac{\alpha+\beta}{2})\sin(\frac{\alpha-\beta}{2})$

$\cos\alpha+\cos\beta=2\cos(\frac{\alpha+\beta}{2})\cos(\frac{\alpha-\beta}{2})$

$\cos\alpha+\cos\beta=-2\sin(\frac{\alpha+\beta}{2})\sin(\frac{\alpha-\beta}{2})$

**예** $\sin 5\alpha+\cos 7\alpha=2\sin(\frac{5\alpha+7\alpha}{2})\cos(\frac{5\alpha-7\alpha}{2})=2\sin 6\alpha\cos(-\alpha)$

7) 오일러 공식

: 지수와 삼각법의 관계를 표현하는 기본 방정식

$e^{i\alpha}-\cos\alpha+i\sin\alpha$

$\sin\alpha=\frac{1}{2i}(e^{i\alpha}-e^{-i\alpha})$

$\cos\alpha-\frac{1}{2}(e^{i\alpha}+e^{-i\alpha})$

$\tan\alpha=-i(\frac{e^{i\alpha}-e^{-i\alpha}}{e^{i\alpha}+e^{-i\alpha}})$

**예** 오일러 공식에 의한 덧셈정리 증명

$e^{\alpha i} = \cos\alpha + i\sin\alpha,\ e^{\beta i} = \cos\beta + i\sin\beta$

$e^{\alpha i}e^{\beta i} = e^{(\alpha+\beta)i}$

$e^{\alpha i}e^{\beta i} = (\cos\alpha + i\sin\alpha)(\cos\beta + i\sin\beta)$

$= (\cos\alpha\cos\beta - \sin\alpha\sin\beta) + i(\sin\alpha\cos\beta + \sin\beta\cos\alpha)$

$e^{(\alpha+\beta)i} = \cos(\alpha+\beta) + i\sin(\alpha+\beta)$

$\therefore\ \sin(\alpha+\beta) = \sin\alpha\cos\beta + \cos\alpha\sin\beta$

$\cos(\alpha+\beta) = \cos\alpha\cos\beta - \sin\alpha\sin\beta$

## 연습문제

**1.** 원의 성질에 대한 설명 중 잘못된 것을 고르시오.

① 크기가 같은 중심각에 대한 호의 길이는 같다.

② 크기가 같은 중심각에 대한 현의 길이는 같다.

③ 호의 길이는 중심각의 크기에 비례한다.

④ 현의 길이는 중심각의 크기에 비례한다.

⑤ 같은 원에서 현의 길이가 같으면 중심각의 크기도 같다.

**2.** 반지름이 5cm인 원의 부채꼴 중 면적이 가장 큰 것의 넓이를 구하시오.

**3.** 밑면의 반지름이 5cm인 원뿔을 옆으로 눕혀 굴렸더니 7회전하여 원래의 위치에 도달하였다. 이 원뿔을 펼쳤을 때 생기는 부채꼴의 중심각을 구하시오.

**4.** 아래 직각삼각형에 대하여 $\sin\alpha + \sin\beta$를 구하시오

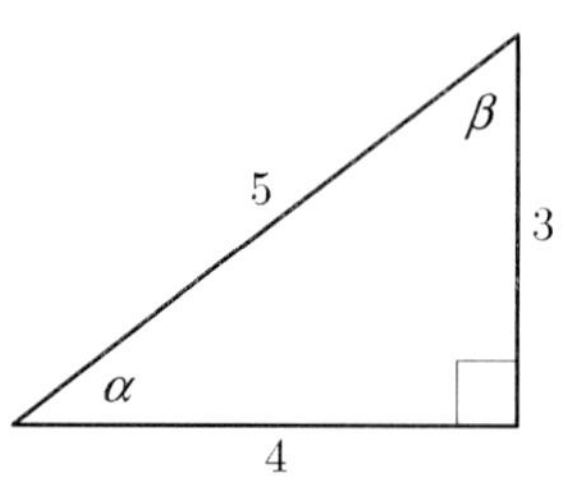

**5.** 아래 직각삼각형에서 $\alpha = 57^\circ$, $b = 6.8$일 때 빗변의 길이와 높이를 구하시오.

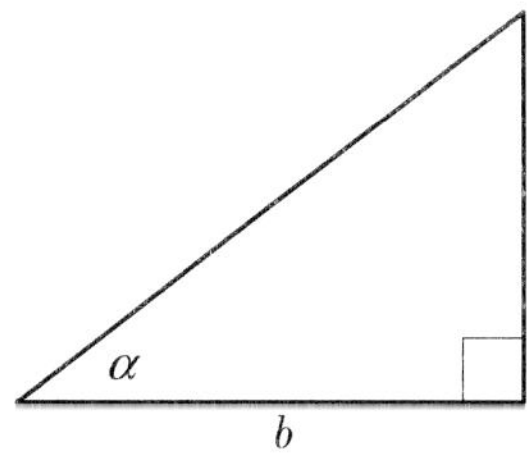


**6.** 아래 직각삼각형에서 $b = 7.5$, $c = 9.5$일 때 높이를 구하시오.

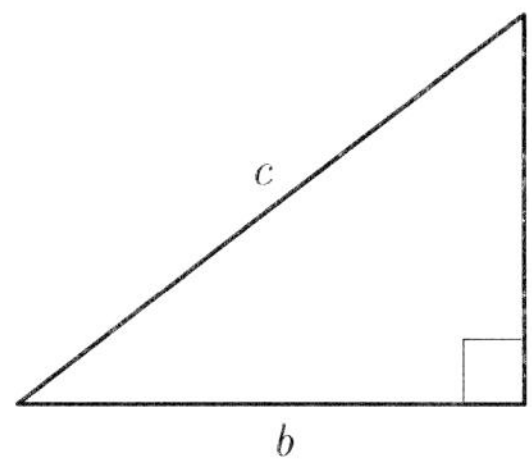


**7.** 아래 삼각형에서 $\beta = 36°$, $b = 29.5$, $c = 50$일 때 변의 길이 $a$와 면적 $S$를 구하시오.

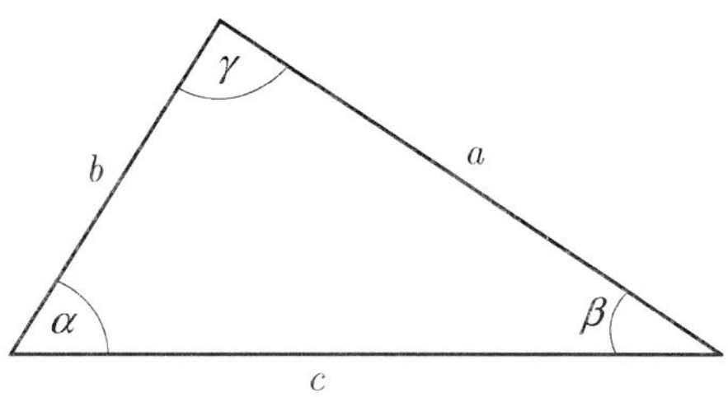


**8.** 아래 삼각형에서 $\gamma = 62.5°$, $a = 51.6$, $b = 41.9$일 때 변의 길이 $c$와 면적 $S$를 구하시오.

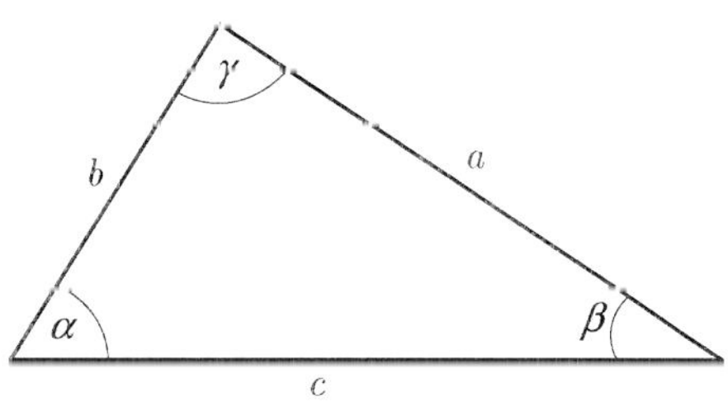

**9.** 다음을 증명하시오

1) $\dfrac{1+\tan\alpha}{1+\cot\alpha}=\tan\alpha$

2) $\cos^2\alpha-\sin^2\alpha=1-2\sin^2\alpha$

3) $2\cos^2\alpha-1=\cos^2\alpha-\sin^2\alpha$

**10.** 다음을 증명하시오(힌트, $\sin 3\alpha=\sin(2\alpha+\alpha)$).

$$\sin 3\alpha=3\sin\alpha-4\sin^3\alpha$$

**11.** RLC 회로에서 시간 $t$에 대한 교류전류는 다음과 같을 때,

$$I(t)=-\frac{E_0S}{S^2+R^2}\cos(wt)+\frac{E_0R}{S^2+R^2}\sin(wt)$$

삼각법 공식을 이용하여 다음과 같이 나타내시오.

$$I(t)=I_0\sin(wt-\delta),\ I_0 \text{ 최대전류, } \delta \text{ 위상}$$

# Chapter 03 삼각함수와 삼각방정식

## ■ 삼각함수

**3.1 정의 (삼각함수 trigonometric functions)** : 각을 실수에 대응시키는 대응관계를 삼각함수라고 한다.

예 $f:\{\cdots -10^{\circ}, \ldots, 0^{\circ}, \ldots, 10^{\circ}, \ldots, 20^{\circ}, \ldots\} \rightarrow R$

**3.2 정의 (사인 sine 함수)**

: 단위원 위의 점 $p$, 원점, $x$축이 이루는 직각삼각형의 sine값으로 정의되는 함수

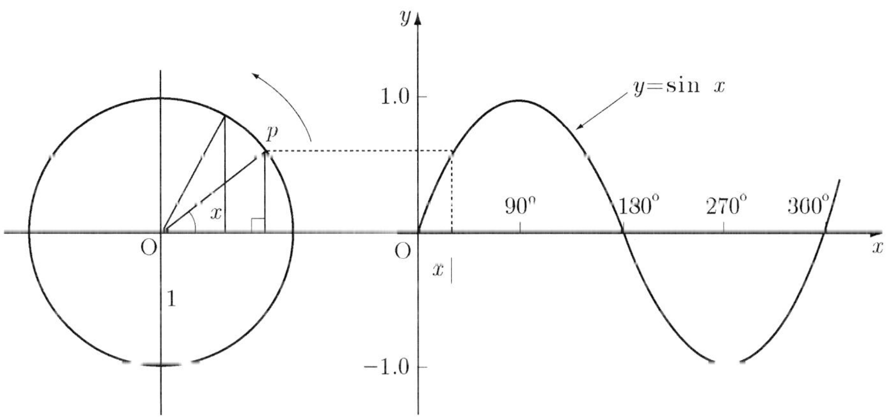

### 3.3 정의 (코사인 cosine 함수)

: 단위원 위의 점 $p$, 원점, $y$축이 이루는 직각삼각형의 cosine값으로 정의되는 함수

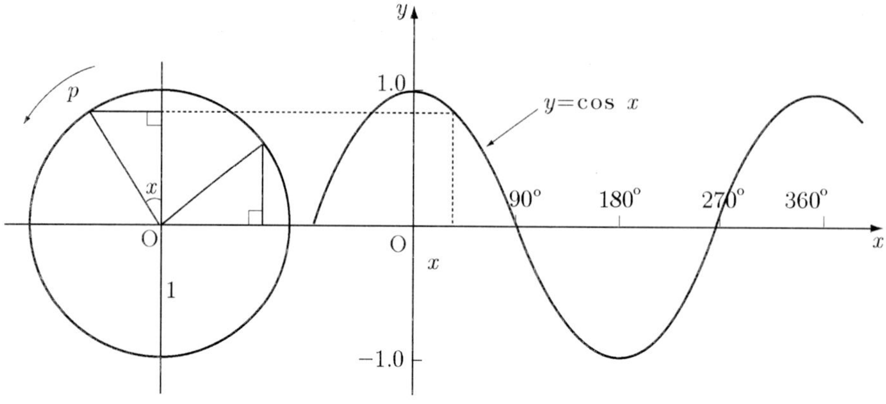


### 3.4 노트 : 음각에 대한 삼각비는 다음과 같이 정의된다.

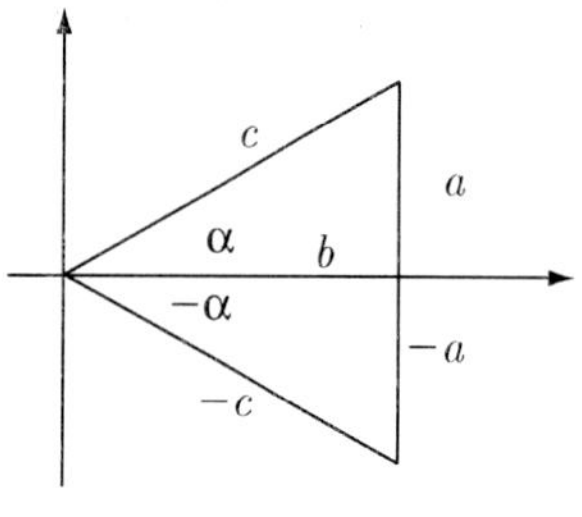


$$\sin(-\alpha) = -\frac{a}{c} = -\sin\alpha$$

$$\cos(-\alpha) = \frac{b}{c} = \cos\alpha$$

$$\tan(-\alpha) = -\frac{a}{b} = -\tan\alpha$$

### 3.5 노트 : $\sin(x)$, $\cos(x)$, $\tan(x)$ 함수의 그래프는 다음과 같다.

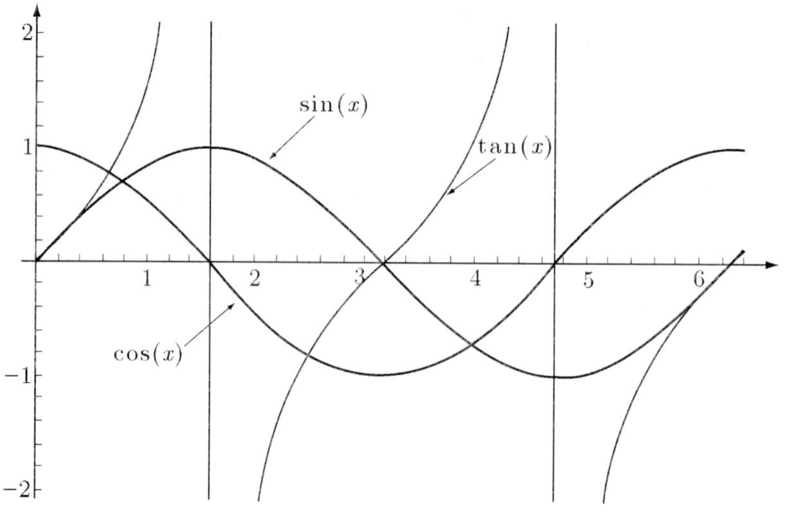

**3.6 노트** : $\sin^{-1}(x)$, $\cos^{-1}(x)$, $\tan^{-1}(x)$ 함수의 그래프는 다음과 같다.

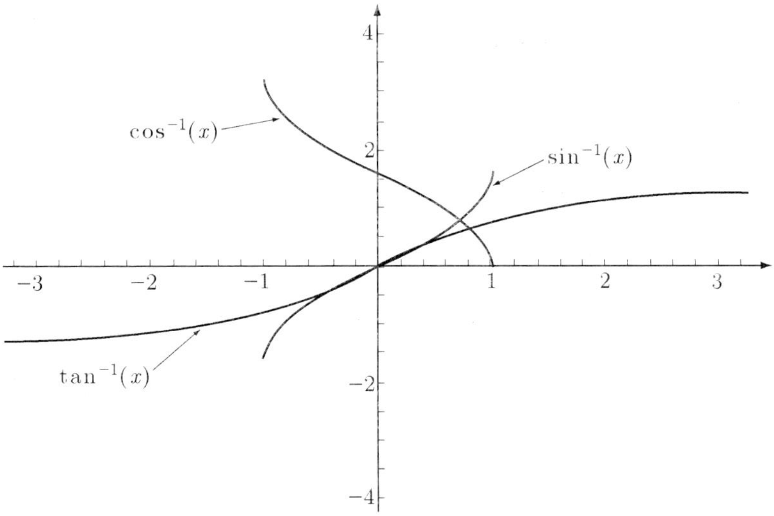


## ■ 삼각방정식

3.7 응용 (삼각방정식 trigonometric equations) :

1) $a\sin x + b = 0,\ a \neq 0$ 형태의 삼각방정식은,

$\sin x = -\dfrac{b}{a}$ 이므로 $x = \sin^{-1}(-\dfrac{b}{a})$ 이고, $|-\dfrac{b}{a}| \leq 1$ 일 때, 2개의 해를 갖는다.

**예** 다음 방정식의 근을 구하시오. 단, $0° \leq x \leq 360°$

$7\sin x + 5 = 0$

**풀이** $\sin x = -\dfrac{5}{7} = -0.7143$,

사인함수는 180°~ 360°(3,4분면)에서 음수이므로 1사분면의 각 (0.7143인 $x$)를 먼저 계산한 후 대응되는 3,4분면의 각을 구한다.

$x = \sin^{-1}(0.7143) = 45.59°$ 이므로

$x_1 = 180° + 45.59° = 225.59°$ 또는

$x_2 = 360° - 45.59° = 314.41°$ 이다.

2) $a\sin^2 x + b = 0,\ a \neq 0$형태의 삼각방정식은,

$\sin^2 x = -\frac{b}{a}, \sin x = \pm\sqrt{-\frac{b}{a}}$ 이므로 $x = \pm\sin^{-1}\sqrt{-\frac{b}{a}}$, $|-\frac{b}{a}| \leq 1$일 때, 4개의 해를 갖는다.

**예** 다음 방정식의 근을 구하시오. 단, $0° \leq x \leq 360°$

$2 - 3\cos^2 x = 0$

**풀이** $\cos^2 x = \frac{2}{3} = 0.6667,\ \cos x = \pm\sqrt{0.667} = \pm 0.8165$

코사인함수는 1,4분면에서 양수, 2,3분면에서 음수값을 가지므로 먼저 1사분면 각을 계산하면 $x = \cos^{-1}(0.8165) = 35.26°$ 이므로

$x_1 = 35.26°$ 또는

$x_2 = 180° - 35.26° = 144.74°$ 또는

$x_3 = 180° + 35.26° = 215.26°$ 또는

$x_4 = 360° - 35.26° = 324.74°$ 이다.

3) $a\sin^2 x + b\sin x + c = 0,\ a \neq 0$

① 인수분해 또는 이차방정식의 근의 공식에 의하여, $\sin x = \frac{-b \pm \sqrt{b^2 - 4ac}}{2a}$ 을 구한다.

② 1)의 방정식을 푼다.

**예** 다음 방정식의 근을 구하시오. 단, $0° \leq x \leq 360°$

$8\sin^2 x + 2\sin x - 1 = 0$

**풀이** $8\sin^2 x + 2\sin x - 1$을 인수분해하면 $(4\sin x - 1)(2\sin x + 1) = 0$이므로 $4\sin x - 1 = 0$ 또는 $2\sin x + 1 = 0$ 이다.

3.7의 1) 방법으로 두 방정식을 풀면 다음과 같은 4개의 해를 얻는다.

$x = 14.48°$ or $165.52°$ or $210.0°$ or $330.0°$

## ■ 좌표계

### 3.8 노트 (좌표계 coordinate systems)

: 공간에 좌표계를 도입, 해석 기하학의 기초가 된다.

: 삼각함수를 이용하여 다른 좌표계와 대응시킬 수 있다.

### 3.9 정의 (직교좌표, 극좌표)

: 2차원 좌표는 직교(orthogonal/rectangular/cartesian)좌표와 극(polar)좌표가 있으며 둘 사이의 관계는 다음과 같다.

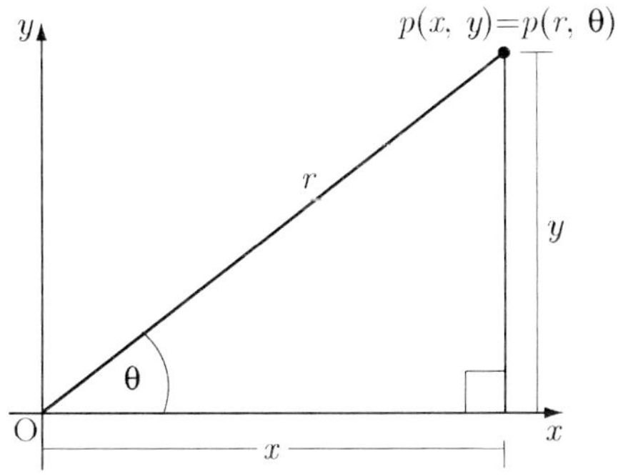


$$r = \sqrt{x^2 + y^2}, \theta = \tan^{-1}\frac{y}{x}$$

$$x = r\cos\theta$$
$$y = r\sin\theta$$

**예** $p(4, 3)$을 극좌표로 나타내시오.

**풀이**

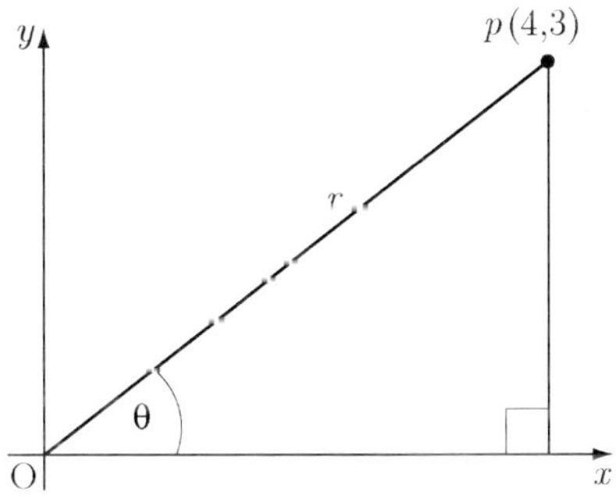


$$r = \sqrt{4^2 + 3^2} = 5$$

$$\theta = \tan^{-1}\frac{3}{4} = \tan^{-1}(0.75)$$

$$= 0.644 rad$$

또는 $36.9°$

따라서, $p(5, 36.9°)$

**예** $p(-4, 3)$을 극좌표로 나타내시오.

풀이

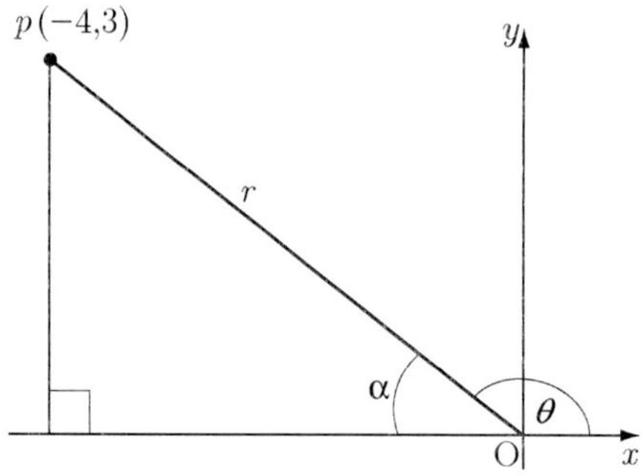


$$r = \sqrt{(-4)^2 + 3^2} = 5$$

$$\alpha = \tan^{-1}\frac{3}{4} = \tan^{-1}(0.75)$$

$$= 0.644rad$$

또는 $36.9^\circ$

$$\theta = 180^\circ - 36.9^\circ = 143.1^\circ$$

따라서, $p(5,\ 143.1°)$

예 $p(2\sqrt{2}, 45^\circ)$를 직교좌표로 나타내시오.

풀이

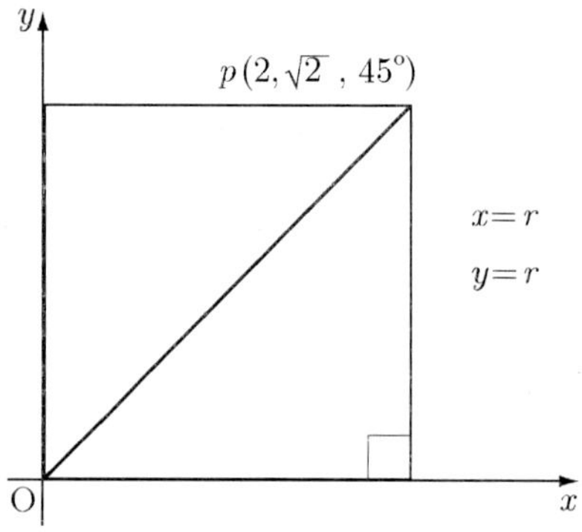


$$x = r\cos\theta = 2\sqrt{2}\cos(45^\circ) = 2$$

$$y = r\sin\theta = 2\sqrt{2}\sin(45^\circ) = 2$$

따라서, $p(2,\ 2)$

3.10 **노트** : 3차원 위치를 나타내는 좌표계에는 직교좌표계, 원통/원기둥좌표계 그리고 구면좌표계가 있다. 각각은 나름의 장단점을 가지고 공학의 여러 기구를 설계하는 데 사용된다.

3.11 **정의** : 직교좌표계는 다음 그림과 같이 서로 직각인 세 개의 축으로부터 떨어진 정도로 위치를 표현한다. 오른쪽 그림은 플로터와 같은 직교좌표계를 사용하는 기구를 나타낸다.

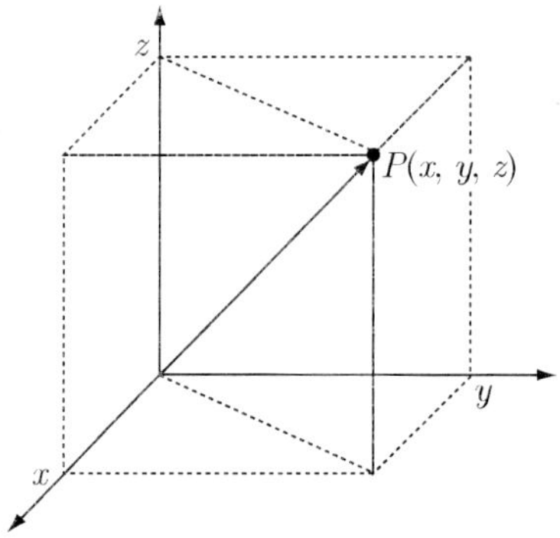


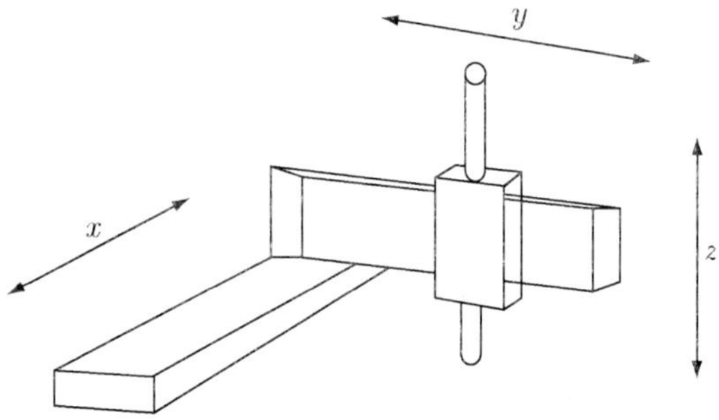


**3.12 정의** : 원기둥/원통(cylindrical)좌표계는 원통의 반지름($r_c$), 높이($z$), 그리고 $x$ 축에 대한 회전 각($\theta_c$)로 위치를 나타낸다.

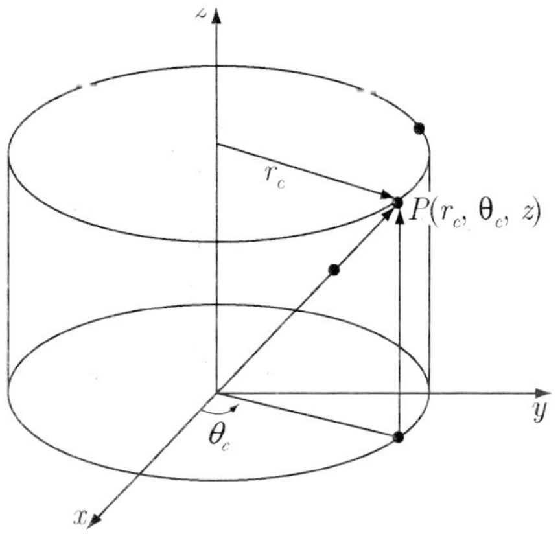


$x = r_c\cos\theta_c, y = r_c\sin\theta_c, z = z$

$$r_c = \sqrt{x^2 + y^2},$$
$$\theta_c = \tan^{-1}(\frac{y}{x}),$$
$$z = z$$
$$0 \le r_c < \infty, 0 \le \theta_c \le 2\pi, -\infty < z < \infty$$

: 다음 그림은 원기둥 좌표계를 사용하는 기구를 나타낸다. 컴퓨터 시스템의 하드디스크 데이터 저장 주소는 디스크 면, 트랙, 섹터로 표현되는데 이는 원기둥좌표계와 일치한다.

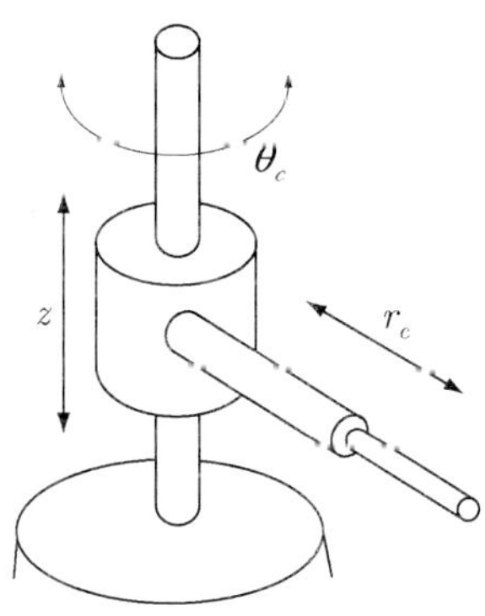

**3.13 정의** : 구면(spherical)좌표계는 구의 반지름($r_s$), $x$축에 대한 회전각($\theta_s$), 그리고 $z$축에 대한 회전각($\phi$)으로 위치를 나타낸다. 그림 (b)는 그림 (a)의 직교좌표계와의 관계를 알기 쉽게 나타낸 것이다.

$$x = r_s \sin\phi \cos\theta_s$$
$$y = r_s \sin\phi \sin\theta_s$$
$$z = r_s \cos\phi$$

$$r_s = \sqrt{x^2+y^2+z^2},$$
$$\phi = \cos^{-1}\left(\frac{z}{\sqrt{x^2+y^2+z^2}}\right)$$
$$\theta_s = \tan^{-1}\left(\frac{y}{x}\right)$$

$$0 \le r_s < \infty, 0 \le \phi \le \pi, 0 \le \theta_s \le 2\pi$$

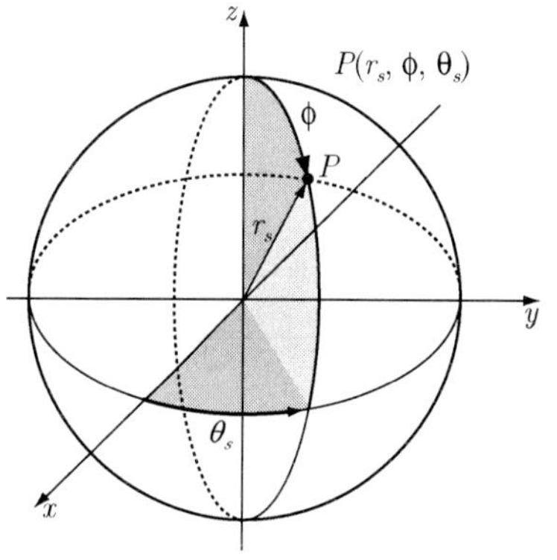


(a)

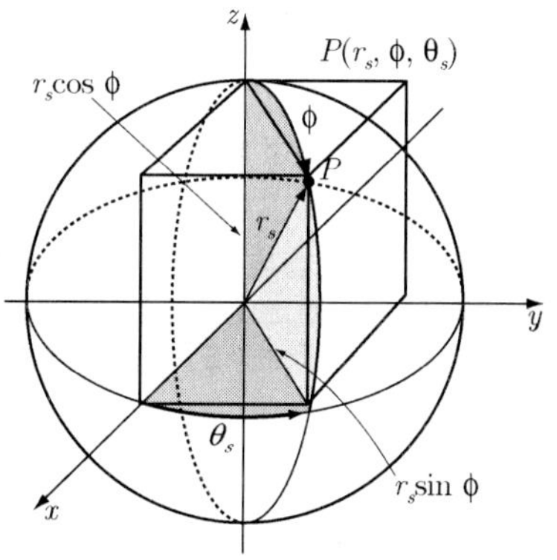


(b)

: 다음 그림은 구면좌표계를 사용하는 기구를 나타낸다. 다관절 로봇 팔에 흔히 사용되는 좌표계이다.

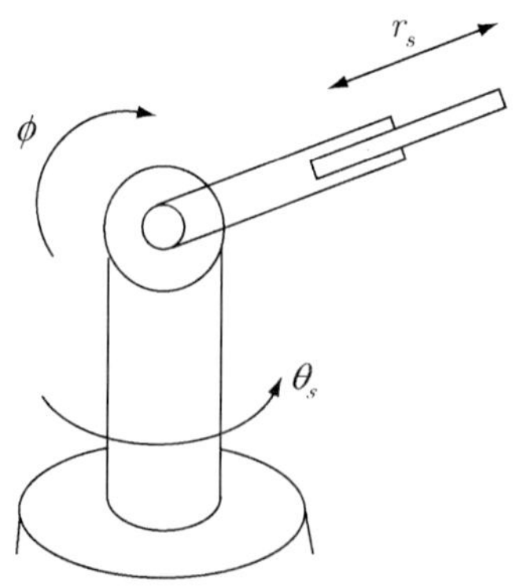

### 3.14 정의 (쌍곡선 함수 hyperbolic functions)

: 원, 타원, 포물선, 쌍곡선 등과 같이 원추를 달리 절단하여 생기는 원추곡선을 쌍곡선 함수라고 한다. 삼각함수, 지수함수와 밀접하게 관계되어 미분·적분학 등에 흔히 응용된다.

**3.15 정의** : 쌍곡선 함수는 다음과 같이 지수함수로 정의된다.

$$\sinh x = \frac{e^x - e^{-x}}{2},\ \cosh x = \frac{e^x + e^{-x}}{2},\ \tanh x = \frac{e^x - e^{-x}}{e^x + e^{-x}}$$

$$\operatorname{cosech} x = \frac{1}{\sinh x} = \frac{2}{e^x - e^{-x}}$$

$$\operatorname{sech} x = \frac{1}{\cosh x} = \frac{2}{e^x + e^{-x}}$$

$$\coth x = \frac{1}{\tanh x} = \frac{e^x + e^{-x}}{e^x - e^{-x}}$$

**예** 다음을 증명하시오.

$\sinh(-x) = -\sinh x$

$\cosh(-x) = \cosh x$

$\tanh(-x) = -\tanh x$

$$\sinh(-x) = \frac{e^{-x} - e^{-(-x)}}{2} = \frac{e^{-x} - e^{x}}{2} = -\frac{(e^x - e^{-x})}{2} = -\sinh x$$

**3.16 정의** : 쌍곡선 함수의 역함수

$$\sinh^{-1} x = \ln(x + \sqrt{x^2 + 1})$$

$$\operatorname{cosech}^{-1} x = \ln\frac{1 \pm \sqrt{1 + x^2}}{x}$$

$$\cosh^{-1} x = \ln(x + \sqrt{x^2 - 1}),\ x \geq 1$$

$$\operatorname{sech}^{-1} x = \ln\frac{1 \pm \sqrt{1 - x^2}}{x},\ 0 < x < 1$$

$$\tanh^{-1} x = \ln\frac{\sqrt{1 - x^2}}{1 - x}, |x| < 1$$

$$\coth^{-1} x = \ln\frac{\sqrt{x^2 - 1}}{x - 1}, |x| > 1$$

**3.17 노트** : 쌍곡선 함수의 그래프 I

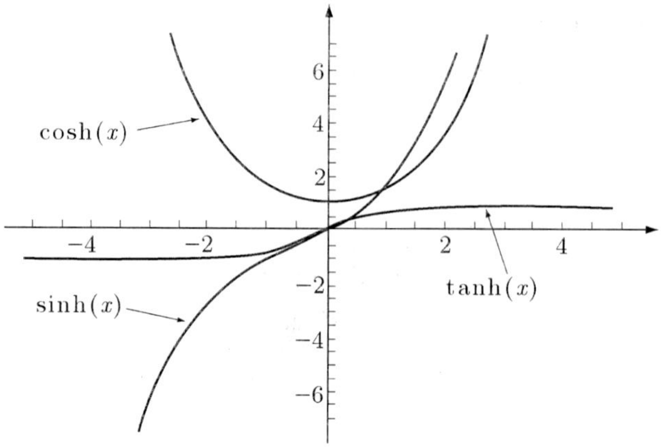


**3.18 노트** : 쌍곡선 함수의 그래프 II

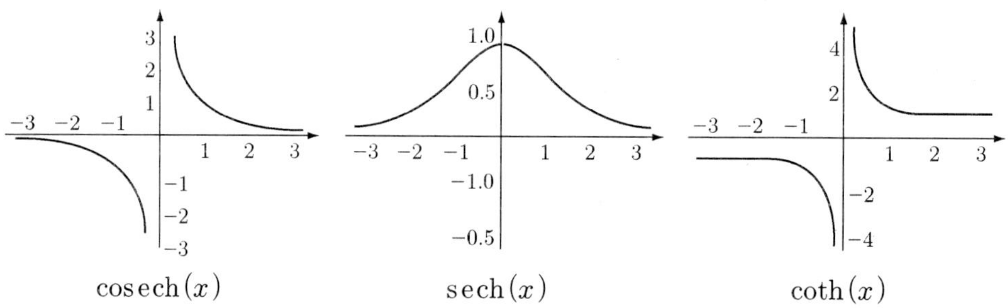


**3.19 노트 (오스본 법칙)** : 어떤 삼각함수 항등식도 쌍곡선 함수 항등식으로 변환될 수 있다. 이를 오스본 법칙이라 한다.

$$\cos^2 x + \sin^2 x = 1 \qquad \cosh^2 x - \sinh^2 x = 1$$

$$1 + \tan^2 x = \sec^2 x \qquad 1 - \tanh^2 x = \mathrm{sech}^2 x$$

$$\cot^2 x + 1 = \mathrm{cosec}^2 x \qquad \coth^2 x - 1 = \mathrm{cosech}^2 x$$

$$\sin(\alpha \pm \beta) = \sin\alpha\cos\beta \pm \cos\alpha\sin\beta \qquad \sinh(\alpha \pm \beta) = \sinh\alpha\cosh\beta \pm \cosh\alpha\sinh\beta$$

$$\cos(\alpha \pm \beta) = \cos\alpha\cos\beta \mp \sin\alpha\sin\beta \qquad \cosh(\alpha \pm \beta) = \cosh\alpha\cosh\beta \pm \sinh\alpha\sinh\beta$$

$$\tan(\alpha \pm \beta) = \frac{\tan\alpha \pm \tan\beta}{1 \mp \tan\alpha\tan\beta} \qquad \tanh(\alpha \pm \beta) = \frac{\tanh\alpha \pm \tanh\beta}{1 \pm \tanh\alpha\tanh\beta}$$

$$\sin 2x = 2\sin x\cos x$$
$$\cos 2x = \cos^2 x - \sin^2 x$$
$$= 2\cos^2 x - 1$$
$$= 1 - 2\sin^2 x$$
$$\tan 2x = \frac{2\tan x}{1-\tan^2 x}$$

$$\sinh 2x = 2\sinh x\cosh x$$
$$\cosh 2x = \cosh^2 x + \sinh^2 x$$
$$= 2\cosh^2 x - 1$$
$$= 1 + 2\sinh^2 x$$
$$\tanh 2x = \frac{2\tanh x}{1-\tanh^2 x}$$

**3.20 노트 (오일러 공식)** : $e^{i\alpha} = \cos\alpha + i\sin\alpha$

$$\sin\alpha = \frac{1}{2i}(e^{i\alpha} - e^{-i\alpha}), \cos\alpha = \frac{1}{2}(e^{i\alpha} + e^{-i\alpha}), \tan\alpha = -i\left(\frac{e^{i\alpha} - e^{-i\alpha}}{e^{i\alpha} + e^{-i\alpha}}\right)$$

: 위 식은 아래의 두 식을 이용해 쉽게 유도할 수 있다.

$$e^{i\alpha} = \cos\alpha + i\sin\alpha$$
$$e^{-i\alpha} = e^{i(-\alpha)} = \cos(-\alpha) + i\sin(-\alpha) = \cos\alpha - i\sin\alpha$$

**3.21 노트 (삼각함수와 쌍곡선 함수의 관계)**

: $\sin\alpha = \frac{1}{2i}(e^{i\alpha} - e^{-i\alpha})$에서 $\alpha = i\alpha$로 치환하면,

$$\sin(i\alpha) = \frac{1}{2i}(e^{i(i\alpha)} - e^{-i(i\alpha)})$$
$$= \frac{1}{2i}(e^{-\alpha} - e^{\alpha}) = \frac{-1}{i}\frac{1}{2}(e^{\alpha} - e^{-\alpha})$$
$$= \left(\frac{-1}{i}\right)\sinh\alpha = i\sinh\alpha$$

: $\cos\alpha = \frac{1}{2}(e^{i\alpha} + e^{-i\alpha})$에서 $\alpha = i\alpha$로 치환하면,

$$\cos(i\alpha) = \frac{1}{2}(e^{i(i\alpha)} + e^{-i(i\alpha)})$$
$$= \frac{1}{2}(e^{-\alpha} + e^{\alpha}) = \frac{1}{2}(e^{\alpha} + e^{-\alpha}) = \cosh\alpha$$

**예** $\cos^2 i\alpha + \sin^2 i\alpha = 1$ 임을 증명하시오.

증명 $\cos i\alpha = \cosh\alpha$, $\sin i\alpha = i\sinh\alpha$이므로

$$\cos^2 i\alpha + \sin^2 i\alpha = \cosh^2\alpha + (i^2)\sinh^2\alpha = \cosh^2\alpha - \sinh^2\alpha = 1$$

## ■ 복소수와 극형식

### 3.22 정의 (극형식 polar form)

: 복소평면에 표현된 복소수 $z = x + iy$는 하나의 점 $(x, y)$로 표현할 수 있다.

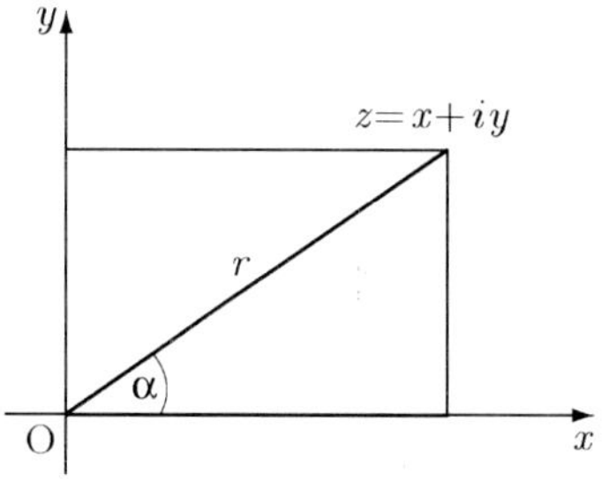


: 삼각비에 의하여, $x = r\cos\alpha$, $y = r\sin\alpha$이므로, $z = r\cos\alpha + ir\sin\alpha$
$= r(\cos\alpha + i\sin\alpha)$이다.

따라서 $z = r(\cos\alpha + i\sin\alpha)$로 나타낼 수 있다.

: $r = \sqrt{x^2 + y^2} = \sqrt{zz^*} = |z|$, 크기(magnitude)

: $\arg z = \alpha = \tan^{-1}\frac{y}{x} = \sin^{-1}\frac{y}{r} = \cos^{-1}\frac{x}{r}$, 편각(argument)

예 복소수 $z = 5 + i7$을 극형식으로 나타내시오.

풀이 $|z| = r = \sqrt{5^2 + 7^2} = \sqrt{74} = 8.6023$, $\arg z = \alpha = \tan^{-1}\frac{7}{5} = 54.46°$

$$z = 8.6023(\cos(54.46°) + i\sin(54.46°))$$

: 극좌표로 나타내면 $z = (8.6023, 54.46°)$이다.

예 $z = \sqrt{2}(\cos 45° + i\sin 45°)$을 $x + iy$ 형식으로 나타내시오.

풀이 $x = r\cos\alpha = \sqrt{2}\cos(45°) = \sqrt{2}\frac{1}{\sqrt{2}} = 1$

$y = r\,sin\,\alpha = \sqrt{2}\,sin(45^\circ) = \sqrt{2}\,\frac{1}{\sqrt{2}} = 1$

따라서 $z = 1 + i$이다.

### 3.23 정의 (복소수 곱셈과 나눗셈) :

$z_1 = r_1(\cos\alpha_1 + i\sin\alpha_1),\ z_2 = r_2(\cos\alpha_2 + i\sin\alpha_2)$

1) 곱셈

$$z_1 z_2 = r_1(\cos\alpha_1 + i\sin\alpha_1) r_2(\cos\alpha_2 + i\sin\alpha_2)$$
$$= r_1 r_2(\cos(\alpha_1+\alpha_2) + i\sin(\alpha_1+\alpha_2))$$

$|z_1 z_2| = r_1 r_2,\ \arg(z_1 z_2) = \alpha_1 + \alpha_2$

따라서 $|z_1 z_2| = |z_1||z_2|,\ \arg(z_1 z_2) = \arg z_1 + \arg z_2$

2) 나눗셈

$$\frac{z_1}{z_2} = \frac{r_1(\cos\alpha_1 + i\sin\alpha_1)}{r_2(\cos\alpha_2 + i\sin\alpha_2)}$$
$$= \frac{r_1}{r_2}(\cos(\alpha_1-\alpha_2) + i\sin(\alpha_1-\alpha_2))$$

따라서 $\left|\frac{z_1}{z_2}\right| = \frac{|z_1|}{|z_2|},\ \arg\left(\frac{z_1}{z_2}\right) = \arg z_1 - \arg z_2$

### 3.24 정의 (오일러 방정식과 복소수 극형식)

: $e^{i\alpha} = \cos\alpha + i\sin\alpha,\ 0 \le \alpha \le 2\pi$

· 양변에 $r$을 곱하면, $re^{i\alpha} = r(\cos\alpha + i\sin\alpha)$이므로, 직교좌표로 표현된 복소수 $z = x + iy = re^{i\alpha}$로 나타낼 수 있다.

**예** 복소수 $z = 5 + i7$을 오일러 방정식을 이용하여 나타내시오.

**풀이** $|z| = r = \sqrt{5^2 + 7^2} = \sqrt{74} = 8.6023$, $\arg z = \alpha = \tan^{-1}\frac{7}{5} = 54.46^\circ$

$z = 8.6023e^{i54.46^\circ}$

**예** 복소수 곱셈과 나눗셈을 복소수의 극형식으로 계산하시오.

풀이 $z_1 = r_1 e^{i\alpha_1}$, $z_2 = r_2 e^{i\alpha_2}$라면,

1) $z_1 z_2 = r_1 e^{i\alpha_1} r_2 e^{i\alpha_2} = r_1 r_2 e^{i(\alpha_1 + \alpha_2)}$

2) $\dfrac{z_1}{z_2} = \dfrac{r_1 e^{i\alpha_1}}{r_2 e^{i\alpha_2}} = \dfrac{r_1}{r_2} e^{i(\alpha_1 - \alpha_2)}$

### 3.25 정의 (De Moivre's 방정식)

: $e^{i\alpha} = \cos\alpha + i\sin\alpha$에서 양변을 $n$제곱하면,

$(e^{i\alpha})^n = e^{in\alpha} = e^{i(n\alpha)} = \cos(n\alpha) + i\sin(n\alpha) = (\cos\alpha + i\sin\alpha)^n$

: $r^n$을 양변에 곱하면, $z^n = r^n e^{in\alpha}$

예 $\left(\dfrac{1+i\sqrt{3}}{1-i\sqrt{3}}\right)^6$을 계산하시오.

풀이

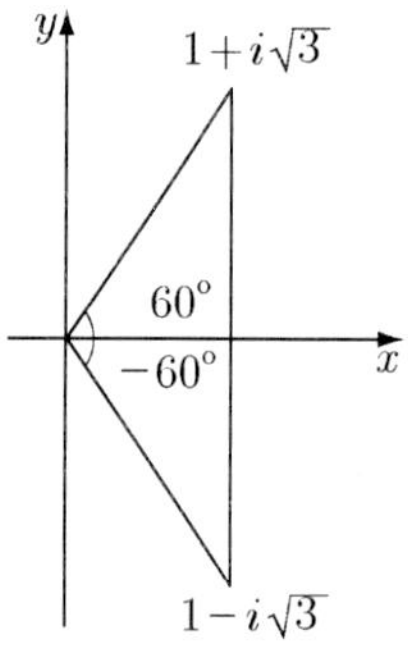


$\left(\dfrac{1+i\sqrt{3}}{1-i\sqrt{3}}\right)^6 = \left(\dfrac{2(\cos 60^\circ + i\sin 60^\circ)}{2(\cos(-60^\circ) + i\sin(-60^\circ))}\right)^6$

$= (\cos 120^\circ + i\sin 120^\circ)^6 = \cos 720^\circ + i\sin 720^\circ$

## ■ 신의 방정식

: $e^{i\alpha} = \cos\alpha + i\sin\alpha$에서 $e^{i\frac{\pi}{2}} = \cos\dfrac{\pi}{2} + i\sin\dfrac{\pi}{2} = 0 + i\cdot 1 = i$

: $-1 = (i)(i) = (e^{i\frac{\pi}{2}})(e^{i\frac{\pi}{2}}) = e^{i\pi}$

따라서 $e^{i\pi} + 1 = 0$를 얻을 수 있다.

: 0, 자연수 1, 허수 $i$, 원주율 $\pi$, 오일러 수 $e$를 모두 포함하고 있는 $e^{i\pi} + 1 = 0$을 신의 방정식이라 한다.

## 연습문제

**1.** $f(x) = x - \sin(x) > 0$, $x \geq 0$를 만족하는 $x$를 그래프를 이용하여 설명하시오.

**2.** 함수 $f(x) = \sin(x)$와 직선 $y = c$, $(0 < c < 1)$가 만나는 점을 $x_1$, $x_2$라고 할 때, $f(x_1 + x_2)$를 구하시오.

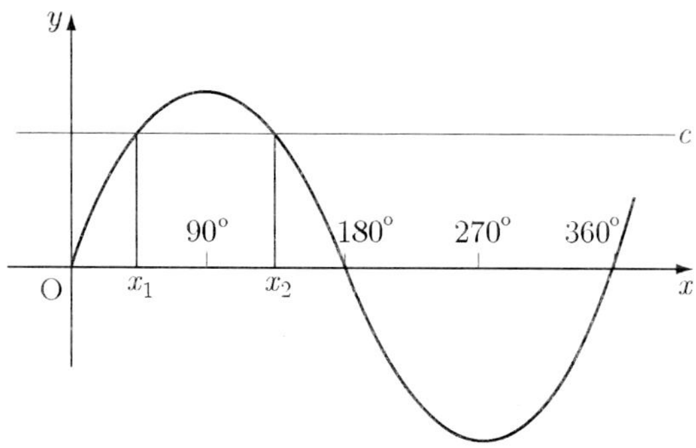


**3.** 다음 방정식의 근을 구하시오. 단, $0° \leq x \leq 360°$

1) $8\sin x + 6 = 0$

2) $3 - \tan^2 x = 0$

3) $2\sin^2 x + 3\cos x - 3 = 0$

**4.** 다음을 증명하시오.

1) $\tan i\alpha = i\tanh \alpha$

2) $\cosh i\alpha = \cos \alpha$

3) $\sinh i\alpha = i\sin \alpha$

4) $\tanh i\alpha = i\tan \alpha$

**5.** 다음을 증명하시오.

1) $\sinh(-x) = -\sinh x$

2) $\cosh(-x) = \cosh x$

3) $\tanh(-x) = -\tanh x$

# Chapter 04 급수

## ■ 이항정리

**4.1 노트 (파스칼의 삼각형) :**

이항다항식 $(a+b)^n$의 이항전개에서 나타나는 이항계수들을 삼각형 모양으로 배열한 것을 **파스칼의 삼각형**(pascal's triangle)이라 한다. $n$번째 줄 $k$번째 값을 $\binom{n}{k}$라 하면 $\binom{n}{k}=\binom{n-1}{k-1}+\binom{n-1}{k}$이 성립한다. 즉, $n$번째 줄 $k$번째 값은 $n-1$번째 줄 $k-1$번째 값과 $n-1$번째 줄 $k$번째 값의 합이 된다.

| | | |
|---|---|---|
| $(a+b)^0$ | 1 | $1$ |
| $(a+b)^1$ | 1 1 | $a+b$ |
| $(a+b)^2$ | 1 2 1 | $a^2+2ab+b^2$ |
| $(a+b)^3$ | 1 3 3 1 | $a^3+3a^2b+3ab^2+b^3$ |
| $(a+b)^4$ | 1 4 6 4 1 | $a^4+4a^3b+6a^2b^2+4ab^3+b^4$ |
| $(a+b)^5$ | 1 5 10 10 5 1 | $a^5+5a^4b+10a^3b^2+10a^2b^3+5ab^4+b^5$ |

**예** $(a-b)^3$을 전개하시오.

$$a^3+3a^2(-b)+3a(-b)^2+(-b)^3=a^3-3a^2b+3ab^2-b^3$$

**예** $(2a-3b)^3$을 전개하시오.

$$(2a)^3+3(2a)^2(-3b)+3(2a)(-3b)^2+(-3b)^3=8a^3-36a^2b+54ab^2-27b^3$$

### 4.2 정리 (이항정리)

: $n$=양의 정수, 이항다항식 $(a+b)^n$의 이항전개에서 나타나는 항 $a^k b^{n-k}$의 계수는 $n$개에서 $k$개를 선택하는 조합 $\binom{n}{k}$이고 이를 **이항계수**라 한다.

즉, $\binom{n}{k} = {}_nC_k = \dfrac{n!}{(n-k)!k!}$ 이다. $(a+b)^n$의 이항전개식은 다음과 같다.

$$\begin{aligned}(a+b)^n &= a^n + na^{n-1}b + \frac{n(n-1)}{2!}a^{n-2}b^2 + \cdots + nab^{n-1} + b^n \\ &= \sum_{i=0}^{n}\binom{n}{i}a^{n-i}b^i \\ &= \binom{n}{0}a^n b^0 + \binom{n}{1}a^{n-1}b^1 + \binom{n}{2}a^{n-2}b^2 + \cdots + \binom{n}{n}a^0 b^n\end{aligned}$$

: 일반항 즉, $k$ 번째 항은 0부터 시작하므로 $i = k-1$이고

$\binom{n}{k-1}a^{n-(k-1)}b^{k-1} = \dfrac{n(n-1)(n-2)\cdots(n-(k-2))}{(k-1)!}a^{n-(k-1)}b^{k-1}$이다.

**예** $(5+x)^7$의 4번째 항을 구하시오.

**풀이** $i = k-1 = 3$ 이므로, $\binom{7}{3}(5)^{7-3}(x)^3 = 21875x^3$

**예** $(1+x)^n$을 전개하시오. 단, $n$=양의 정수

**풀이** 
$$\begin{aligned}(1+x)^n &= 1^n + n1^{n-1}x + \frac{n(n-1)}{2!}1^{n-2}x^2 + \cdots + n1x^{n-1} + x^n \\ &= 1 + nx + \frac{n(n-1)}{2!}x^2 + \cdots + nx^{n-1} + x^n \\ &= \sum_{i=0}^{n}\binom{n}{i}x^i\end{aligned}$$

**예** $(1.005)^7$을 소수점 셋째자리까지 계산하시오.

**풀이** $(1+0.005)^7$

$$\begin{aligned}&= \binom{7}{0}1^7(0.005)^0 + \binom{7}{1}1^6(0.005)^1 + \binom{7}{2}1^5(0.005)^2 + \binom{7}{3}1^4(0.005)^3 + \cdots \\ &= 1 + 7(0.005) + 21(0.000025) + 35(0.000000125) + \cdots \\ &= 1 + 0.035 + 0.000525 + 0.000004375 + \cdots = 1.035529375\end{aligned}$$

**4.3 노트** : 파스칼의 삼각형은 이항계수를 배열한 것이다.

$$\begin{array}{cc} 1 & \binom{0}{0} \\ 1\ 1 & \binom{1}{0}\binom{1}{1} \\ 1\ 2\ 1 & \binom{2}{0}\binom{2}{1}\binom{2}{2} \\ 1\ 3\ 3\ 1 & \binom{3}{0}\binom{3}{1}\binom{3}{2}\binom{3}{3} \\ \cdots & \cdots \end{array}$$

**4.4 정리 (이항급수)** : 이항식의 거듭제곱을 복소수 $r$로 확장한 이항전개식은 다음과 같다. 이를 일반이항정리(이항급수)라 한다. $r$이 양의 정수 일 때, $i > r$이면 $\binom{r}{i} = 0$ 이므로 이항정리와 일치한다.

$$(a+x)^r = \sum_{i=0}^{\infty} \binom{r}{i} a^{r-i} x^i \quad \text{단, } r \in C,\ |x| < |a|$$

**예** $(1+x)^r$을 급수로 나타내시오.

**풀이** $$(1+x)^r = \sum_{i=0}^{\infty} \binom{r}{i} x^i$$
$$= \binom{r}{0} x^0 + \binom{r}{1} x^1 + \binom{r}{2} x^2 + \cdots$$
$$= 1 + rx + \frac{r(r-1)}{2!} x^2 + \cdots$$

: 충분히 작은 $x$에 대하여 $(1+x)^r \approx 1 + rx$, $x \ll 1$로 근사한다.

**예** $\dfrac{1}{(1+5x)^7}$을 급수로 나타내시오.

**풀이** $$\frac{1}{(1+5x)^7} = (1+5x)^{-7}$$
$$= \binom{-7}{0} 1^{-7} (5x)^0 + \binom{-7}{1} 1^{-8} (5x)^1 + \binom{-7}{2} 1^{-9} (5x)^2 + \cdots$$
$$= 1 + (-7)(5x) + \frac{(-7)(-8)}{2!} (5x)^2 + \cdots \quad \text{단, } |5x| < 1$$

**예** $\sqrt{5+x}$ 를 급수로 나타내시오.

**풀이** $\sqrt{5+x} = \sqrt{5(1+\frac{x}{5})}$

$$= \sqrt{5}\,(1+\frac{x}{5})^{\frac{1}{2}}$$

$$= \sqrt{5}\left[\binom{\frac{1}{2}}{0}1^{\frac{1}{2}}(\frac{x}{5})^0 + \binom{\frac{1}{2}}{1}1^{\frac{1}{2}-1}(\frac{x}{5})^1 + \binom{\frac{1}{2}}{2}1^{\frac{1}{2}-2}(\frac{x}{5})^2 + \binom{\frac{1}{2}}{3}1^{\frac{1}{2}-3}(\frac{x}{5})^3 + \cdots\right]$$

$$= \sqrt{5}\left[1+\frac{1}{2}(\frac{x}{5}) + \frac{\frac{1}{2}(\frac{1}{2}-1)}{1\cdot 2}(\frac{x}{5})^2 + \frac{\frac{1}{2}(\frac{1}{2}-1)(\frac{1}{2}-2)}{1\cdot 2\cdot 3}(\frac{x}{5})^3 + \cdots\right]$$

$$= \sqrt{5}\left[1+\frac{1}{2}\frac{1}{5}x - \frac{1}{8}\frac{1}{25}x^2 + \frac{1}{16}\frac{1}{125}x^3 + \cdots\right]$$

## ■ 매클로린 급수

**4.5 노트** : 초월함수 $e^x$, $\sin x$ 등을 다항함수로 나타내면 미분, 적분, 근사값 계산 등이 용이하다.

$$e^x = 1 + x + \frac{x^2}{2!} + \frac{x^3}{3!} + \cdots$$

$$\sin x = x - \frac{x^3}{3!} + \frac{x^5}{5!} - \frac{x^7}{7!} + \cdots$$

**4.6 정리 (매클로린 급수 Maclaurin series)** : 함수 $f(x)$가 $x=0$에서 모든 차수 미분이 가능하면 이 함수의 수렴구간 내에서 다음과 같다. 이를 매클로린 급수라고 한다.

$$f(x) = f(0) + f'(0)x + \frac{f''(0)}{2!}x^2 + \frac{f'''(0)}{3!}x^3 + \cdots = \sum_{i=0}^{\infty}\frac{f^{(i)}(0)}{i!}x^i$$

**증명** $f(x)$가 다음과 같이 거듭제곱 급수(power series)로 표현된다면,

$$f(x) = a_0 + a_1x + a_2x^2 + a_3x^3 + a_4x^4 + a_5x^5 + \cdots$$

$$f'(x) = a_1 + 2a_2x + 3a_3x^2 + \cdots$$

$$f''(x) = 2 \cdot 1a_2 + 3 \cdot 2a_3x + 4 \cdot 3a_4x^2 + \cdots$$

$$f'''(x) = 3 \cdot 2 \cdot 1a_3 + 4 \cdot 3 \cdot 2a_4x + 5 \cdot 4 \cdot 3a_5x^2 + \cdots$$

$$a_0 = f(0),\ a_1 = f'(0),\ a_2 = \frac{f''(0)}{2!},\ a_3 = \frac{f'''(0)}{3!},\ \cdots,$$

$$a_n = \frac{f^n(0)}{n!}$$

**예** $\sin x$를 매클로린급수로 나타내시오.

**풀이** $f(x) = \sin x$라면,

$f'(x) = (\sin x)' = \cos x,\ f''(x) = (\cos x)' = -\sin x,$

$f'''(x) = (-\sin x)' = -\cos x,\ \cdots$이고,

$f(0) = \sin 0 = 0,\ f'(0) = \cos 0 = 1,\ f''(0) = -\sin 0 = 0,$

$f'''(0) = -\cos 0 = -1,\ \cdots$이므로

$\sin x = x - \frac{x^3}{3!} + \frac{x^5}{5!} - \frac{x^7}{7!} + \cdots$ 이다.

**예** $\sin(\frac{\pi}{6})$의 근사값으로 $\frac{\pi}{6} - \frac{1}{3!}(\frac{\pi}{6})^3$을 사용할 때 오차의 한계를 구하라.

**풀이** 급수의 2항까지의 합을 취했으므로 3항 이후가 오차가 되는데, 교대급수이고 작아지므로 3항의 절대값보다는 작다.

즉, $\sin x = x - \frac{x^3}{3!} + \frac{x^5}{5!} - \frac{x^7}{7!} + \cdots$ 에서,

$\sin\frac{\pi}{6} = \frac{\pi}{6} - \frac{1}{3!}(\frac{\pi}{6})^3 + \frac{1}{5!}(\frac{\pi}{6})^5 - \frac{1}{7!}(\frac{\pi}{6})^7 + \cdots$ 이므로

오차의 한계는 $\left|\frac{1}{5!}\left(\frac{\pi}{6}\right)^5\right| \approx 0.00033$ 이다.

**예** sin45°의 값을 반올림에 의하여 소수점 네 자리까지 정확하게 구하려면 몇 항까지의 합을 구해야 하는가?

**풀이** $i$항까지 더했을 때 오차는 $\frac{1}{(2i+1)!}x^{2i+1}$을 넘지 못하므로,

$\frac{1}{(2i+1)!}\left(\frac{\pi}{4}\right)^{2i+1} < 0.00005$를 만족하는 가장 작은 $i$을 찾는다.

$i=3$일 때, 네 번째 항, $\frac{1}{7!}\left(\frac{\pi}{4}\right)^7 \approx 0.0000364 < 0.00005$이므로 3항까지의 합을 구하면 된다.

## ■ 도함수 공식

1) 일반 공식

$$(f(x) \pm g(x))' = f'(x) \pm g'(x)$$

$$(cf(x))' = cf'(x)$$

$$(f(g(x)))' = f'(g(x))g'(x)$$

$$(f(x)g(x))' = f'(x)g(x) + f(x)g'(x)$$

$$\left(\frac{1}{f(x)}\right)' = \frac{-f'(x)}{(f(x))^2}$$

$$\left(\frac{f(x)}{g(x)}\right)' = \frac{f(x)'g(x) - f(x)g'(x)}{(g(x))^2}$$

2) 곱의 법칙

$$(x^n)' = nx^{n-1}$$

$$c' = 0$$

$$x' = 1$$

$$(cx)' = c$$

$$(\sqrt{x})' = \frac{1}{2\sqrt{x}}$$

$$\left(\frac{1}{x}\right)' = -\frac{1}{x^2}$$

$$|x|' = \frac{x}{|x|} = sign(x), \quad x \neq 0$$

3) 지수함수, 로그함수

$$(a^{f(x)})' = a^{f(x)} f'(x) \ln a, \ a > 0$$

$$(a^x)' = a^x \ln a$$

$(e^{f(x)})' = e^{f(x)} f'(x)$

$(e^{cx})' = ce^{cx}$

$(e^{x})' = e^{x}$

$(\log_a x)' = \dfrac{1}{x \ln a}, a > 0, a \neq 1$

$(\ln x)' = \dfrac{1}{x}$

4) 삼각함수

$(\sin x)' = \cos x$, $(\csc x)' = -\csc x \cot x$

$(\cos x)' = -\sin x$, $(\sec x)' = \sec x \tan x$

$(\tan x)' = \sec^2 x$, $(\cot x)' = -\csc^2 x$

5) 쌍곡선 함수

$(\sinh x)' = \cosh x$, $(\operatorname{csch} x)' = -\operatorname{csch} x \coth x$

$(\cosh x)' = \sinh x$, $(\operatorname{sech} x)' = -\operatorname{sech} x \tanh x$

$(\tanh x)' = \operatorname{sech}^2 x$, $(\coth x)' = -\operatorname{csch}^2 x$

6) 역삼각함수

$(\sin^{-1} x)' = \dfrac{1}{\sqrt{1-x^2}}$, $(\csc^{-1} x)' = -\dfrac{1}{|x|\sqrt{x^2-1}}$

$(\cos^{-1} x)' = -\dfrac{1}{\sqrt{1-x^2}}$, $(\sec^{-1} x)' = \dfrac{1}{|x|\sqrt{x^2-1}}$

$(\tan^{-1} x)' = \dfrac{1}{1+x^2}$, $(\cot^{-1} x)' = -\dfrac{1}{1+x^2}$

7) 역쌍곡선 함수

$(\sinh^{-1} x)' = \dfrac{1}{\sqrt{1+x^2}}$, $(\operatorname{csch}^{-1} x)' = -\dfrac{1}{|x|\sqrt{x^2+1}}$

$(\cosh^{-1} x)' = -\dfrac{1}{\sqrt{x^2-1}}$, $(\operatorname{sech}^{-1} x)' = -\dfrac{1}{x\sqrt{1-x^2}}$

$(\tanh^{-1} x)' = \dfrac{1}{1-x^2}$, $(\coth^{-1} x)' = \dfrac{1}{1-x^2}$

**4.7 노트** : 다음을 테일러 급수라 한다.

$$f(x)=f(a)+f'(a)(x-a)+\frac{f''(a)}{2!}(x-a)^2+\frac{f'''(a)}{3!}(x-a)^3+\cdots$$
$$=\sum_{i=0}^{\infty}\frac{f^{(i)}(a)}{i!}(x-a)^i$$

**4.8 정리 (테일러 정리 taylor theorem)** : 함수 $f(x)$가 $i$번 미분 가능하고 $i$계 도함수가 연속이면, $f(x)$를 다음과 같이 $i+1$개의 항으로 전개할 수 있다.

$$f(x)=f(a)+f'(a)(x-a)+\frac{f''(a)}{2!}(x-a)^2+\frac{f'''(a)}{3!}(x-a)^3+\cdots$$
$$\cdots+\frac{f^{(i-1)}(a)}{(i-1)!}(x-a)^{i-1}+R_i,$$
$$R_i=\frac{f^{(i)}(t)}{i!}(x-a)^i,\ t\in[a,x]\ or\ t\in[x,a]$$

: 나머지 항 $R_i$에 의하여 $i$항까지 취했을 때 오차에 대한 분석이 가능하다.

**4.9 노트 (근사 공식)**

: $x=a+h$ 라면,

$$f(a+h)=f(a)+f'(a)(h)+\frac{f''(a)}{2!}(h)^2+\frac{f'''(a)}{3!}(h)^3+\cdots$$
$$\cdots+\frac{f^{(i-1)}(a)}{(i-1)!}(h)^{i-1}+R_i,$$
$$R_i=\frac{f^{(i)}(t)}{i!}(h)^i,\ t\in[a,a+h]\ or\ t\in[a+h,a]$$

여기서 $\max|f^{(i)}(t)|\le Max_i$이면 $|R_i|\le\frac{Max_i h^i}{i!}$이 된다. 이것으로부터 다음의 두 근사공식을 얻을 수 있다.

: 1차 근사공식 $f(a+h)=f(a)+f'(a)h,\ |R_2|\le\frac{Max_2h^2}{2!}$

: 2차 근사공식 $f(a+h)=f(a)+f'(a)h+\frac{f''(a)}{2!}h^2,\quad |R_3|\le\frac{Max_3h^3}{3!}$

**예** 1, 2차 근사공식을 이용하여 $e^{1.1}$의 근사값을 계산하고 오차를 분석하시오.

단, $e = 2.718$, $(e^x)' = e^x$

**풀이** $f(x) = e^x$, $a = 1$, $h = 0.1$이므로

1) 1차 근사공식

$$f(1+0.1) = f(1) + f'(1)(0.1) = e + e(0.1) = 2.718 + 0.2718 = 2.9898$$

$$|R_2| = \frac{1}{2} Max_2 h^2, \quad Max_2 = |f''(t)|_{1<t<1.1} \leq 3.0$$

$$\therefore \ |R_2| = 0.5 \times 3.0 \times 0.01 = 0.015$$

2) 2차 근사공식

$$f(1+0.1) = f(1) + f'(1)(0.1) + \frac{f''(1)}{2!}(0.1)^2$$

$$= e + e(0.1) + \frac{e}{2}(0.1)^2 = 3.01698$$

$$|R_3| = \frac{1}{6} Max_3 h^3, \quad Max_3 = |f'''(t)|_{1<t<1.1} \leqq 3.0$$

$$\therefore \ |R_3| = \frac{1}{6} \times 3.0 \times 0.001 = 0.0005$$

### 4.10 노트 (여러 가지 거듭제곱 급수) :

$$e^x = 1 + x + \frac{x^2}{2!} + \frac{x^3}{3!} + \cdots = \sum_{i=0}^{\infty} \frac{x^i}{i!}, \ -\infty < x < \infty$$

$$\ln(1+x) = x - \frac{x^2}{2} + \frac{x^3}{3} - \frac{x^4}{4} + \cdots = \sum_{i=1}^{\infty} \frac{-(-1)^i}{i} x^i, \ -1 < x \leq 1$$

$$\frac{1-x^{m+1}}{1-x} = \sum_{i=0}^{m} x^i, \ m \in N \qquad ex)\frac{1-x^3}{1-x} = \sum_{i=0}^{2} x^i = 1 + x + x^2$$

$$\frac{1}{1-x} = \sum_{i=0}^{\infty} x^i, \ |x| < 1$$

$$\frac{x^m}{1-x} = \sum_{i=m}^{\infty} x^i, \ |x| < 1, \ m \in N \qquad ex)\frac{x^3}{1-x} = \sum_{i=3}^{\infty} x^i = x^3 + x^4 + x^5 + \cdots$$

$$\frac{x}{(1-x)^2} = \sum_{i=1}^{\infty} i x^i, \ |x| < 1$$

$$\frac{1}{(1-x)^2}=\sum_{i=1}^{\infty} i x^{i-1},\ |x|<1$$

$$\sqrt{1+x}=1+\frac{x}{2}-\frac{x^2}{8}+\frac{x^3}{16}-\frac{5x^4}{128}+\cdots=\sum_{i=0}^{\infty}\frac{(-1)^i(2i)!}{(1-2i)(i!)(4^i)}x^i, |x|\le 1$$

$$(1+x)^{\alpha}=\sum_{i=0}^{\infty}\binom{\alpha}{i}x^i,\ |x|<1,\ \alpha\in C$$

$$\sin x = x-\frac{x^3}{3!}+\frac{x^5}{5!}-\frac{x^7}{7!}+\cdots=\sum_{i=0}^{\infty}(-1)^i\frac{x^{(2i+1)}}{(2i+1)!},\ -\infty<x<\infty$$

$$\cos x = 1-\frac{x^2}{2!}+\frac{x^4}{4!}-\frac{x^6}{6!}+\cdots=\sum_{i=0}^{\infty}(-1)^i\frac{x^{(2i)}}{(2i)!},\ -\infty<x<\infty$$

$$\tan x=\frac{\sin x}{\cos x}=x+\frac{1}{3}x^3+\frac{2}{15}x^5+\frac{17}{315}x^7+\frac{62}{2835}x^9+\cdots,\ x^2<\frac{\pi^2}{4}$$

$$\cot x=\frac{\cos x}{\sin x}=\frac{1}{x}-\frac{x}{3}-\frac{x^3}{45}-\frac{2x^5}{945}-\frac{x^7}{4725}-\cdots,\ 0<x^2<\pi^2$$

$$\sec x=1+\frac{x^2}{2!}+\frac{5x^4}{4!}+\frac{61x^6}{6!}+\cdots,\ x^2<\frac{\pi^2}{4}$$

$$\csc x=\frac{1}{x}+\frac{x}{3!}+\frac{7x^3}{3\cdot 5!}+\frac{31x^5}{3\cdot 7!}+\cdots,\ x^2<\pi^2$$

$$\sinh x = x+\frac{x^3}{3!}+\frac{x^5}{5!}+\frac{x^7}{7!}+\cdots=\sum_{i=0}^{\infty}\frac{x^{(2i+1)}}{(2i+1)!},\ -\infty<x<\infty$$

$$\cosh x = 1+\frac{x^2}{2!}+\frac{x^4}{4!}+\frac{x^6}{6!}+\cdots=\sum_{i=0}^{\infty}\frac{x^{(2i)}}{(2i)!},\ -\infty<x<\infty$$

$$\tanh x = x-\frac{1}{3}x^3+\frac{2}{15}x^5-\frac{17}{315}x^7+\frac{62}{2835}x^9-\cdots,\ |x|<\frac{\pi}{2}$$

$$\sin^{-1}x = x+\frac{1}{2\cdot 3}x^3+\frac{1\cdot 3}{2\cdot 4\cdot 5}x^5+\frac{1\cdot 3\cdot 5}{2\cdot 4\cdot 6\cdot 7}x^7+\cdots$$

$$=\sum_{i=0}^{\infty}\frac{(2i)!}{2^{2i}(i!)^2(2i+1)}x^{2i+1},\ |x|\le 1$$

$$\cos^{-1}x=\frac{\pi}{2}-\sin^{-1}x=\frac{\pi}{2}-\sum_{i=0}^{\infty}\frac{(2i)!}{2^{2i}(i!)^2(2i+1)}x^{2i+1},\ |x|\le 1$$

$$\tan^{-1}x = x-\frac{x^3}{3}+\frac{x^5}{5}-\frac{x^7}{7}+\cdots=\sum_{i=0}^{\infty}(-1)^i\frac{x^{(2i+1)}}{2i+1},\ |x|\le 1$$

$$\sinh^{-1}x = x - \frac{1}{2\cdot 3}x^3 + \frac{1\cdot 3}{2\cdot 4\cdot 5}x^5 - \cdots$$

$$= \sum_{i=0}^{\infty}(-1)^i \frac{(2i)!}{2^{2i}(i!)^2(2i+1)}x^{2i+1},\ |x|<1$$

$$\tanh^{-1}x = x + \frac{x^3}{3} + \frac{x^5}{5} + \frac{x^7}{7} + \cdots = \sum_{i=0}^{\infty}\frac{x^{(2i+1)}}{2i+1},\ |x|<1$$

$$\cosh^{-1}x = \ln 2x - ((\frac{1}{2})\frac{x^{-2}}{2} + (\frac{1\cdot 3}{2\cdot 4})\frac{x^{-4}}{4} + (\frac{1\cdot 3\cdot 5}{2\cdot 4\cdot 6})\frac{x^{-6}}{6} + \ \cdots)$$

$$= \ln 2x - \sum_{i=1}^{\infty}\frac{(2i)!}{2^{2i}(i!)^2(2i)}x^{-2i},\ x>1$$

**예** $\cos^2 2x$를 급수로 나타내시오.

$\cos 2\alpha = 2\cos^2\alpha - 1$이므로,

$$\cos^2\alpha = \frac{1}{2}(1+\cos 2\alpha) \Rightarrow \cos^2 2x = \frac{1}{2}(1+\cos 4x)$$

$$\cos x = 1 - \frac{x^2}{2!} + \frac{x^4}{4!} - \frac{x^6}{6!} + \cdots \text{ 이므로,}$$

$$\cos 4x = 1 - \frac{(4x)^2}{2!} + \frac{(4x)^4}{4!} - \frac{(4x)^6}{6!} + \cdots$$

$$= 1 - 8x^2 + \frac{32}{3}x^4 - \frac{256}{45}x^6 + \cdots$$

$$\therefore\ \cos^2 2x = \frac{1}{2}(1+\cos 4x)$$

$$= \frac{1}{2}(1 + 1 - 8x^2 + \frac{32}{3}x^4 - \frac{256}{45}x^6 + \cdots)$$

**예** $0.9999\cdots = 1$을 증명하시오.

**증명** $0.9999\cdots = 0.9 + 0.09 + 0.009 + 0.0009 + \cdots$

$$= 0.9(1 + 0.1 + 0.001 + 0.0001 + \cdots)$$

$$= \frac{9}{10}\left(1 + \frac{1}{10} + (\frac{1}{10})^2 + (\frac{1}{10})^3 + \cdots\right)$$

$$= \frac{9}{10}\frac{1}{1-\frac{1}{10}} = \frac{9}{10}\frac{10}{9} = 1$$

예 다음과 같이 물수제비가 매번 80% 비율로 튕겨나갈 때 총 이동거리를 구하시오. 단, 최초 이동거리는 50m로 한다.

$$50+50(0.8)+50(0.8)^2+50(0.8)^3+\cdots = 50(1+0.8+0.8^2+0.8^3+\cdots)$$
$$= 50\left(\frac{1}{1-0.8}\right)= 50\left(\frac{1}{0.2}\right)= 250$$

## 연습문제

1. $(3a-2b)^3$을 전개하시오.

2. $(2+x)^4$의 3번째 항을 구하시오.

3. $(3a-2b)^5$의 전개식에서 항 $a^3b^2$의 계수를 구하시오.

4. $\left(x-\frac{1}{x}\right)^8$의 전개식에서 항 $x^6$의 계수를 구하시오.

5. $\cos 2x$를 매클로린 급수로 나타내시오.

6. $e^{\frac{3}{2}x}$를 매클로린 급수로 나타내시오.

7. $\ln(1.2)$의 값을 $\ln(1+x)$의 매클로린 급수 4항까지의 합으로 계산하시오.

**8.** $\sqrt{1.2}$ 의 값을 $\sqrt{1+x}$ 의 매클로린 급수 4항까지의 합으로 계산하시오.

**9.** 최나연 선수가 때린 골프공이 다음과 같이 70% 비율로 바닥에 부딪치며 굴러갔다. 이동거리를 구하시오. 단, 최초 이동거리는 100m로 한다.

**10.** 다음 그림은 사인, 코사인 함수와 그것을 급수로 전개한 함수를 비교한 것이다. 그림을 설명하시오.

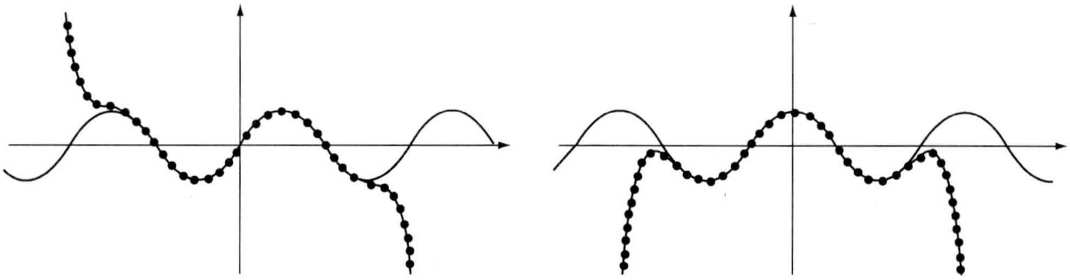

### 쉬어가는 문제!!

$(33333333333333333333)^2 - (33333333333333333332)^2 = ?$

$a^2 - b^2 = (a+b)(a-b)$에서 $a-b=1$이면 $(a+b)$와 같다.

# 제2부

# 선형대수

5장 행렬
6장 공간벡터
7장 벡터공간
8장 선형변환

# Chapter 05 행렬

## ■ 행렬과 연산

**5.1 정의 (행렬 matrix)** : $m \times n$개의 원소$a_{ij}$가 다음과 같은 직사각형 모양으로 배열되어 있을 때, $A$를 $m \times n$ 행렬이라 한다.

$$A = \begin{pmatrix} a_{11} & a_{12} & \cdots & a_{1n} \\ a_{21} & a_{22} & \cdots & a_{2n} \\ & \cdots & & \\ a_{m1} & a_{m2} & \cdots & a_{mn} \end{pmatrix} = (a_{ij})_{m \times n}$$

: $m \times n$을 행렬 $A$의 크기라고 한다.

: 열벡터 column vector : $m \times 1$ 행렬

: 행벡터 row vector : $1 \times n$ 행렬

: 숫자는 $1 \times 1$ 행렬로 간주할 수 있다.

**5.2 정의 (정방행렬 square matrix)** : 행과 열의 개수가 같은 행렬($m = n$)을 **정방행렬**이라 한다. 정방행렬 $A_{n \times n}$의 원소 중 $i = j$인 원소 $a_{ij}$를 **대각원소**(principal diagonal)이라고 한다.

: 대각원소의 합을 대각합(trace)라고 한다.

$$Trace(A) = Tr(A) = \sum_{i=1}^{n} a_{ii}$$

예 $A = \begin{pmatrix} 1 & 2 & 3 \\ 4 & 5 & 6 \\ 7 & 8 & 9 \end{pmatrix}$

: 대각원소 : 1, 5, 9

: $Trace(A)$ = 1+5+9 = 15

**5.3 정의 (대각행렬 diagonal matrix)** : 정방행렬 $A_{n \times n}$이 $i \neq j$에 대하여 $a_{ij} = 0$이면 대각행렬이라 한다.

$$\begin{pmatrix} a_{11} & 0 & \cdots & 0 \\ 0 & a_{22} & \cdots & 0 \\ & & \cdots & \\ 0 & 0 & \cdots & a_{mn} \end{pmatrix}$$

: 대각원소가 모두 1인 대각행렬을 **단위행렬**(identity matrix)라 한다.

: 모든 원소가 0인 행렬을 **영행렬**(zero matrix)라 한다.

: $i \neq j$인 원소 $a_{ij}$를 **엇대각**(off-diagonal) 원소라 한다.

**5.4 정의 (삼각행렬 triangular matrix)** : 대각원소 위 혹은 아래 원소가 모두 0인 행렬을 삼각행렬이라 한다.

: 상(upper) 삼각행렬

- 정방행렬 $A_{n \times n}$이 $i > j$에 대하여 $a_{ij} = 0$

: 하(lower) 삼각행렬

정방행렬 $A_{n \times n}$이 $i < j$에 대하여 $a_{ij} = 0$

예 $A = \begin{pmatrix} 1 & 0 & 3 \\ 0 & 5 & 6 \\ 0 & 0 & 9 \end{pmatrix}$, $B = \begin{pmatrix} 1 & 0 & 0 \\ 4 & 5 & 0 \\ 7 & 8 & 9 \end{pmatrix}$

풀이 행렬 $A$는 상 삼각행렬, 행렬 $B$는 하 삼각행렬이다.

**5.5 정의 (행렬의 연산) :**

1) 상등(equal)

$A=(a_{ij})_{m\times n}$, $B=(b_{ij})_{m\times n}$에 대하여, $\forall i,j\ a_{ij}=b_{ij}$이면 $A=B$ 이다. 즉, 행렬의 크기가 같고 대응되는 성분이 모두 같다.

**예** $\begin{pmatrix} a & b \\ 5 & 7 \end{pmatrix}=\begin{pmatrix} 2 & b \\ b & c+1 \end{pmatrix}$가 성립하도록 $a,\ b,\ c$를 정하시오.

**풀이** 대응되는 성분이 같아야 하므로 $a=2,\ b=5,\ c=6$임을 알 수 있다.

2) 합과 차(sum, difference)

$A=(a_{ij})_{m\times n}$, $B=(b_{ij})_{m\times n}$에 대하여, $A\pm B=C=(c_{ij})_{m\times n}$, $c_{ij}=a_{ij}\pm b_{ij}$ 이다. 즉, 크기가 같은 행렬에 대하여 대응되는 성분을 더하거나 뺀 것이다.

$$\begin{pmatrix} a_{11} & a_{12} & \cdots & a_{1n} \\ a_{21} & a_{22} & \cdots & a_{2n} \\ & \cdots & & \\ a_{m1} & a_{m2} & \cdots & a_{mn} \end{pmatrix} \pm \begin{pmatrix} b_{11} & b_{12} & \cdots & b_{1n} \\ b_{21} & b_{22} & \cdots & b_{2n} \\ & \cdots & & \\ b_{m1} & b_{m2} & \cdots & b_{mn} \end{pmatrix} = \begin{pmatrix} a_{11}\pm b_{11} & a_{12}\pm b_{12} & \cdots & a_{1n}\pm b_{1n} \\ a_{21}\pm b_{21} & a_{22}\pm b_{22} & \cdots & a_{2n}\pm b_{2n} \\ & \cdots & & \\ a_{m1}\pm b_{m1} & a_{m2}\pm b_{m2} & \cdots & a_{mn}\pm b_{mn} \end{pmatrix}$$

**5.6 정리 (행렬의 합과 차에 관한 성질)**

: $M_{m\times n}$이 크기가 $m\times n$인 행렬의 집합이고, $A,B,C\in M_{m\times n}$이면 다음이 성립한다.

1) $A+B=B+A$
2) $A+(B+C)=(A+B)+C$
3) $\exists\,|\,O\in M_{m\times n}\ \cdot\ni\cdot\ A+O=A$, 이때 $O=(a_{ij})_{m\times n}$, $\forall i,j\ a_{ij}=0$
4) $\exists\,|\,D\in M_{m\times n}\ \cdot\ni\cdot\ A+D=O$, 이때 $D=-A$로 쓰며, $A+(-A)=O$이고, $A$의 음행렬이라 부른다.

: 영행렬 $O$는 덧셈에 대한 항등원에 대응하는 행렬이다.

**5.7 정의 (스칼라 곱 scalar multiplication)** : 임의의 행렬에 대하여 모든 성분에 실수 $r$을 곱하는 연산을 스칼라 곱이라 한다. 즉, $A=(a_{ij})_{m\times n}, r\in R$ 일 때, 스칼라 곱 $rA=B=(b_{ij})_{m\times n}$, $b_{ij}=ra_{ij}$이다.

$$r\begin{pmatrix} a_{11} & a_{12} & \cdots & a_{1n} \\ a_{21} & a_{22} & \cdots & a_{2n} \\ & \cdots & & \\ a_{m1} & a_{m2} & \cdots & a_{mn} \end{pmatrix} = \begin{pmatrix} ra_{11} & ra_{12} & \cdots & ra_{1n} \\ ra_{21} & ra_{22} & \cdots & ra_{2n} \\ & \cdots & & \\ ra_{m1} & ra_{m2} & \cdots & ra_{mn} \end{pmatrix}$$

### 5.8 정리 (스칼라 곱 성질)

: $M_{m\times n}$이 크기가 $m\times n$인 행렬의 집합이고, $A, B \in M_{m\times n}$, $r, s \in R$이면 다음이 성립한다.

1) $(r+s)A = rA + sA$
2) $r(A+B) = rA + rB$
3) $r(sA) = (rs)A$
4) $1A = A$

엄밀하게 구분하면 예를 들어 1)에서 $r+s$의 "+"와 $rA+sA$의 "+"는 다른 것이다. 앞의 것은 실수 덧셈, 뒤는 행렬 덧셈을 나타내는 연산자 기호이기 때문이다. 따라서 예를 들어 행렬 더하기 연산자를 $\oplus$, 스칼라 곱 연산자를 $\odot$로 나타내어 실수 더하기 및 곱하기와 구분하면 $(r+s)A = rA+sA$는 $(r+s)\odot A = r\odot A \oplus s\odot A$로 나타낼 수 있다. 비록 구분하지 않았더라도 이렇게 다르다는 것을 반드시 이해해야 한다.

**예** $A = \begin{pmatrix} 1 & 2 \\ 3 & 4 \end{pmatrix}$, $B = \begin{pmatrix} 1 & 0 \\ 0 & -1 \end{pmatrix}$일 때 $5X + 7A = 6X + 8B$ 를 만족하는 $X_{22}$를 구하시오.

**풀이** $7A - 8B = 6X - 5X = (6-5)X = X$ 이므로,

$$X = 7\begin{pmatrix} 1 & 2 \\ 3 & 4 \end{pmatrix} - 8\begin{pmatrix} 1 & 0 \\ 0 & -1 \end{pmatrix} = \begin{pmatrix} 7 & 14 \\ 21 & 28 \end{pmatrix} - \begin{pmatrix} 8 & 0 \\ 0 & -8 \end{pmatrix} = \begin{pmatrix} -1 & 14 \\ 21 & 36 \end{pmatrix}$$

**예** $A = \begin{pmatrix} 1 \\ 0 \end{pmatrix}$, $B = \begin{pmatrix} 0 \\ 1 \end{pmatrix}$일 때 $\begin{pmatrix} 5 \\ 7 \end{pmatrix}$을 $rA + sB$로 나타내시오.

**풀이** $\begin{pmatrix} 5 \\ 7 \end{pmatrix} = r\begin{pmatrix} 1 \\ 0 \end{pmatrix} + s\begin{pmatrix} 0 \\ 1 \end{pmatrix} = \begin{pmatrix} r \\ 0 \end{pmatrix} + \begin{pmatrix} 0 \\ s \end{pmatrix} = \begin{pmatrix} r \\ s \end{pmatrix}$,

따라서 $r = 5, s = 7$ 즉, $\begin{pmatrix} 5 \\ 7 \end{pmatrix} = 5\begin{pmatrix} 1 \\ 0 \end{pmatrix} + 7\begin{pmatrix} 0 \\ 1 \end{pmatrix}$이다.

: 이것을 수학적으로는 $\begin{pmatrix} 5 \\ 7 \end{pmatrix}$이 $\begin{pmatrix} 1 \\ 0 \end{pmatrix}$과 $\begin{pmatrix} 0 \\ 1 \end{pmatrix}$의 1차결합으로 표현되었다고 부른다.

일차결합은 선형대수의 가장 기초가 되는 중요한 개념이고 뒤에서 자세하게 다룰 것이다.

### 5.9 정의 (곱 multiplication)

: $A=(a_{ij})_{m\times p}$이고 $B=(b_{ij})_{p\times n}$일 때, 두 행렬의 곱 $AB=C=(c_{ij})_{m\times n}$이다.

여기서 $c_{ij}=\sum_{k=1}^{p} a_{ik}b_{kj} = \sum_{k=1}^{p} a_{ik}b_{kj} = a_{i1}b_{1j}+a_{i2}b_{2j}+\cdots+a_{ip}b_{pj}$ 이다.

: 다음은 곱 $C$의 1행 1열의 원소 $c_{11}$가 $A$의 1행 $a_{1k},(k=1\cdots p)$와 $B$의 1열 $b_{k1},(k=1\cdots p)$의 곱의 합으로 계산되는 것을 나타낸다. $C$의 나머지 성분들로 같은 방법으로 계산된다.

$$\begin{pmatrix} a_{11} & a_{12} & \cdots & a_{1p} \\ a_{21} & a_{22} & \cdots & a_{2p} \\ & \cdots & & \\ a_{m1} & a_{m2} & \cdots & a_{mp} \end{pmatrix} \begin{pmatrix} b_{11} & b_{12} & \cdots & b_{1n} \\ b_{21} & b_{22} & \cdots & b_{2n} \\ & \cdots & & \\ b_{p1} & b_{p2} & \cdots & b_{pn} \end{pmatrix} = \begin{pmatrix} a_{11}b_{11}+a_{12}b_{21}+\cdots+a_{1p}b_{p1} & c_{12} & \cdots & c_{1n} \\ c_{21} & c_{22} & \cdots & c_{2n} \\ & & \cdots & \\ c_{m1} & c_{m2} & \cdots & c_{mn} \end{pmatrix}$$

: 앞 행렬의 열의 개수($p$)와 뒤 행렬의 행의 개수($p$)가 같을 때만 곱이 정의되고 결과 행렬의 크기는 $m\times n$이 됨을 유의하라.

### 5.10 정리 (곱 성질)

: 행렬 $A,B,C$와 실수 $r$에 대하여 다음이 성립한다.

1) $A(B+C)=AB+AC$
2) $(A+B)C=AC+BC$
3) $A(BC)=(AB)C$
4) $A(rB)=r(AB)=(rA)B$

: $A=(a_{ij})_{n\times n}$, $I=(i_{ij})_{n\times n}$, $\begin{pmatrix} i_{ii}=1, & i=j \\ i_{ij}=0, & i\neq j \end{pmatrix}$일 때, $AI=IA=A$이다. 즉, 곱에 대한 항등원에 해당하는 행렬이다.

: $A^n=AAA\cdots A$ 즉, 행렬의 곱 역시 거듭제곱의 형태로 나타낼 수 있다.

**예** $A=\begin{pmatrix} a & b \\ c & d \end{pmatrix}$일 때 $A^2=\begin{pmatrix} 1 & 0 \\ 0 & 1 \end{pmatrix}$이 되는 $a$, $b$, $c$, $d$의 관계식을 구하시오.

**풀이** $A^2=\begin{pmatrix} a & b \\ c & d \end{pmatrix}\begin{pmatrix} a & b \\ c & d \end{pmatrix}=\begin{pmatrix} a^2+bc & ab+bd \\ ca+dc & cb+d^2 \end{pmatrix}=\begin{pmatrix} 1 & 0 \\ 0 & 1 \end{pmatrix}$이므로 행렬의 상등 정의에 의하여

$a^2+bc=1$, $ab+bd=0$, $ac+cd=0$, $bc+d^2=1$을 얻는다.

**예** $A=\begin{pmatrix} 1 & 1 \\ 1 & 1 \end{pmatrix}$일 때 $A^n=2^{n-1}A$임을 보이시오.

**풀이** $A^2=\begin{pmatrix} 1 & 1 \\ 1 & 1 \end{pmatrix}\begin{pmatrix} 1 & 1 \\ 1 & 1 \end{pmatrix}=\begin{pmatrix} 2 & 2 \\ 2 & 2 \end{pmatrix}=2\begin{pmatrix} 1 & 1 \\ 1 & 1 \end{pmatrix}$,

$A^3=2\begin{pmatrix} 1 & 1 \\ 1 & 1 \end{pmatrix}\begin{pmatrix} 1 & 1 \\ 1 & 1 \end{pmatrix}=2\begin{pmatrix} 2 & 2 \\ 2 & 2 \end{pmatrix}=2^2\begin{pmatrix} 1 & 1 \\ 1 & 1 \end{pmatrix},\cdots$ 이므로

$A^n=2^{n-1}A$ 임을 알 수 있다.

증명은 수학적 귀납법을 사용한다.

1) $n=1$일 때 성립

2) $n=k$일 때 성립한다고 가정 즉, $A^k=2^{k-1}A$을 가정하면 $n=k+1$인 경우도 아래와 같이 성립한다.

$$A^{k+1}=A^kA=(2^{k-1}A)A=2^{k-1}(AA)=2^{k-1}(2A)=2^kA$$

3) 1) 2)에 의하여 모든 $n$에 대하여 성립한다. ☑

**5.11 노트** : 행렬의 곱은 교환법칙이 성립하지 않는다.

; 앞 행렬의 열과 뒤 행렬의 행의 개수가 다르면 곱이 정의조차 되지 않는다.

**예** $A=\begin{pmatrix} 1 & 2 & 3 \\ 3 & 2 & 1 \end{pmatrix}$, $B=\begin{pmatrix} 4 \\ 5 \\ 6 \end{pmatrix}$이면, $AB$는 계산할 수 있지만 $BA$가 정의되지 않는다.

: 곱이 정의되지만 결과가 다를 수 있다.

**예** $A=\begin{pmatrix} 1 & 1 \\ 0 & -2 \end{pmatrix}$, $B=\begin{pmatrix} 3 & 0 \\ 1 & -2 \end{pmatrix}$이면,

$$AB=\begin{pmatrix}1 & 1\\ 0 & -2\end{pmatrix}\begin{pmatrix}3 & 0\\ 1 & -2\end{pmatrix}=\begin{pmatrix}4 & -2\\ -2 & 4\end{pmatrix},\ BA=\begin{pmatrix}3 & 0\\ 1 & -2\end{pmatrix}\begin{pmatrix}1 & 1\\ 0 & -2\end{pmatrix}=\begin{pmatrix}3 & 3\\ 1 & 5\end{pmatrix}$$

$\therefore\ AB \neq BA$

5.12 **노트** : 행렬의 곱은 영인자(zero divisor)를 갖는다. 즉, 다음과 같이 영이 아닌 두 행렬의 곱이 영일 수 있다.

: $A \neq O, B \neq O$ 이지만 $AB=O$일 수 있다.

예 $A=\begin{pmatrix}4 & 2\\ 2 & 1\end{pmatrix}$, $B=\begin{pmatrix}1 & -1\\ -2 & 2\end{pmatrix}$이면, $AB=\begin{pmatrix}4 & 2\\ 2 & 1\end{pmatrix}\begin{pmatrix}1 & -1\\ -2 & 2\end{pmatrix}=\begin{pmatrix}0 & 0\\ 0 & 0\end{pmatrix}=O$

5.13 **정의 (바로 곱 direct product)** :

$A=(a_{ij})_{m\times m}$이고 $B=(b_{ij})_{n\times n}$일 때, $A_{m\times m}\circledast B_{n\times n}=C_{mn\times mn}=(a_{ij}B)$을 바로 곱이라 한다.

$$C=A\circledast B=\begin{pmatrix}a_{11}B & a_{12}B & \cdots & a_{1m}B\\ a_{21}B & a_{22}B & \cdots & a_{2m}B\\ & & \cdots & \\ a_{m1}B & a_{m2}B & \cdots & a_{mm}B\end{pmatrix}$$

예 $A=\begin{pmatrix}a_{11} & a_{12}\\ a_{21} & a_{22}\end{pmatrix}$, $B=\begin{pmatrix}b_{11} & b_{12}\\ b_{21} & b_{22}\end{pmatrix}$

풀이 $C=A\circledast B=\begin{pmatrix}a_{11}B & a_{12}B\\ a_{21}B & a_{22}B\end{pmatrix}=\begin{pmatrix}a_{11}b_{11} & a_{11}b_{12} & a_{12}b_{11} & a_{12}b_{12}\\ a_{11}b_{21} & a_{11}b_{22} & a_{12}b_{21} & a_{12}b_{22}\\ a_{21}b_{11} & a_{21}b_{12} & a_{22}b_{11} & a_{22}b_{12}\\ a_{21}b_{21} & a_{21}b_{22} & a_{22}b_{21} & a_{22}b_{22}\end{pmatrix}$

## ■ 전치행렬, 역행렬

5.14 **정의 (전치행렬 transpose matrix)** : 다음과 같이 행과 열을 바꾸어 재배치한 행렬을 전치행렬이라 한다.

$A = (a_{ij}), \quad A^T = (a_{ij})^T = (a_{ji})$

: $A = (a_{ij}), \quad A^T = (a_{ij})^T = B = (b_{ij}), \quad b_{ij} = a_{ji}$

: $(a_{ij})_{m \times n}$ 이면 $(a_{ji})_{n \times m}$ 이다.

**예** $A_{2 \times 3} = \begin{pmatrix} a_{11} & a_{12} & a_{13} \\ a_{21} & a_{22} & a_{23} \end{pmatrix}$의 전치행렬을 구하시오.

**풀이** $A^T = \begin{pmatrix} a_{11} & a_{21} \\ a_{12} & a_{22} \\ a_{13} & a_{23} \end{pmatrix}$

**예** $A_{3 \times 1} = \begin{pmatrix} a_1 \\ a_2 \\ a_3 \end{pmatrix}$의 전치행렬을 구하시오.

**풀이** $A^T = (a_1, \ a_2, \ a_3)$

**5.15 정리 (전치행렬의 성질)** : 임의의 행렬에 대하여 다음이 성립한다.

$(A^T)^T = A$

$(A+B)^T = A^T + B^T$

$(AB)^T = B^T A^T$

$(cA)^T = cA^T$

**5.16 정의 (대칭 symmetric, 교대 alternating 행렬)**

: 정방행렬 $A_{n \times n}$ 가 $A^T = A$을 만족하면 즉, $(a_{ij}) = (a_{ji})$이면 대칭행렬이라 한다.

: 정방행렬 $A_{n \times n}$ 가 $A^T = -A$을 만족하면 즉, $(a_{ij}) = -(a_{ji})$이면 교대행렬 또는 반대칭(skew-symmetric) 행렬이라 한다.

**예** 임의의 정방행렬 A는 대칭행렬과 교대행렬의 합으로 나타낼 수 있다.

**풀이** $A = \frac{1}{2}(A + A^T) + \frac{1}{2}(A - A^T)$ 이고, 여기서 $\frac{1}{2}(A + A^T)$는 대칭이고

$\frac{1}{2}(A - A^T)$는 교대행렬이다.

**5.17 정의 (역행렬 inverse matrix)** : 행렬 $A=(a_{ij})_{n\times n}$에 대하여, $AB=BA=I_n$ 을 만족하는 행렬 $B$가 존재하면, $A$는 **정칙**(nonsingular) 행렬 또는 역이 있는 (invertible) 행렬이다. $B$는 $A$의 **역행렬**이고, $B=A^{-1}$로 나타낸다. $B$에 대해서도 동일하다. 즉, $A$는 $B$의 역행렬이고, $A=B^{-1}$로 나타낼 수 있다.

예 2차 정방행렬 $A=\begin{pmatrix} a & b \\ c & d \end{pmatrix}$의 역행렬을 구하시오.

풀이 $A^{-1}=\begin{pmatrix} x & y \\ z & w \end{pmatrix}$이면 정의에 의하여, $AA^{-1}=\begin{pmatrix} a & b \\ c & d \end{pmatrix}\begin{pmatrix} x & y \\ z & w \end{pmatrix}=\begin{pmatrix} ax+bz & ay+bw \\ cx+dz & cy+dw \end{pmatrix}=\begin{pmatrix} 1 & 0 \\ 0 & 1 \end{pmatrix}$

이고, 4개의 방정식을 풀면, $A^{-1}=\dfrac{1}{D}\begin{pmatrix} d & -b \\ -c & a \end{pmatrix}, D=ad-bc\neq 0$을 얻는다.

예 2차 정방행렬 $A=\begin{pmatrix} 5 & 7 \\ 6 & 8 \end{pmatrix}$의 역행렬을 구하시오.

풀이 $D=40-42=-2$이므로,$A^{-1}=\dfrac{1}{-2}\begin{pmatrix} 8 & -7 \\ -6 & 5 \end{pmatrix}$이다. 실제로,

$$\begin{pmatrix} 5 & 7 \\ 6 & 8 \end{pmatrix}\begin{pmatrix} -4 & \frac{7}{2} \\ 3 & -\frac{5}{2} \end{pmatrix}=\begin{pmatrix} -20+21 & \frac{35}{2}-\frac{35}{2} \\ -24+24 & 21-20 \end{pmatrix}=\begin{pmatrix} 1 & 0 \\ 0 & 1 \end{pmatrix}$$ 임을 알 수 있다.

**5.18 정리 (역행렬 성질)** : 정칙인 $n$차 정방행렬 $A,B$에 대하여,

1) $A^{-1}$도 정칙이고, $(A^{-1})^{-1}=A$이다.
2) $AB$도 정칙이고, $(AB)^{-1}=B^{-1}A^{-1}$이다.
3) $r\neq 0$에 대하여 $rA$도 정칙이고, $(rA)^{-1}=\dfrac{1}{r}A^{-1}$이다.
4) $A^T$도 정칙이고, $(A^T)^{-1}=(A^{-1})^T$이다.

예 $A=\begin{pmatrix} 5 & 7 \\ 6 & 8 \end{pmatrix}, B=\begin{pmatrix} 1 & 2 \\ 0 & 1 \end{pmatrix}$에 대하여 4.18의 2)가 성립함을 보이시오.

풀이 다음은 $(AB)^{-1}=B^{-1}A^{-1}$가 성립함을 나타내는 매스매티카 실행화면이다.

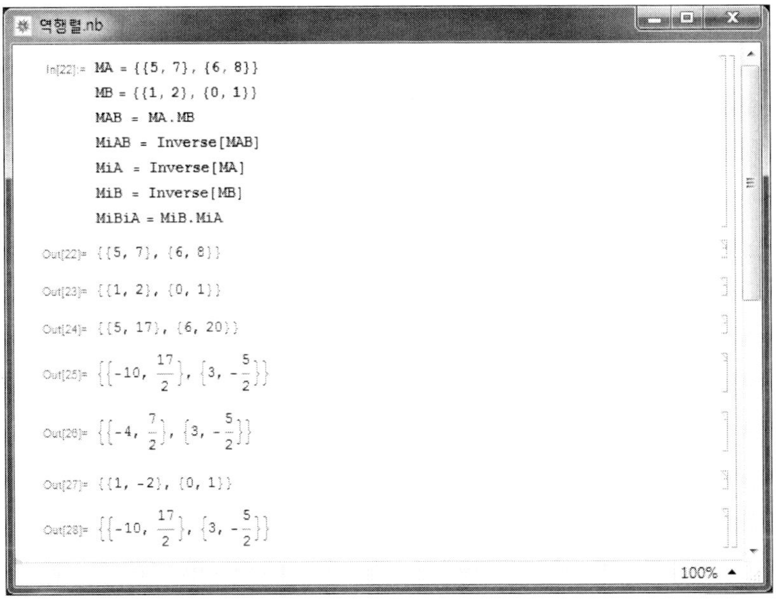


**5.19 정리 (역행렬의 유일성)** : $A$가 정칙이면 $A^{-1}$은 유일하다.

증명 $A$의 역행렬이 두 개라 하자. 각각을 $B$, $B'$라고 하면, $AB = BA = I$, $AB' = B'A = I$가 성립한다. 이때, $B = BI = B(AB') = (BA)B' = IB' = B'$이므로 $B = B'$이다. 따라서 역행렬은 오직 1개만 존재한다. ☑

: $P = A^{-1}QA$일 때 $P, Q$를 닮았다(similar)고 한다.

: $P = A^{-1}QA$이고 $Q$가 대각행렬이면 $P$는 대각화가능이라 한다.

## ■ 행렬식

**5.20 정의 (행렬식 determinant)** : 행렬식은 정방행렬에 실수를 대응시키는 함수이다.

$\det A = |A| : M_{n \times n} \rightarrow R$

: 행렬 $A$의 $i$행 $j$열을 제거한 행렬을 소(minor) 행렬 $A_{ij}$라 할 때 행렬식 $|A|$는 다음과 같이 행 또는 열 전개로 계산한다.

: $i$행에 대한 행렬식 전개

$$|A| = (-1)^{i+1}a_{i1}|A_{i1}| + \cdots + (-1)^{i+j}a_{ij}|A_{ij}| + \cdots + (-1)^{i+n}a_{in}|A_{in}|$$

: $j$열에 대한 행렬식 전개

$$|A| = (-1)^{1+j}a_{1j}|A_{1j}| + \cdots + (-1)^{i+j}a_{ij}|A_{ij}| + \cdots + (-1)^{n+j}a_{nj}|A_{nj}|$$

예 (1) $A = (a)_{1\times 1}$, $|A| = a$

(2) $A = \begin{pmatrix} a & b \\ c & d \end{pmatrix}$, $|A| = (-1)^{1+1}a|(d)| + (-1)^{1+2}b|(c)| = ad - bc$

(3) $A = (a_{ij}) = \begin{pmatrix} a_{11} & a_{12} & a_{13} \\ a_{21} & a_{22} & a_{23} \\ a_{31} & a_{32} & a_{33} \end{pmatrix}$

$$|A| = (-1)^{(1+1)}a_{11}\begin{vmatrix} a_{22} & a_{23} \\ a_{32} & a_{33} \end{vmatrix} + (-1)^{1+2}a_{12}\begin{vmatrix} a_{21} & a_{23} \\ a_{31} & a_{33} \end{vmatrix} + (-1)^{1+3}a_{13}\begin{vmatrix} a_{21} & a_{22} \\ a_{31} & a_{32} \end{vmatrix}$$

(4) $A = \begin{pmatrix} 1 & 1 & 1 \\ x & y & z \\ x^2 & y^2 & z^2 \end{pmatrix}$

$$|A| = (-1)^{(1+1)}1\begin{vmatrix} y & z \\ y^2 & z^2 \end{vmatrix} + (-1)^{1+2}1\begin{vmatrix} x & z \\ x^2 & z^2 \end{vmatrix} + (-1)^{1+3}1\begin{vmatrix} x & y \\ x^2 & y^2 \end{vmatrix}$$
$$= (x-y)(y-z)(z-x)$$

(5) $A = \begin{pmatrix} \cos\alpha & \sin\alpha \\ -\sin\alpha & \cos\alpha \end{pmatrix}$

$$|A| = \begin{vmatrix} \cos\alpha & \sin\alpha \\ -\sin\alpha & \cos\alpha \end{vmatrix} = \cos^2\alpha + \sin^2\alpha = 1$$

**5.21 정의 (기본 연산, 기본 행 연산, 기본 행렬)** : 이 개념들은 방정식의 근을 구하는 가장 기본적인 방법인 소거법이 행렬 및 행렬식에 의하여 일반화되는 것을 잘 나타낸다. 대상이 방정식인지 행렬인지를 구분하라.

1) 기본 연산 - 방정식의 근을 구하는 소거법에서 사용하는 3가지 수학적 행위를 **기본 연산**이라 한다. 즉, 주어진 방정식에 다음의 행위를 취하여도 방정식의 해에는 영향을 주지 않고 결과적으로 찾으려는 해를 구할 수 있다.

① 두 방정식을 교환한다.

② 방정식에 0이 아닌 상수를 곱한다.

③ 방정식에 0이 아닌 상수를 곱하여 다른 방정식에 더한다.

2) 기본 행 연산 - 행렬에 대하여 행하는 수학적 행위를 **기본 행 연산**이라 하고 결과 행렬에 대응하는 행렬식에 영향을 준다. 주어진 행렬에 대하여 기본 행 연산을 적

용했을 때 행렬식은 5.22와 같다.

① $R_{ij}$ $i$, $j$ 두 행을 교환한다.

② $R_i(c)$ $i$행에 0이 아닌 상수를 곱한다.

③ $R_{ij}(c)$ $i$행에 0이 아닌 상수를 곱하여 $j$에 더한다.

3) 기본 행렬 - 단위행렬에 기본 행 연산을 적용한 행렬을 기본 행렬이라 한다.

① $E_{ij}$ $i$, $j$ 두 행을 교환한 것.

② $E_i(c)$ $i$행에 0이 아닌 상수를 곱한 것.

③ $E_{ij}(c)$ $i$행에 0이 아닌 상수를 곱하여 $j$행에 더한 것.

**5.22 정리 (행렬식의 성질 I)** : 행렬 $A$에 대하여 다음이 성립한다.

1) $A=(a_{ij})$가 O행을 가지면 $|A|=0$

2) $A=(a_{ij})$의 두 행이 같으면, $|A|=0$

3) $A=(a_{ij})$에 기본 행 연산 $R_{ij}$를 적용하여 얻은 행렬을 $B$라 하면, $|B|=-|A|$

4) $A=(a_{ij})$에 기본 행 연산 $R_i(c)$를 적용하여 얻은 행렬을 $B$라 하면, $|B|=c|A|$

5) $A=(a_{ij})$에 기본 행 연산 $R_{ij}(c)$를 적용하여 얻은 행렬을 $B$라 하면, $|B|=|A|$

6) $A=(a_{ij})$ 가 삼각행렬이면, $|A|=a_{11}a_{22}\cdots a_{nn}=\prod_{i=1}^{n}a_{ii}$

**5.23 따름정리 (기본 행렬의 행렬식)** : 기본 행렬에 대한 행렬식은 다음과 같다.

1) $|I|=1$ 2) $|E_{ij}|=-1$

3) $|E_i(c)|=c$ 4) $|E_{ij}(c)|=1$

예 1) $|E_{12}|=\begin{vmatrix}0&1\\1&0\end{vmatrix}=-1$ 2) $|E_2(5)|=\begin{vmatrix}1&0\\0&5\end{vmatrix}=5$

3) $|E_{12}(7)|=\begin{vmatrix}1&0\\7&1\end{vmatrix}=1$

**5.24 정리 (행렬식의 성질 II)** : 정방행렬에 대하여 다음이 성립한다.

1) 정방행렬 $A_{n\times n}=(a_{ij})$가 정칙행렬이기 위한 필요충분조건은 $|A|\neq 0$이다.

2) 정방행렬 $A, B$에 대하여, $|AB| = |A||B|$

3) 정방행렬 $A_{n\times n} = (a_{ij})$에 대하여 다음이 성립한다.

① $|A^{-1}| = \dfrac{1}{|A|}$

② $|cA| = c^n|A|, c \neq 0$

③ $|A^T| = |A|$

**예** $A = \begin{pmatrix} x & -5 \\ -x+7 & x-7 \end{pmatrix}$가 역행렬을 갖지 않을 $x$를 구하시오.

**풀이** 행렬식이 0이어야 하므로

$$|A| = \begin{vmatrix} x & -5 \\ -x+7 & x-7 \end{vmatrix} = x(x-7) - (-5(-x+7)) = x^2 - 12x + 35$$

즉, $x^2 - 12x + 35 = (x-5)(x-7)$이 0이어야 하므로 $x = 5$ 또는 $x = 7$ 이다.

**예** $X\begin{pmatrix} 5 & 7 \\ 6 & 8 \end{pmatrix} = O$을 만족하는 2차 정방행렬 $X$를 구하시오.

**풀이** $A = \begin{pmatrix} 5 & 7 \\ 6 & 8 \end{pmatrix}$로 놓으면, $XA = O$라는 방정식의 해를 구하는 문제와 같다.

$\begin{vmatrix} 5 & 7 \\ 6 & 8 \end{vmatrix} = 40 - 42 \neq 0$ 이므로 $A$는 역행렬 $A^{-1}$를 갖는다. 이것을 방정식 $XA = O$의 양변에 곱하면, $XAA^{-1} = OA^{-1}$이므로

$X = O = \begin{pmatrix} 0 & 0 \\ 0 & 0 \end{pmatrix}$을 얻는다.

: 이 예를 일반화하는 것이 “행렬과 연립방정식”의 대주제이다. 먼저 몇 가지 개념들을 살펴보고 행렬과 연립방정식의 관계를 정밀하게 다루도록 한다.

**5.25 정의 (여인수, 여인수 행렬, 수반 행렬)** : $A = (a_{ij})_{n\times n}$의 i,j 소행렬을 $A_{ij}$라 하자.

: 여인수 cofactor, $cof_{ij} = (-1)^{i+j}|A_{ij}|$

: 여인수 행렬, $cofmA = (c_{ij}), c_{ij} = cof_{ij}$

: 수반 adjoint 행렬, $adjA = cofmA^T$

$$adjA = \begin{pmatrix} cof_{11} & cof_{12} & \cdots & cof_{1n} \\ cof_{21} & cof_{22} & \cdots & cof_{2n} \\ & & \vdots & \\ cof_{n1} & cof_{n2} & \cdots & cof_{nn} \end{pmatrix}^T = \begin{pmatrix} cof_{11} & cof_{21} & \cdots & cof_{n1} \\ cof_{12} & cof_{22} & \cdots & cof_{n2} \\ & & \vdots & \\ cof_{1n} & cof_{2n} & \cdots & cof_{nn} \end{pmatrix}$$

**5.26 정리** : 역행렬과 수반행렬의 관계

$$A^{-1} = \frac{adjA}{|A|},\ |A| \neq 0$$

**예** 행렬 $A = \begin{pmatrix} a & 0 & 0 \\ 0 & b & 0 \\ 0 & 0 & c \end{pmatrix}$ 의 역행렬을 구하시오.

**풀이** $A^{-1} = \dfrac{adjA}{|A|}, |A| \neq 0$에서 $|A| = abc \neq 0$으로 가정,

$$A^{-1} = \frac{1}{|A|}\begin{pmatrix} \begin{vmatrix} b & 0 \\ 0 & c \end{vmatrix} & 0 & 0 \\ 0 & \begin{vmatrix} a & 0 \\ 0 & c \end{vmatrix} & 0 \\ 0 & 0 & \begin{vmatrix} a & 0 \\ 0 & b \end{vmatrix} \end{pmatrix} = \frac{1}{abc}\begin{pmatrix} bc & 0 & 0 \\ 0 & ac & 0 \\ 0 & 0 & ab \end{pmatrix} = \begin{pmatrix} \frac{1}{a} & 0 & 0 \\ 0 & \frac{1}{b} & 0 \\ 0 & 0 & \frac{1}{c} \end{pmatrix}$$

## ■ 연립방정식

**5.27 정의 (연립방정식)**

: $n$원 1차 연립방정식은 미지수가 $n$개인 1차 방정식들을 유한개 묶은 것이다.

$$\begin{aligned} a_{11}x_1 + a_{12}x_2 + \cdots + a_{1n}x_n &= b_1 \\ a_{21}x_1 + a_{22}x_2 + \cdots + a_{2n}x_n &= b_2 \\ &\vdots \\ a_{m1}x_1 + a_{m2}x_2 + \cdots + a_{mn}x_n &= b_m \end{aligned}$$

**예** 꿩과 토끼가 35마리 있다. 두 동물의 다리 수를 세어 보니 94개이다. 꿩과 토끼는 각각 몇 마리씩일까?

**풀이** 꿩을 $x$마리, 토끼를 $y$마리라고 하면 다음과 같은 2원 1차 연립방정식을 얻을 수 있다.

$$x + y = 35$$

$$2x + 4y = 94$$

**5.28 정의 (소거법 elimination 혹은 후진대입법 back substitution)**

: 한 방정식에 적당한 값을 곱하여 다른 방정식에 더하여 미지수를 제거하는 과정을 되풀이해서 하나의 미지수를 갖는 방정식을 생성하여 해를 구한 후 이를 이용하여 역순으로 다른 미지수의 해를 구한다.

**예** 다음 2원 1차 연립방정식의 해를 소거법으로 구하시오.

**풀이**

$$-x + 2y = 3 \quad \cdots \quad ①$$

$$2x + 4y = 10 \quad \cdots \quad ②$$

: ①에 2를 곱하여 ②에 더한다.

$$-x + 2y = 3 \quad \cdots \quad ①$$

$$0x + 8y = 16 \quad \cdots \quad ②$$

: ②에서 $y = 2$를 얻고,

: ①에 (역으로) 대입하여 $x = 1$을 얻는다.

소거법에 5.21의 기본 연산이 적용됨을 알 수 있다.

**5.29 정의 (소거법/후진대입법 일반)** : 주어진 연립방정식에 소거법을 적용하여 다음과 같이 변형한 경우 $x_{ij}$는 다음과 같이 계산한다.

$$\begin{aligned}
a_{11}x_1 + a_{12}x_2 + a_{13}x_3 + \cdots + a_{1(n-1)}x_{n-1} + a_{1n}x_n &= b_1 \\
a_{22}x_2 + a_{23}x_3 + \cdots + a_{2(n-1)}x_{n-1} + a_{2n}x_n &= b_2 \\
\cdots \\
a_{(n-1)(n-1)}x_{n-1} + a_{(n-1)n}x_n &= b_{n-1} \\
a_{nn}x_n &= b_n
\end{aligned}$$

$$x_n = \frac{b_n}{a_{nn}}, \; x_i = \frac{b_i - \sum_{k=i+1}^{n} a_{ik}x_k}{a_{ii}}, \; (i = n-1 \sim 1)$$

**5.30 정의 (확대행렬)** : 1차 연립방정식의 계수와 상수항만을 묶어낸 행렬을 확대행렬이라 한다.

**예** 미지수가 2개인 1차 연립방정식

$$-x+2y=3 \quad \cdots \quad ①$$

$$2x+4y=10 \quad \cdots \quad ②$$

은 다음과 같이 확대행렬로 나타낼 수 있다.

$$\left(\begin{array}{cc|c} -1 & 2 & 3 \\ 2 & 4 & 10 \end{array}\right)$$

**5.31 정의 (행렬방정식 $AX=B$ 와 확대행렬)**

: 다음과 같은 연립방정식에 대하여 $A$가 계수행렬, $X$가 미지수행렬, $B$가 상수행렬일 때

$$\begin{array}{l} a_{11}x_1 + a_{12}x_2 + \cdots + a_{1n}x_n = b_1 \\ a_{21}x_1 + a_{22}x_2 + \cdots + a_{2n}x_n = b_2 \\ \qquad\qquad\qquad \vdots \\ a_{m1}x_1 + a_{m2}x_2 + \cdots + a_{mn}x_n = b_m \end{array}$$

$$A=\begin{pmatrix} a_{11} & a_{12} & \cdots & a_{1n} \\ a_{21} & a_{22} & \cdots & a_{2n} \\ & & \vdots & \\ a_{m1} & a_{m2} & \cdots & a_{mn} \end{pmatrix}, \quad X=\begin{pmatrix} x_1 \\ x_2 \\ \vdots \\ x_n \end{pmatrix}, \quad B=\begin{pmatrix} b_1 \\ b_2 \\ \vdots \\ b_m \end{pmatrix}$$

: 확대행렬

$$\left(\begin{array}{cccc|c} a_{11} & a_{12} & \cdots & a_{1n} & b_1 \\ a_{21} & a_{22} & \cdots & a_{2n} & b_2 \\ & & \vdots & & \\ a_{m1} & a_{m2} & \cdots & a_{mn} & b_m \end{array}\right)$$

**5.32 정의 (가우스 소거법)**

: 주어진 방정식을 확대행렬로 나타내고, 기본 행 연산을 적용하여 계수행렬을 상삼각행렬로 만든 후 후진대입법을 적용한다.

: 기본 행 연산

① $R_{ij}$ $i$, $j$ 두 행을 교환한다.

② $R_i(c)$ $i$행에 0이 아닌 상수를 곱한다.

③ $R_{ij}(c)$ $i$행에 0이 아닌 상수를 곱하여 $j$에 더한다.

**예** 다음 1차 연립방정식의 해를 가우스 소거법으로 구하시오.

$-x+2y=\ 3 \quad \cdots \quad ①$

$2x+4y=10 \quad \cdots \quad ②$

**풀이** $\begin{pmatrix} -1 & 2 & | & 3 \\ 2 & 4 & | & 10 \end{pmatrix} \quad \Leftrightarrow \quad \begin{matrix} -x+2y=3 \\ 2x+4y=10 \end{matrix}$

$R_{12}(2)$ 즉, 1행에 2를 곱하여 2행에 더하면,

$\begin{pmatrix} -1 & 2 & | & 3 \\ 0 & 8 & | & 16 \end{pmatrix} \quad \Leftrightarrow \quad \begin{matrix} -x+2y=\ 3 \\ 0x+8y=16 \end{matrix}$

$R_2(\frac{1}{8})$ 즉, 2행을 8로 나누면

$\begin{pmatrix} -1 & 2 & | & 3 \\ 0 & 1 & | & 2 \end{pmatrix} \quad \Leftrightarrow \quad \begin{matrix} -x+2y=3 \\ 0x+\ y=2 \end{matrix}$

: $y=2$를 얻고,

: (역으로) 대입하여 $x=1$을 얻는다.

**예** 다음 3원 1차연립방정식의 해를 가우스 소거법으로 구하시오.

$$\begin{aligned} 3x_1+x_2+\ x_3&=2 \\ -x_1+x_2-2x_3&=7 \\ 2x_1\qquad -\ x_3&=5 \end{aligned}$$

**풀이** : 확대행렬 : $\begin{pmatrix} 3 & 1 & 1 & | & 2 \\ -1 & 1 & -2 & | & 7 \\ 2 & 0 & -1 & | & 5 \end{pmatrix}$

$$: \begin{pmatrix} 3 & 1 & 1 & | & 2 \\ -1 & 1 & -2 & | & 7 \\ 2 & 0 & -1 & | & 5 \end{pmatrix}^{R_{21}(3)} = \begin{pmatrix} 0 & 4 & -5 & | & 23 \\ -1 & 1 & -2 & | & 7 \\ 2 & 0 & -1 & | & 5 \end{pmatrix}^{R_{23}(2)}$$

$$= \begin{pmatrix} 0 & 4 & -5 & | & 23 \\ -1 & 1 & -2 & | & 7 \\ 0 & 2 & -5 & | & 19 \end{pmatrix}^{R_{31}(-2)}$$

$$= \begin{pmatrix} 0 & 0 & 5 & | & -15 \\ -1 & 1 & -2 & | & 7 \\ 0 & 2 & -5 & | & 19 \end{pmatrix}^{R_{12}R_{23}}$$

$$= \begin{pmatrix} -1 & 1 & 2 & | & 7 \\ 0 & 2 & -5 & | & 19 \\ 0 & 0 & 5 & | & -15 \end{pmatrix}$$

: 후진대입법을 적용하면 $x_3 = -3, x_2 = 2, x_1 = 1$을 얻는다.

## 5.33 정의 (가우스 소거법 일반)

: 3원 1차 연립방정식의 확대행렬을 상삼각행렬로 변환하는 과정

$$\begin{pmatrix} a_{11} & a_{12} & a_{13} & b_1 \\ a_{21} & a_{22} & a_{23} & b_2 \\ a_{31} & a_{32} & a_{33} & b_3 \end{pmatrix} \Rightarrow \begin{pmatrix} a_{11} & a_{12} & a_{13} & b_1 \\ 0 & a_{22}' & a_{23}' & b_2' \\ 0 & 0 & a_{33}'' & b_3'' \end{pmatrix}$$

: 1행 1열부터 차례로 변형해 나간다.

- 1열의 경우 2행 아래는 0으로 취하고, 1행은 그대로 두고, 2행 2열 이하의 원소는 역소거법으로 계산한다. 즉, 1열의 원소를 0으로 바꾸는 기본 행 연산에 의해 변형된 각 원소값을 다시 계산하여

$$\begin{pmatrix} a_{11} & a_{12} & a_{13} & b_1 \\ 0 & a_{22}' & a_{23}' & b_2' \\ 0 & a_{32}' & a_{33}' & b_3' \end{pmatrix}$$ 을 만든다.

- 다음 2행2열을 처리하여

$$\begin{pmatrix} a_{11} & a_{12} & a_{13} & b_1 \\ 0 & a_{22}' & a_{23}' & b_2' \\ 0 & 0 & a_{33}'' & b_3'' \end{pmatrix}$$ 을 얻는다.

1) $$\begin{pmatrix} a_{11} & a_{12} & a_{13} & b_1 \\ a_{21} & a_{22} & a_{23} & b_2 \\ a_{31} & a_{32} & a_{33} & b_3 \end{pmatrix} = \begin{pmatrix} a_{11} & a_{12} & a_{13} & b_1 \\ 0 & a_{22} - a_{21} \times \frac{a_{12}}{a_{11}} & a_{23} - a_{21} \times \frac{a_{13}}{a_{11}} & a_{24} - a_{21} \times \frac{a_{14}}{a_{11}} \\ 0 & a_{32} - a_{31} \times \frac{a_{12}}{a_{11}} & a_{33} - a_{31} \times \frac{a_{13}}{a_{11}} & a_{34} - a_{31} \times \frac{a_{14}}{a_{11}} \end{pmatrix}$$

2행은 $a_{21}$을 0으로 바꾸기 위하여 $a_{21} - a_{21} \times \frac{a_{11}}{a_{11}}$을 적용한 것이므로 1행에 $-\frac{a_{21}}{a_{11}}$을 곱하여 2행에 더한 것과 같다. 즉, $R_{12}\left(-\frac{a_{21}}{a_{11}}\right)$을 적용한 것이다.

3행은 $R_{13}\left(-\frac{a_{31}}{a_{11}}\right)$을 적용한 것이다.

일반식으로 나타내면

$$a_{ij}' = a_{ij} - a_{i1} \times \frac{a_{1j}}{a_{11}}, (i = 2,3 : j = 2,3,4)$$

2) $\begin{pmatrix} a_{11} & a_{12} & a_{13} & b_1 \\ 0 & a_{22}' & a_{23}' & b_2' \\ 0 & a_{32}' & a_{33}' & b_3' \end{pmatrix} = \begin{pmatrix} a_{11} & a_{12} & a_{13} & b_1 \\ 0 & a_{22}' & a_{23}' & a_{24}' \\ 0 & 0 & a_{33}' - a_{32}' \times \frac{a_{23}'}{a_{22}'} & a_{34}' - a_{32}' \times \frac{a_{24}'}{a_{22}'} \end{pmatrix}$

3행은 $a_{32}'$을 0으로 바꾸기 위하여 $a_{32}' - a_{32}' \times \frac{a_{22}'}{a_{22}'}$을 적용한 것이므로 2행에 $-\frac{a_{32}'}{a_{22}'}$을 곱하여 3행에 더한 것과 같다. 즉, $R_{23}\left(-\frac{a_{32}'}{a_{22}'}\right)$을 적용한 것이다.

일반식으로 나타내면

$$a_{ij}'' = a_{ij}' - a_{i2}' \times \frac{a_{2j}'}{a_{22}'}, (i = 3 : j = 3,4)$$

3) 후진대입

상삼각행렬 $\begin{pmatrix} a_{11} & a_{12} & a_{13} & b_1 \\ 0 & a_{22} & a_{23} & b_2 \\ 0 & 0 & a_{33} & b_3 \end{pmatrix}$에 대하여,

$$x_3 = \frac{b_3}{a_{33}},\ x_2 = \frac{b_2 - a_{23}x_3}{a_{22}},\ x_1 = \frac{b_1 - a_{12}x_2 - a_{13}x_3}{a_{11}}$$

: $i$행 $j$열의 처리

$i$행은 그대로 취하고 $j$열은 $i+1$행부터 0으로 취한다, 그리고 $i-1$행, $j-1$열 이하의 원소는 역소거법으로 계산한다.

1) 상삼각행렬화 일반식

$$a_{ij} = a_{ij} - a_{ik}\frac{a_{kj}}{a_{kk}},\ (k = 1 \sim n-1 : i = k+1 \sim n : j = k+1 \sim n+1)$$

2) 후진대입법 일반식

$$x_n = \frac{b_n}{a_{nn}},\ x_i = \frac{b_i - \sum_{k=i+1}^{n} a_{ik}x_k}{a_{ii}}, (i = n-1 \sim 1)$$

### 5.34 정의 (가우스 조던 gauss-jordan 소거법)

: 가우스 소거법에서 계수행렬을 단위행렬로 만드는 방법

$$\begin{pmatrix} a_{11}\ a_{12}\ a_{13} \cdots b_1 \\ a_{21}\ a_{22}\ a_{23} \cdots b_2 \\ \vdots \\ a_{n1}\ a_{n2}\ a_{n3} \cdots b_n \end{pmatrix} \Rightarrow \begin{pmatrix} 1\ 0\ 0 \cdots b_1 \\ 0\ 1\ 0 \cdots b_2 \\ \cdots \\ 0\ 0 \cdots\ 1\ b_n \end{pmatrix}$$

**예** 다음 1차 연립방정식의 해를 가우스 조던 소거법으로 구하시오.

$-x+2y=\ 3\ \cdots$ ①

$2x+4y=10\ \cdots$ ②

**풀이** $\left(\begin{array}{cc|c} -1 & 2 & 3 \\ 2 & 4 & 10 \end{array}\right) \Leftrightarrow \begin{array}{c} -x+2y=3 \\ 2x+4y=10 \end{array}$

$R_{12}(2)$ 즉, 1행에 2를 곱하여 2행에 더하면,

$\left(\begin{array}{cc|c} -1 & 2 & 3 \\ 0 & 8 & 16 \end{array}\right) \Leftrightarrow \begin{array}{c} -x+2y=3 \\ 0x+8y=16 \end{array}$

$R_2(\frac{1}{8})$ 즉, 2행을 8로 나누면,

$\left(\begin{array}{cc|c} -1 & 2 & 3 \\ 0 & 1 & 2 \end{array}\right) \Leftrightarrow \begin{array}{c} -x+2y=3 \\ 0x+\ y=2 \end{array}$

$R_{21}(-2)$ 즉, 윗식에서 아래식의 2배를 빼면,

$\left(\begin{array}{cc|c} -1 & 0 & -1 \\ 0 & 1 & 2 \end{array}\right) \Leftrightarrow \begin{array}{c} -x+0y=-1 \\ 0x+y=2 \end{array}$

$R_1(-1)$ 즉, 윗식에 $-1$을 곱하면,

$\left(\begin{array}{cc|c} 1 & 0 & 1 \\ 0 & 1 & 2 \end{array}\right) \Leftrightarrow \begin{array}{c} x+0y=1 \\ 0x+y=2 \end{array}$

; $x=1,\ y=2$를 얻는다.

### 5.35 정의 (가우스 조던 소거법 일반) :

$$a_{kj}=\frac{a_{kj}}{a_{kk}},\ (k=1\sim n\ :\ j=k+1\sim n+1)$$

$$a_{ij}=a_{ij}-a_{ik}a_{kj},\ (k=1\sim n\ :\ i=1\sim n, i\neq k\ :\ j=k+1\sim n+1)$$

### 5.36 정의 (가우스 조던 소거법과 역행렬)

: $n$차 정방행렬 $A$, $X$, $I$에 대하여, $AX=I$ 이면 $A^{-1}AX=A^{-1}I=A^{-1}$이고

$X = A^{-1}$이다. 즉, 위 방정식의 해 $X$가 계수행렬의 역행렬이 된다. 따라서 연립방정식의 해를 구할 때와 같은 방법으로 역행렬을 구할 수 있다.

$$\begin{pmatrix} a & b \\ c & d \end{pmatrix} X = \begin{pmatrix} 1 & 0 \\ 0 & 1 \end{pmatrix} \Rightarrow \begin{pmatrix} 1 & 0 \\ 0 & 1 \end{pmatrix} X = \begin{pmatrix} p & q \\ r & s \end{pmatrix}$$

**예** $A = \begin{pmatrix} 2 & 3 \\ 5 & 6 \end{pmatrix}$의 역행렬을 소거법으로 구하시오.

: 다음과 같은 확대 행렬을 만든 후, 계수부분이 단위행렬이 되도록 기본 행 연산을 적용한다.

$$\left(\begin{array}{cc|cc} 2 & 3 & 1 & 0 \\ 5 & 6 & 0 & 1 \end{array}\right)$$

**풀이** $$\left(\begin{array}{cc|cc} 2 & 3 & 1 & 0 \\ 5 & 6 & 0 & 1 \end{array}\right)^{R_1(\frac{1}{2})} = \left(\begin{array}{cc|cc} 1 & \frac{3}{2} & \frac{1}{2} & 0 \\ 5 & 6 & 0 & 1 \end{array}\right)^{R_{14}(-5)}$$

$$= \left(\begin{array}{cc|cc} 1 & \frac{3}{2} & \frac{1}{2} & 0 \\ 0 & -\frac{3}{2} & -\frac{5}{2} & 1 \end{array}\right)^{R_2(-\frac{2}{3})} = \left(\begin{array}{cc|cc} 1 & \frac{3}{2} & \frac{1}{2} & 0 \\ 0 & 1 & \frac{5}{3} & -\frac{2}{3} \end{array}\right)^{R_{21}(-\frac{3}{2})}$$

$$= \left(\begin{array}{cc|cc} 1 & 0 & -2 & 1 \\ 0 & 1 & \frac{5}{3} & -\frac{2}{3} \end{array}\right)$$

$$\therefore A^{-1} = \begin{pmatrix} -2 & 1 \\ \frac{5}{3} & -\frac{2}{3} \end{pmatrix}$$

## ■ 연립방정식 해의 존재

**5.37 노트** : 1차 방정식의 일반해에 대해 다음이 성립한다.

: $ax = b$, $a$:계수, $b$:상수, $x$:미지수

1) $a = b = 0$, 모든 $x$가 해가 되며, 해가 있기는 하지만 특정할 수 없으므로 부정(infinitely many)이라 한다.

2) $a = 0, b \neq 0$, 어떤 x도 해가 될 수 없으므로 불능(no solution)이라 한다.

3) $a \neq 0$, 계수 $a$의 곱셈에 대한 역원 $a^{-1}$을 양변에 곱하면, $a^{-1}ax = a^{-1}b$이므로 $x = a^{-1}b$가 유일한 해(unique solution)가 된다.

✎ 그렇다면 연립방정식에 대하여 "$A \neq O$ 일 때, $X = A^{-1}B$가 유일한 해"가 성립할까?

### 5.38 정리 (연립방정식 해의 존재)

: 다음의 연립방정식에 대하여 $|A| \neq 0$일 때 $X = A^{-1}B$를 유일한 해로 갖는다.

$$\begin{aligned} a_{11}x_1 + a_{12}x_2 + \cdots + a_{1n}x_n &= b_1 \\ a_{21}x_1 + a_{22}x_2 + \cdots + a_{2n}x_n &= b_2 \\ &\vdots \\ a_{m1}x_1 + a_{m2}x_2 + \cdots + a_{mn}x_n &= b_m \end{aligned} \qquad AX = B$$

$$A = \begin{pmatrix} a_{11} & a_{12} & \cdots & a_{1n} \\ a_{21} & a_{22} & \cdots & a_{2n} \\ & & \vdots & \\ a_{m1} & a_{m2} & \cdots & a_{mn} \end{pmatrix}, \quad X = \begin{pmatrix} x_1 \\ x_2 \\ \vdots \\ x_n \end{pmatrix}, \quad B = \begin{pmatrix} b_1 \\ b_2 \\ \vdots \\ b_m \end{pmatrix}$$

### 5.39 정리 (크래머 공식 cramer's rule)

: 다음과 같은 1차 연립방정식의 계수 행렬 $A$에 대하여,

$$\begin{aligned} a_{11}x_1 + a_{12}x_2 + \cdots + a_{1n}x_n &= b_1 \\ a_{21}x_1 + a_{22}x_2 + \cdots + a_{2n}x_n &= b_2 \\ &\vdots \\ a_{n1}x_1 + a_{n2}x_2 + \cdots + a_{nn}x_n &= b_n \end{aligned}$$

$|A| \neq 0$이면, 유일한 해 $x_i$를 갖는다.

$$x_i = \frac{\begin{vmatrix} a_{11} & \cdots & b_1 & \cdots & a_{1n} \\ a_{21} & \cdots & b_2 & \cdots & a_{2n} \\ & & \vdots & & \\ a_{n1} & \cdots & b_n & \cdots & a_{nn} \end{vmatrix}}{\begin{vmatrix} a_{11} & \cdots & a_{1i} & \cdots & a_{1n} \\ a_{21} & \cdots & a_{2i} & \cdots & a_{2n} \\ & & \vdots & & \\ a_{n1} & \cdots & a_{ni} & \cdots & a_{nn} \end{vmatrix}}$$

## ■ 반복법

**5.40 정의 (자코비 jacobi 반복법)**

: 다음과 같은 1차 연립방정식에 대하여,

$$\begin{aligned} a_{11}x_1 + a_{12}x_2 + \cdots + a_{1n}x_n &= b_1 \\ a_{21}x_1 + a_{22}x_2 + \cdots + a_{2n}x_n &= b_2 \\ &\vdots \\ a_{n1}x_1 + a_{n2}x_2 + \cdots + a_{nn}x_n &= b_n \end{aligned}$$

임의의 초기값에서 시작하여 종료 조건에 도달할 때까지 다음의 반복식을 사용하여 해를 구하는 것을 **자코비 반복법**이라 한다.

$$x_1 = \frac{b_1 - (a_{12}x_2 + a_{13}x_3 + \cdots + a_{1n}x_n)}{a_{11}}$$

$$x_2 = \frac{b_2 - (a_{21}x_1 + a_{23}x_3 + \cdots + a_{2n}x_n)}{a_{22}}$$

$$\cdots$$

$$x_n = \frac{b_n - (a_{n1}x_1 + a_{n2}x_2 + \cdots + a_{n(n-1)}x_{n-1})}{a_{nn}}$$

: 일반화된 알고리즘

1) 초기값, $x_1^{(0)}, x_2^{(0)}, \cdots, x_n^{(0)}$

2) 반복식, $x_i^{(l+1)} = \dfrac{b_i - \sum_{j=1, j \neq i}^{n} a_{ij}x_j^{(l)}}{a_{ii}}$

3) 종료조건, $|x_i^{(l+1)} - x_i^{(l)}| \leq \epsilon$ 또는 $\left| \dfrac{x_i^{(l+1)} - x_i^{(l)}}{x_i^{(l+1)}} \right| \leq \epsilon$

**5.41 정의 (가우스-세이덜 gauss-seidal 반복법)**

: 다음의 반복식을 사용하여 해를 구하는 것을 가우스-세이덜 반복법이라 한다.

$$x_1^{(1)} = \frac{b_1 - (a_{12}x_2^{(0)} + a_{13}x_3^{(0)} + \cdots + a_{1n}x_n^{(0)})}{a_{11}}$$

$$x_2^{(1)} = \frac{b_2 - (a_{21}x_1^{(1)} + a_{23}x_3^{(0)} + \cdots + a_{2n}x_n^{(0)})}{a_{22}}$$

$$\cdots$$

$$x_n^{(1)} = \frac{b_n - (a_{n1}x_1^{(1)} + a_{n2}x_2^{(1)} + \cdots + a_{n(n-1)}x_{n-1}^{(1)})}{a_{nn}}$$

: 일반화된 알고리즘

반복식 $x_i^{(l+1)} = \dfrac{b_i - \sum_{j=1, j\neq i}^{n} a_{ij}x_j^{(l)}}{a_{ii}}$에서, $j < i$이면 $l = l+1$ 즉, $a_{ij}x_j^{(l+1)}$을 사용

**예** 다음 연립방정식에 대하여 자코비 반복법으로 해를 구하시오.

$$7x_1 + 2x_2 + 3x_3 = 35$$
$$2x_1 + 3x_2 + 6x_3 = 25$$
$$x_1 - 5x_2 + 2x_3 = 7$$

**풀이** 오차를 최소화하기 위하여 분모에 나올 계수가 큰 수가 되도록 방정식의 위치를 바꾼다. 이를 **피봇팅** pivoting 이라고 한다.

$$7x_1 + 2x_2 + 3x_3 = 35$$
$$x_1 - 5x_2 + 2x_3 = 7$$
$$2x_1 + 3x_2 + 6x_3 = 25$$

: 반복식을 만든다.

$$x_1 = \frac{35 - 2x_2 - 3x_3}{7}$$

$$x_2 = \frac{7 - x_1 - 2x_3}{-5}$$

$$x_3 = \frac{25 - 2x_1 - 3x_2}{6}$$

: 초기값 $x_1^{(0)} = 1, x_2^{(0)} = 1, x_n^{(0)} = 1$

$$x_1^{(1)} = \frac{35-2(1)-3(1)}{7} = 4.2857$$

$$x_2^{(1)} = \frac{7-(1)-2(1)}{-5} = -0.8$$

$$x_3^{(1)} = \frac{25-2(1)-3(1)}{6} = 3.3333$$

$$x_1^{(2)} = \frac{35-2(-0.8)-3(3.3333)}{7} = 3.8$$

$$x_2^{(2)} = \frac{7-(4.2857)-2(3.3333)}{-5} = 0.7905$$

$$x_3^{(2)} = \frac{25-2(4.2857)-3(-0.8)}{6} = 3.1381$$

$$x_1^{(3)} = \frac{35-2(0.7905)-3(3.1381)}{7} = 3.4292$$

$$x_2^{(3)} = \frac{7-(3.8)-2(3.1381)}{-5} = 0.61524$$

$$x_3^{(3)} = \frac{25-2(3.8)-3(0.7905)}{6} = 2.5048$$

## ■ LU 분해

### 5.42 정의 (LU 분해)

: 행렬로 표현된 연립방정식 $AX = B$에 대하여 계수행렬 $A$를 두 삼각행렬의 곱으로 분해하여 해를 구하는 것을 LU 분해라고 한다.

1) $AX = B$를 $LUX = B$로 치환, 여기서 $L, U$는 각각 하삼각행렬, 상삼각행렬이다.

$$\begin{pmatrix} a_{11} & a_{12} & \cdots & a_{1n} \\ a_{21} & a_{22} & \cdots & a_{2n} \\ & & \vdots & \\ a_{n1} & a_{n2} & \cdots & a_{nn} \end{pmatrix}_A = \begin{pmatrix} l_{11} & 0 & \cdots & 0 \\ l_{21} & l_{22} & \cdots & 0 \\ & & \vdots & \\ l_{n1} & l_{n2} & \cdots & l_{nn} \end{pmatrix}_L \begin{pmatrix} u_{11} & u_{12} & \cdots & u_{1n} \\ 0 & u_{22} & \cdots & u_{2n} \\ & & \vdots & \\ 0 & 0 & \cdots & u_{nn} \end{pmatrix}_U$$

2) $UX = Y$로 놓으면 원래의 방정식은 $LY = B$가 된다.

$$
UX = Y \ : \begin{aligned} u_{11}x_1 + u_{12}x_2 + \cdots + u_{1n}x_n &= y_1 \\ u_{22}x_2 + \cdots + u_{2n}x_n &= y_2 \\ &\vdots \\ u_{nn}x_n &= y_n \end{aligned}
$$

$$
LY = B \ : \begin{aligned} l_{11}y_1 \qquad\qquad\qquad &= b_1 \\ l_{21}y_1 + l_{22}y_2 \qquad\qquad &= b_2 \\ &\vdots \\ l_{n1}y_1 + l_{n2}y_2 + \cdots + l_{nn}y_n &= b_n \end{aligned}
$$

3) $LY = B$의 해 즉, 벡터 $Y$를 구한다.

4) $Y$를 이용하여 $UX = Y$의 해 즉, 원래의 방정식 해 $X$를 구한다.

**예** 다음 연립방정식의 해를 LU 분해법으로 구하시오.

$$
\begin{aligned} 2x_1 + x_2 + x_3 &= 3 \\ 4x_1 + x_2 &- 3 \\ -2x_1 + 2x_2 + x_3 &= -2 \end{aligned}
$$

**풀이** $A = \begin{pmatrix} 2 & 1 & 1 \\ 4 & 1 & 0 \\ -2 & 2 & 1 \end{pmatrix} = \begin{pmatrix} 1 & 0 & 0 \\ 2 & 1 & 0 \\ -1 & -3 & 1 \end{pmatrix}_L \begin{pmatrix} 2 & 1 & 1 \\ 0 & -1 & -2 \\ 0 & 0 & -4 \end{pmatrix}_U$ 로 분해되므로,

원 방정식은

$\begin{pmatrix} 1 & 0 & 0 \\ 2 & 1 & 0 \\ -1 & -3 & 1 \end{pmatrix}_L \begin{pmatrix} 2 & 1 & 1 \\ 0 & -1 & -2 \\ 0 & 0 & -4 \end{pmatrix}_U \begin{pmatrix} x_1 \\ x_2 \\ x_3 \end{pmatrix} = \begin{pmatrix} 3 \\ 3 \\ -2 \end{pmatrix}$이다.

$\begin{pmatrix} 2 & 1 & 1 \\ 0 & -1 & -2 \\ 0 & 0 & -4 \end{pmatrix}_U \begin{pmatrix} x_1 \\ x_2 \\ x_3 \end{pmatrix} = \begin{pmatrix} y_1 \\ y_2 \\ y_3 \end{pmatrix}$으로 놓고, 먼저

$\begin{pmatrix} 1 & 0 & 0 \\ 2 & 1 & 0 \\ -1 & -3 & 1 \end{pmatrix}_L \begin{pmatrix} y_1 \\ y_2 \\ y_3 \end{pmatrix} = \begin{pmatrix} 3 \\ 3 \\ -2 \end{pmatrix}$의 해를 구한다. 전진대입법을 적용하면 이 방정식의 해는,

$y_1 = 3,\ y_2 = -3,\ y_3 = -8$이므로, 마지막으로

$\begin{pmatrix} 2 & 1 & 1 \\ 0 & 1 & -2 \\ 0 & 0 & -4 \end{pmatrix}_U \begin{pmatrix} x_1 \\ x_2 \\ x_3 \end{pmatrix} = \begin{pmatrix} 3 \\ -3 \\ -8 \end{pmatrix}$의 해를 후진대입법으로 구하면,

$x_1 = 1, x_2 = -1, x_3 = 2$를 얻고 이것이 원 방정식의 해이다.

### 5.43 정리 (LU 존재성)

: 행렬 $A=(a_{ij})_{n\times n}$에 대하여 다음을 $A$의 기본 소행렬이라 한다.

$$A_k=\begin{pmatrix} a_{11} \cdots a_{ik} \\ \vdots \\ a_{k1} \cdots a_{kk} \end{pmatrix},\ k=1\cdots n$$

: 행렬 $A=(a)_{n\times n}$에 대하여, $\forall k$, $|A_k|\neq 0$이면 $A=LU$인 $L, U$가 존재하며, $L$은 대각원소가 모두 1인 하삼각행렬, $U$는 상삼각행렬이다.

### 5.44 노트 ($A=LU$ 분해 방법) :

$$\begin{pmatrix} a_{11}\ a_{12} \cdots a_{1n} \\ a_{21}\ a_{22} \cdots a_{2n} \\ \vdots \\ a_{n1}\ a_{n2} \cdots a_{nn} \end{pmatrix}_A = \begin{pmatrix} l_{11}\ 0 \cdots 0 \\ l_{21}\ l_{22} \cdots 0 \\ \vdots \\ l_{n1}\ l_{n2} \cdots l_{nn} \end{pmatrix}_L \begin{pmatrix} u_{11}\ u_{12} \cdots u_{1n} \\ 0\ u_{22} \cdots u_{2n} \\ \vdots \\ 0\ 0 \cdots u_{nn} \end{pmatrix}_U$$

: $a_{ij=}\sum_{k=1}^{n} l_{ik}u_{kj}$에서 미지수의 개수가 $n^2+n$이므로 미지수를 $n^2$개로 줄여야 한다.

: 다음의 3가지 방법이 사용된다.

1) Doolittle 방법

① $l_{11}=l_{22}=l_{33}=\ \cdots =l_{nn}=1$

② 대각선 위 원소 먼저 계산

$$a_{ij}=\sum_{k=1}^{n} l_{ik}u_{kj}=\sum_{k=1}^{i} l_{ik}u_{kj}(\because k>i\Rightarrow l_{ik}=0)=\sum_{k=1}^{i-1} l_{ik}u_{kj}+l_{ii}u_{ij}$$

$$u_{ij}=\frac{a_{ij}-\sum_{k=1}^{i-1} l_{ik}u_{kj}}{l_{ii}(=1)},(i=1\ to\ n,\ j=i\ to\ n)$$

③ 다음으로 대각선 아래 원소

$$a_{ji}=\sum_{k=1}^{n} l_{jk}u_{ki}=\sum_{k=1}^{i} l_{jk}u_{ki}(\because k>i\Rightarrow u_{ik}=0)=\sum_{k=1}^{i-1} l_{jk}u_{ki}+l_{ji}u_{ii}$$

$$l_{ji}=\frac{a_{ji}-\sum_{k=1}^{i-1} l_{jk}u_{ki}}{u_{ii}},(i=1\ to\ n,\ j=i+1\ to\ n)$$

2) Crout 방법

① $u_{11} = u_{22} = u_{33} = \cdots = u_{nn} = 1$

② 대각선 아래 원소 먼저 계산

$$a_{ji} = \sum_{k=1}^{n} l_{jk}u_{ki} = \sum_{k=1}^{i} l_{jk}u_{ki}(\because k > i \Rightarrow u_{ik} = 0) = \sum_{k=1}^{i-1} l_{jk}u_{ki} + l_{ji}u_{ii}$$

$$l_{ji} = \frac{a_{ji} - \sum_{k=1}^{i-1} l_{jk}u_{ki}}{u_{ii}(=1)}, (i = 1 \ to \ n, \ j = i \ to \ n)$$

③ 대각선 위 원소 계산

$$a_{ij} = \sum_{k=1}^{n} l_{ik}u_{kj} = \sum_{k=1}^{i} l_{ik}u_{kj}(\because k > i \Rightarrow l_{ik} = 0) = \sum_{k=1}^{i-1} l_{ik}u_{kj} + l_{ii}u_{ij}$$

$$u_{ij} = \frac{a_{ij} - \sum_{k=1}^{i-1} l_{ik}u_{kj}}{l_{ii}}, (i = 1 \ to \ n, \ j = i+1 \ to \ n)$$

3) Cholesky 방법

$A = LL^T$로 분해한다. 즉, $l_{ij} = u_{ji}$

① 대각선 아래 원소 계산

$$a_{ji} = \sum_{k=1}^{n} l_{jk}u_{ki} = \sum_{k=1}^{i} l_{jk}u_{ki}(\because k > i \Rightarrow u_{ik} = 0) = \sum_{k=1}^{i-1} l_{jk}u_{ki} + l_{ji}u_{ii}$$

$$l_{ji} = \frac{a_{ji} - \sum_{k=1}^{i-1} l_{jk}u_{ki}}{u_{ii}(= l_{ii})}, (j = 1 \ to \ n, \ i = 1 \ to \ j-1)$$

### 5.45 징의 (쌍분해 bi-factorization)

: $L, U$ 행렬의 0,1 성분을 제거하고 하나의 행렬로 표현하는 것을 쌍분해라 한다.

$$\begin{pmatrix} a_{11} & a_{12} & a_{13} \\ a_{21} & a_{22} & a_{23} \\ a_{31} & a_{32} & a_{33} \end{pmatrix} = \begin{pmatrix} l_{11} & 0 & 0 \\ l_{21} & l_{22} & 0 \\ l_{31} & l_{32} & l_{33} \end{pmatrix}_L \begin{pmatrix} 1 & u_{12} & u_{13} \\ 0 & 1 & u_{23} \\ 0 & 0 & 1 \end{pmatrix}_U = \begin{pmatrix} l_{11} & u_{12} & u_{13} \\ l_{21} & l_{22} & u_{23} \\ l_{31} & l_{32} & l_{33} \end{pmatrix}$$

: $i$행 $i$열에 대하여 $i$열은 그대로 취하고, $i$행은 $a_{ii}$로 정규화하고, 나머지 성분은 대입하여 풀어내는 과정을 $n$번 반복한다.

: ($k$단계 - $k$행 $k$열)

0) $i$열은 그대로 취한다.

1) 정규화 $a_{kj} = \dfrac{a_{kj}}{a_{kk}}, (k=1\ to\ n,\ j=k+1\ to\ n)$

2) $a_{ij} = a_{ij} - a_{ik}a_{kj}, (k=1\ to\ n,\ i=k+1\ to\ n,\ j=k+1 to\ n)$

**예** 다음 행렬 A를 쌍분해 하시오.

$$A = \begin{pmatrix} 3 & -1 & 2 \\ 1 & 2 & 3 \\ 2 & -2 & -1 \end{pmatrix}$$

**풀이** 다음을 만족하는 $l$, $u$를 찾는다.

$$\begin{pmatrix} 3 & -1 & 2 \\ 1 & 2 & 3 \\ 2 & -2 & -1 \end{pmatrix} = \begin{pmatrix} l_{11} & u_{12} & u_{13} \\ l_{21} & l_{22} & u_{23} \\ l_{31} & l_{32} & l_{33} \end{pmatrix} = \begin{pmatrix} l_{11} & 0 & 0 \\ l_{21} & l_{22} & 0 \\ l_{31} & l_{32} & l_{33} \end{pmatrix}_L \begin{pmatrix} 1 & u_{12} & u_{13} \\ 0 & 1 & u_{23} \\ 0 & 0 & 1 \end{pmatrix}_U$$

1) 1행1열

① 1열은 그대로 취하고, 1행은 $a_{11}=3$으로 정규화한다.

$$A = \begin{pmatrix} 3 & -1 & 2 \\ 1 & 2 & 3 \\ 2 & -2 & -1 \end{pmatrix} \Rightarrow \begin{pmatrix} (3) & \frac{-1}{3} & \frac{2}{3} \\ 1 & 2 & 3 \\ 2 & -2 & -1 \end{pmatrix}$$

② 나머지 원소는 방정식을 푼다.

- $l_{22}$는 $L$의 2행과 $U$의 2열의 곱이므로, $l_{21}u_{12} + l_{22}(1) + 0 = a_{22} = 2$이고

$l_{21} = 1,\ u_{12} = \dfrac{-1}{3}$이므로, $l_{22} = 2 - 1(\dfrac{-1}{3}) = \dfrac{7}{3}$이다.

같은 방법으로 $u_{23} = \dfrac{7}{3},\ l_{32} = \dfrac{-4}{3},\ l_{33} = \dfrac{-7}{3}$이다.

$$A = \begin{pmatrix} 3 & -1 & 2 \\ 1 & 2 & 3 \\ 2 & -2 & -1 \end{pmatrix} \Rightarrow \begin{pmatrix} (3) & \frac{-1}{3} & \frac{2}{3} \\ 1 & 2 & 3 \\ 2 & -2 & -1 \end{pmatrix} \Rightarrow \begin{pmatrix} (3) & \frac{-1}{3} & \frac{2}{3} \\ 1 & \frac{7}{3} & \frac{7}{3} \\ 2 & \frac{-4}{3} & \frac{-7}{3} \end{pmatrix}$$

2) 2행2열

① 2열은 그대로 취하고, 2행은 $a_{22}=\frac{7}{3}$으로 정규화

$$\begin{pmatrix} 3 & \frac{-1}{3} & \frac{2}{3} \\ 1 & \frac{7}{3} & \frac{7}{3} \\ 2 & \frac{-4}{3} & \frac{-7}{3} \end{pmatrix} \Rightarrow \begin{pmatrix} 3 & \frac{-1}{3} & \frac{2}{3} \\ 1 & \left(\frac{7}{3}\right) & \frac{7}{3} \\ 2 & \frac{-4}{3} & \frac{-7}{3} \end{pmatrix} \Rightarrow \begin{pmatrix} 3 & \frac{-1}{3} & \frac{2}{3} \\ 1 & \left(\frac{7}{3}\right) & 1 \\ 2 & \frac{-4}{3} & \frac{-7}{3} \end{pmatrix}$$

② 나머지 원소는 방정식을 푼다.

- $l_{33}$은 $L$의 3행과 $U$의 3열의 곱이므로, $l_{31}u_{13}+l_{32}u_{23}+l_{33}(1)=a_{33}=-1$

이고, $l_{31}=2$, $u_{13}=\frac{2}{3}$, $l_{32}=\frac{-4}{3}$, $u_{23}=1$이므로 $l_{33}=-1$

$$\begin{pmatrix} 3 & \frac{-1}{3} & \frac{2}{3} \\ 1 & \frac{7}{3} & \frac{7}{3} \\ 2 & \frac{-4}{3} & \frac{-7}{3} \end{pmatrix} \Rightarrow \begin{pmatrix} 3 & \frac{-1}{3} & \frac{2}{3} \\ 1 & \left(\frac{7}{3}\right) & \frac{7}{3} \\ 2 & \frac{-4}{3} & \frac{-7}{3} \end{pmatrix} \Rightarrow \begin{pmatrix} 3 & \frac{-1}{3} & \frac{2}{3} \\ 1 & \left(\frac{7}{3}\right) & 1 \\ 2 & \frac{-4}{3} & \frac{-7}{3} \end{pmatrix} \Rightarrow \begin{pmatrix} 3 & \frac{-1}{3} & \frac{2}{3} \\ 1 & \left(\frac{7}{3}\right) & 1 \\ 2 & \frac{-4}{3} & -1 \end{pmatrix}$$

따라서,

$$\begin{pmatrix} 3 & -1 & 2 \\ 1 & 2 & 3 \\ 2 & -2 & -1 \end{pmatrix} = \begin{pmatrix} 3 & 0 & 0 \\ 1 & \frac{7}{3} & 0 \\ 2 & \frac{-4}{3} & -1 \end{pmatrix}_L \begin{pmatrix} 1 & \frac{-1}{3} & \frac{2}{3} \\ 0 & 1 & 1 \\ 0 & 0 & 1 \end{pmatrix}_U \text{ 이다.}$$

## ■ 암호화와 복호화

### 5.46 응용 (영문의 암호화와 복호화)

: 행렬 $B$가 행렬 $A$의 역행렬일 때, 행렬 $A$를 이용하여 암호문을 만들고 $B$를 이용하여 그것을 해독하는 방법에 대하여 알아보자.

: 두 행렬 $A=\begin{pmatrix} 3 & 1 \\ 2 & 1 \end{pmatrix}$, $B=\begin{pmatrix} 1 & -1 \\ -2 & 3 \end{pmatrix}$, $B=A^{-1}$ 이고, 알파벳과 기호를 다음 표와 같이 숫자화하자. 여기서 * 는 단어 사이를 띄는 기호로 사용한다.

| A | B | C | D | E | F | G | H | I | J | K | L | M | N | O | P | Q | R | S | T | U | V | W | X | Y | Z | * |
|---|---|---|---|---|---|---|---|---|---|---|---|---|---|---|---|---|---|---|---|---|---|---|---|---|---|---|
| 1 | 2 | 3 | 4 | 5 | 6 | 7 | 8 | 9 | 10 | 11 | 12 | 13 | 14 | 15 | 16 | 17 | 18 | 19 | 20 | 21 | 22 | 23 | 24 | 25 | 26 | 27 |

: 다음 문장을 암호화하여 보자(암호화하려는 문장을 평문이라 한다).

평문 : FOR YOUR EYES ONLY

: 이것을 숫자화 하면

| F | O | R | * | Y | O | U | R | * | E | Y | E | S | * | O | N | L | Y |
|---|---|---|---|---|---|---|---|---|---|---|---|---|---|---|---|---|---|
| 6 | 15 | 18 | 27 | 25 | 15 | 21 | 18 | 27 | 5 | 25 | 5 | 19 | 27 | 15 | 14 | 12 | 25 |

: 이를 (일반성을 잃지 않고) 2행 행렬로 표현하면 다음과 같다.

$$M=\begin{pmatrix}6 & 15 & 18 & 27 & 25 & 15 & 21 & 18 & 27\\ 5 & 25 & 5 & 19 & 27 & 15 & 14 & 12 & 25\end{pmatrix}$$

: 이 행렬의 앞에 암호화 행렬 $A$를 곱하여 암호문 $N$을 만든다.

$$N=AM=\begin{pmatrix}3 & 1\\ 2 & 1\end{pmatrix}\begin{pmatrix}6 & 15 & 18 & 27 & 25 & 15 & 21 & 18 & 27\\ 5 & 25 & 5 & 19 & 27 & 15 & 14 & 12 & 25\end{pmatrix}$$
$$=\begin{pmatrix}23 & 70 & 59 & 100 & 102 & 60 & 77 & 66 & 106\\ 17 & 55 & 41 & 73 & 77 & 45 & 56 & 48 & 79\end{pmatrix}$$

: 숫자화 된 암호문은 다음과 같다.

23, 70, 59, 100, 102, 60, 77, 66, 106, 17, 55, 41, 73, 77, 45, 56, 48, 79

: 이 암호문은 해독행렬 $B$를 이용하여 해독할 수 있다.

$BN=B(AM)=A^{-1}(AM)=(A^{-1}A)M=M$이므로

$$BN=\begin{pmatrix}1 & -1\\ -2 & 3\end{pmatrix}\begin{pmatrix}23 & 70 & 59 & 100 & 102 & 60 & 77 & 66 & 106\\ 17 & 55 & 41 & 73 & 77 & 45 & 56 & 48 & 79\end{pmatrix}$$
$$=\begin{pmatrix}6 & 15 & 18 & 27 & 25 & 15 & 21 & 18 & 27\\ 5 & 25 & 5 & 19 & 27 & 15 & 14 & 12 & 25\end{pmatrix}$$

: 해독된 평문은 다음과 같다.

| 6 | 15 | 18 | 27 | 25 | 15 | 21 | 18 | 27 | 5 | 25 | 5 | 19 | 27 | 15 | 14 | 12 | 25 |
|---|---|---|---|---|---|---|---|---|---|---|---|---|---|---|---|---|---|
| F | O | R | * | Y | O | U | R | * | E | Y | E | S | * | O | N | L | Y |

**예** $A=\begin{pmatrix}2&1\\1&1\end{pmatrix}$, $B=\begin{pmatrix}1&-1\\-1&2\end{pmatrix}$에 대하여, $A$를 이용하여 다음의 평문을 암호화하시오.

COMPUTER SCIENCE AND ENGINEERING

**풀이** COMPUTER SCIENCE AND ENGINEERING을 알파벳 표에 의해서 행렬로 표현한 것을 $M$이라하면 암호문 $N$은 다음과 같다.

$$N=AM=\begin{pmatrix}2&1\\1&1\end{pmatrix}\begin{pmatrix}3&15&13&16&21&20&5&18&27&19&3&9&5&14&3&5\\27&1&14&4&27&5&14&7&9&14&5&5&18&9&14&7\end{pmatrix}$$

$$=\begin{pmatrix}33&31&40&36&69&45&24&43&63&52&11&23&28&37&20&17\\30&16&27&20&48&25&19&25&36&33&8&14&23&33&17&12\end{pmatrix}$$

## 연습문제

**1.** 다음을 계산하시오.

$$\begin{pmatrix}1&0&1&0\\0&1&0&1\end{pmatrix}\begin{pmatrix}2&0\\0&2\\2&0\\0&2\end{pmatrix}\begin{pmatrix}3&3\\3&3\end{pmatrix}$$

**2.** 행렬 $A$가 아래와 같을 때 $A^n$을 구하시오.

1) $A=\begin{pmatrix}1&a\\0&1\end{pmatrix}$ 2) $A=\begin{pmatrix}a&1\\0&a\end{pmatrix}$

**3.** 행렬 $A$가 아래와 같을 때, $A^n+A^{n-1}+\cdots+A+I$를 구하시오.

$$A=\begin{pmatrix}1&2\\0&1\end{pmatrix}$$

(힌트) $A^2=\begin{pmatrix}1&2\\0&1\end{pmatrix}\begin{pmatrix}1&2\\0&1\end{pmatrix}-\begin{pmatrix}1&2+2\\0&1\end{pmatrix}$, $A^3=\begin{pmatrix}1&2+2\\0&1\end{pmatrix}\begin{pmatrix}1&2\\0&1\end{pmatrix}=\begin{pmatrix}1&2+2+2\\0&1\end{pmatrix}$, $\cdots$,

$A^n=\begin{pmatrix}1&2n\\0&1\end{pmatrix}$

**4.** 다음 행렬의 역행렬을 구하시오.

1) $\begin{pmatrix} a & b \\ 0 & 1 \end{pmatrix}$, $a \neq b$ 　　　 2) $\begin{pmatrix} a & 0 \\ 0 & b \end{pmatrix}$, $a, b \neq 0$

**5.** 다음 행렬의 역행렬을 구하시오.

1) $\begin{pmatrix} \frac{2}{11} & \frac{1}{11} \\ \frac{5}{11} & \frac{3}{11} \end{pmatrix}$ 　　　 2) $\begin{pmatrix} \cos\theta & \sin\theta \\ -\sin\theta & \cos\theta \end{pmatrix}$

**6.** 다음 행렬의 행렬식을 구하시오

$$\begin{pmatrix} 0 & 2 & 2 & \cdots & 2 \\ 2 & 0 & 2 & \cdots & 2 \\ & & & \cdots & \\ 2 & 2 & 2 & \cdots & 0 \end{pmatrix}$$

**7.** 다음 행렬 $A$, $B$에 대하여 소행렬 $A_{11}$, $A_{22}$, $A_{33}$과 $B_{11}$, $B_{22}$, $B_{33}$의 행렬식을 구하시오.

1) $A = \begin{pmatrix} a & 0 & 0 \\ 0 & b & 0 \\ 0 & 0 & c \end{pmatrix}$ 　　　 2) $B = \begin{pmatrix} x^2 & y^2 & z^2 \\ x & y & z \\ 1 & 1 & 1 \end{pmatrix}$

**8.** 다음 행렬의 행렬식을 구하시오.

1) $\begin{pmatrix} a & 0 & 0 \\ 0 & b & 0 \\ 0 & 0 & c \end{pmatrix}$ 　　　 2) $\begin{pmatrix} x^2 & y^2 & z^2 \\ x & y & z \\ 1 & 1 & 1 \end{pmatrix}$

3) $\begin{pmatrix} a & b & c \\ c & a & b \\ b & c & a \end{pmatrix}$ 　　　 4) $\begin{pmatrix} 0 & c & b \\ c & 0 & a \\ b & a & 0 \end{pmatrix}$

**9.** 다음 연립방정식에 대하여 가우스 소거법으로 해를 구하시오.

$$\begin{aligned} 2x_1 + x_2 - 2x_3 &= 1 \\ x_1 - 2x_2 + x_3 &= 5 \\ 3x_1 + x_2 - x_3 &= 4 \end{aligned}$$

**10.** 다음 연립방정식에 대하여 가우스 조던 소거법으로 해를 구하시오.

$$\begin{aligned} 2x_1 + x_2 + x_3 &= 7 \\ x_1 - x_2 + x_3 &= 0 \\ 4x_1 + 2x_2 - 3x_3 &= 4 \end{aligned}$$

**11.** 크래머의 공식을 사용하여 다음 연립방정식 해를 구하시오.

$$\begin{aligned} 2x_1 + x_2 + x_3 &= 7 \\ x_1 - x_2 + x_3 &= 0 \\ 4x_1 + 2x_2 - 3x_3 &= 4 \end{aligned}$$

**12.** 다음 연립방정식에 대하여 자코비 반복법으로 해를 구하시오.

$$\begin{aligned} 2x_1 - x_2 + 0x_3 &= 7 \\ -x_1 + 2x_2 - x_3 &= 1 \\ 0x_1 - x_2 + 2x_3 &= 0 \end{aligned}$$

**13.** 다음 연립방정식에 대하여 가우스-세이델 반복법으로 해를 구하시오.

$$\begin{aligned} 7x_1 + 2x_2 + 3x_3 &= 35 \\ 2x_1 + 3x_2 + 6x_3 &= 25 \\ x_1 - 5x_2 + 2x_3 &= 7 \end{aligned}$$

**14.** 다음 행렬에 대한 $LU$ 분해를 구하시오.

1) $\begin{pmatrix} 2 & -1 & -1 \\ 0 & -4 & 2 \\ 0 & -3 & 0 \end{pmatrix}$　　　2) $\begin{pmatrix} 4 & 1 & 2 \\ 1 & 3 & 1 \\ 1 & 2 & 5 \end{pmatrix}$

**15.** 다음 연립방정식의 해를 LU 분해법으로 구하시오.

$$\begin{aligned} 4x_1 + 3x_2 - 1x_3 &= -2 \\ -2x_1 - 4x_2 + 5x_3 &= 20 \\ x_1 + 2x_2 + 6x_3 &= 7 \end{aligned}$$

**16.** 행렬 $A = \begin{pmatrix} 2 & 1 \\ 1 & 1 \end{pmatrix}$를 이용하여 암호화한 문장이 다음과 같다. 이 문장을 해독하시오.

$$\begin{pmatrix} 33 & 31 & 40 & 36 & 69 & 45 & 24 & 43 & 63 & 52 & 11 & 23 & 28 & 37 & 20 & 17 \\ 30 & 16 & 27 & 20 & 48 & 25 & 19 & 25 & 36 & 33 & 8 & 14 & 23 & 33 & 17 & 12 \end{pmatrix}$$

# Chapter 06 공간벡터

## ■ $R^n$ 공간벡터

### 6.1 정의 (유클리드 $n$차원 공간)

: $R^n = \{(x_1, x_2, x_3, \cdots, x_n) \mid x_i \in R,\ i = 1 \sim n\}$을 유클리드 $n$차원 공간이라 한다.

: $n = 1$, 실수 집합

: $n = 2$, 평면

: $n = 3$, 3차원 공간

### 6.2 정의 (공간벡터, 벡터의 크기, 실수곱, 합)

: $R^n$의 원소 $A = (a_1, a_2, a_3, \cdots, a_n)$을 $R^n$ 공간벡터라 한다.

: 벡터 $A$의 크기 : $|A| = \sqrt{a_1^2 + a_2^2 + a_3^2 + \cdots + a_n^2}$

: $k \in R, A \in R^n$에 대하여, 실수 $k$와 벡터 $A$에 대한 **실수곱**(scalar product)은 $kA = k(a_1, a_2, a_3, \cdots, a_n) = (ka_1, ka_2, ka_3, \cdots, ka_n)$로 정의한다.

: $A, B \in R^n$, $A = (a_1, a_2, a_3, \cdots, a_n)$, $B = (b_1, b_2, b_3, \cdots, b_n)$일 때, 두 벡터의 **합**은 $A + B = (a_1 + b_1, a_2 + b_2, a_3 + b_3, \cdots, a_n + b_n)$으로 정의한다.

### 6.3 정리 (공간벡터의 성질) : $A, B, C \in R^n$, $k, l \in R$에 대하여 다음이 성립한다.

(1) $A + B = B + A$

(2) $A + (B + C) = (A + B) + C$

(3) $A+O=O+A=A$, $(O=(0,\ 0,\ 0,\ \cdots,\ 0))$

(4) $A+(-A)=(-A)+A=O$, $-A=-1A$

(5) $k(A+B)=kA+kB$

(6) $(k+l)A=kA+lA$

(7) $k(lA)=(kl)A$

(8) $1A=A$

**예** (2차원) 공간벡터

: 다음 그림 (a)와 같이 크기와 방향을 가진 양으로 정의한다.

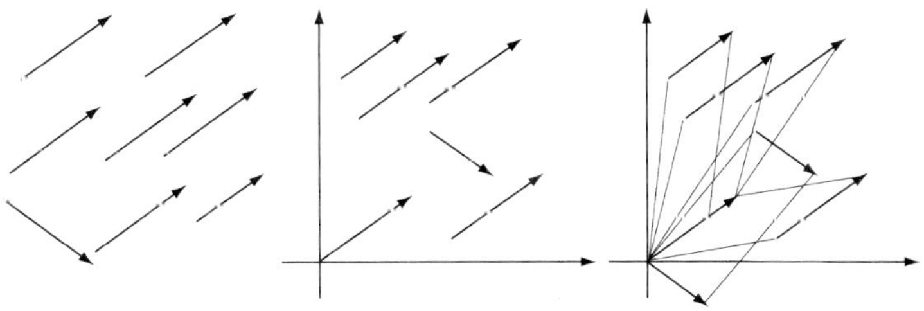

(a) (b) (c)

그림 (b)에 서로 다른 벡터는 몇 개인가?

**풀이** 그림 (c)와 같이 벡터들을 원점으로 평행이동 했을 때 일치하는 벡터들은 같은 것이다. 따라서 (b)에는 3개의 벡터가 있다.

**예** 좌표와 (2차원) 공간벡터

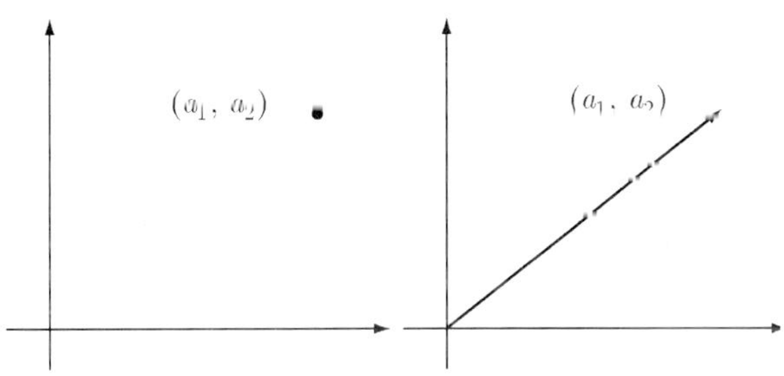

**예** 벡터의 합 $(a_1, a_2)+(b_1, b_2)=(c_1, c_2)$

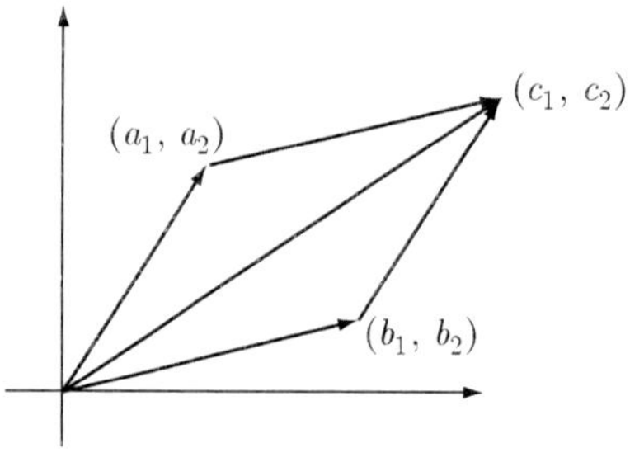


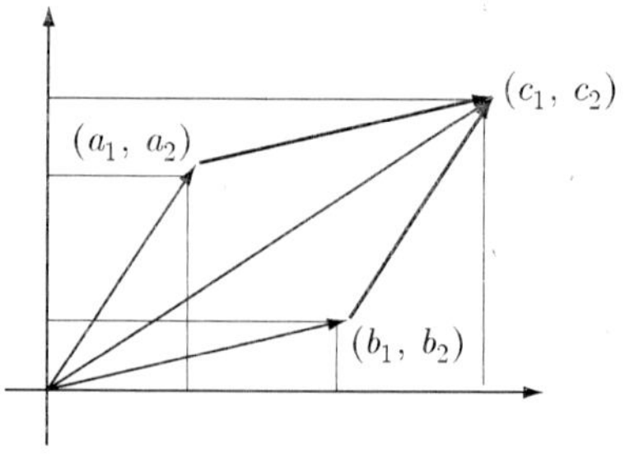


**예** 벡터의 차 $(a_1, a_2)-(b_1, b_2)=(a_1, a_2)+(-(b_1, b_2))=(d_1, d_2)$

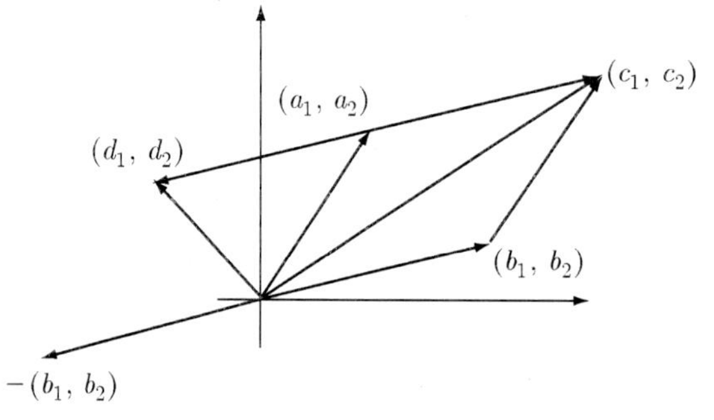


**예** 벡터의 실수곱

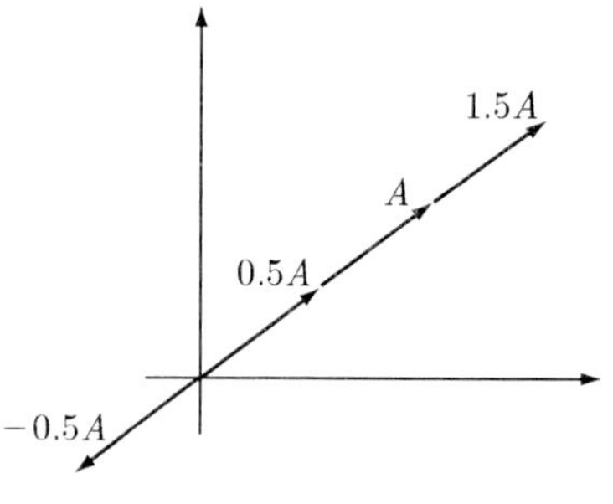

**예** 벡터의 분해

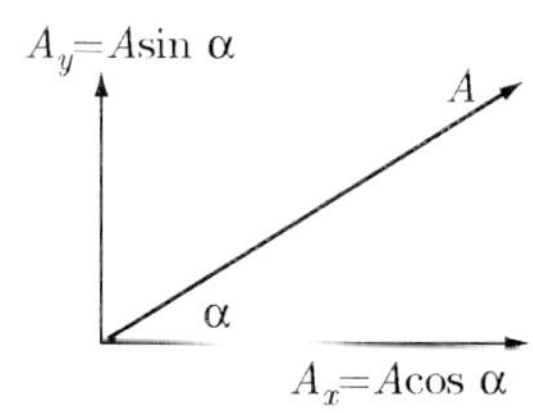


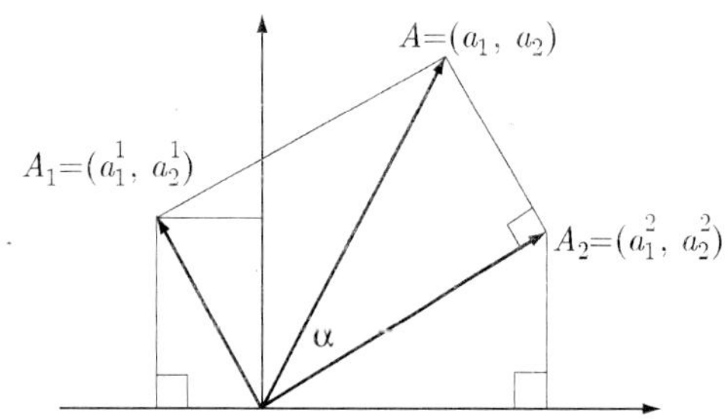


: 임의의 벡터 성분으로 분해 할 수 있다.

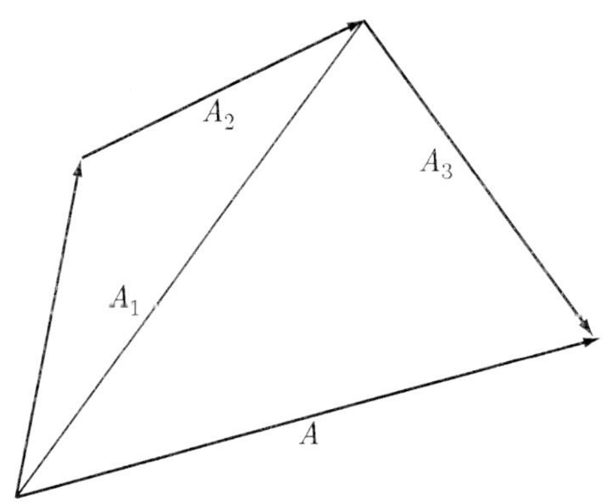


: 이 그림은 벡터 $A$가 세 개의 벡터 $A_1$, $A_2$, $A_3$로 분해될 수 있음을 나타낸다. 반대로 벡터 $A$는 세 벡터 $A_1$, $A_2$, $A_3$의 합으로 해석해도 된다.

### 6.4 정의 (단위벡터 unit vector)

: 벡터 $A \in R^n$ 에 대하여, $U_A = \dfrac{1}{|A|}A$를 A의 **단위벡터**라 한다.

: $|U_A| = 1$이다.

: 즉, $A$와 방향이 같고 크기가 1인 벡터이다.

: 모든 벡터는 자신의 단위벡터에 크기를 실수배 한 것이다. 즉, $A = |A|\,U_A$ 이다.

**예** $A = (5,7)$의 단위벡터를 구하라.

**풀이** $|A| = \sqrt{5^2 + 7^2} = \sqrt{74}$ 이므로, $U_A = \dfrac{1}{\sqrt{74}}(5,7) = \left(\dfrac{5}{\sqrt{74}}, \dfrac{7}{\sqrt{74}}\right)$이다.

## ■ 내적

### 6.5 정의 (내적 inner/dot product)

: 벡터 $A,B\in R^n$에 대하여, $A\cdot B=(a_1b_1+a_2b_2+a_3b_3+\cdots+a_nb_n)$을 두 벡터 $A,B$의 내적이라 한다.

: 벡터를 실수 값에 대응시키는 연산이다. 즉, $\cdot : R^n\times R^n\to R$

### 6.6 정리 (내적의 성질)

: 벡터 $A,B,C\in R^n, k,l\in R$에 대하여 다음이 성립한다.

(1) $A\cdot B=B\cdot A$

(2) $A\cdot(B+C)=A\cdot B+A\cdot C$

(3) $(kA)\cdot B=k(A\cdot B)=A\cdot(kB)$

(4) $A\cdot A=|A|^2$

(5) $A\cdot A=0\ \ iff\ \ A=O$

**6.7 정리** : 벡터 $A,B\in R^n$, $\measuredangle AB=\alpha$에 대하여, $A\cdot B=|A||B|\cos\alpha$이다. 이 정리를 이용하여 두 벡터의 사이각을 계산할 수 있다.

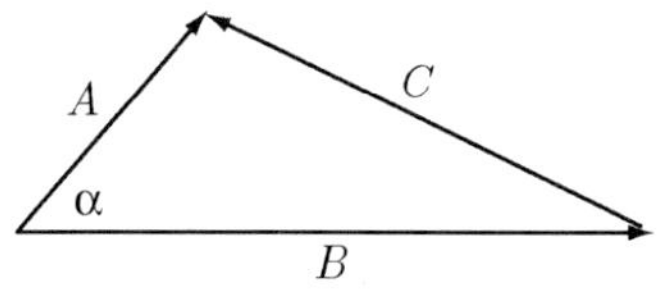


증명 $|A-B|^2=(A-B)\cdot(A-B)$

$$=A\cdot A-2A\cdot B+B\cdot B$$

$$=|A|^2+|B|^2-2A\cdot B$$

이고, 코사인 제2법칙에 의하여 $|A-B|^2=|A|^2+|B|^2-2|A||B|\cos\alpha$이므로 두 식으로부터 다음을 얻는다.

$A\cdot B=|A||B|\cos\alpha$ ☑

## 6.8 노트 (내적의 기하학적 의미)

: 다음 그림과 같은 두 벡터 $A$, $B$에 대하여 벡터 $A$의 벡터 $B$에 대한 정사영 벡터는 크기가 $|A|\cos\alpha$이고 방향은 벡터 $B$와 같다. 마찬가지로 벡터 $B$의 벡터 $A$에 대한 정사영 벡터는 크기가 $|B|\cos\alpha$이고 방향은 벡터 $A$와 같다.

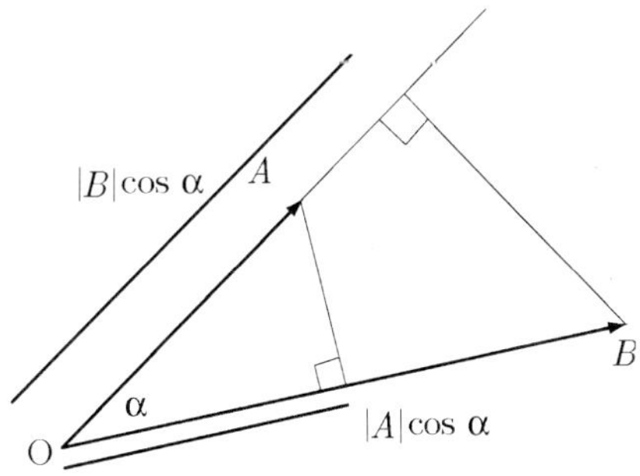


$A \bullet B = |A||B|\cos\alpha$

: 두 벡터 $A$, $B$가 영벡터가 아니고 서로 수직이면 두 벡터의 내적은 0이고 역도 성립한다. 즉, $A, B \neq O$, $A \perp B$ $iff$ $A \bullet B = 0$ 이다.

**예** $A=(6,8), B=(14,2)$에 대하여,

1) 벡터$A, B$의 단위벡터를 구하시오.
2) 두 벡터의 사이각을 구하시오.
3) 벡터$A$의 벡터$B$로의 정사영 projection 벡터를 구하시오.
4) 벡터$B$의 벡터$A$로의 정사영 projection 벡터를 구하시오.

**풀이** 1) $|A| = \sqrt{6^2+8^2} = \sqrt{100} = 10$이므로,

$U_A = \frac{1}{\sqrt{100}}(6,8) = \left(\frac{6}{10}, \frac{8}{10}\right) = \left(\frac{3}{5}, \frac{4}{5}\right)$이다.

$|B| = \sqrt{14^2+2^2} = \sqrt{200} = 10\sqrt{2}$이므로,

$U_B = \frac{1}{10\sqrt{2}}(14,2) = \left(\frac{14}{10\sqrt{2}}, \frac{2}{10\sqrt{2}}\right) = \left(\frac{7}{5\sqrt{2}}, \frac{1}{5\sqrt{2}}\right)$이다.

2) $\cos\alpha = \frac{A \bullet B}{|A||B|} = \frac{100}{100\sqrt{2}} = \frac{1}{\sqrt{2}}$, $\alpha = \cos^{-1}\left(\frac{1}{\sqrt{2}}\right) = 45°$

3) $|A|\cos\alpha = 10\frac{1}{\sqrt{2}}$ 이다.

즉, 크기가 $\frac{10}{\sqrt{2}}$이고 방향은 $U_B$이므로, $\frac{10}{\sqrt{2}}\left(\frac{7}{5\sqrt{2}}, \frac{1}{5\sqrt{2}}\right) = (7,1)$

4) $|B|\cos\alpha = 10\sqrt{2}\,\dfrac{1}{\sqrt{2}} = 10$이다.

즉, 크기가 10이고 방향은 $U_A$이므로, $10\left(\dfrac{3}{5}, \dfrac{4}{5}\right) = (6,8)$

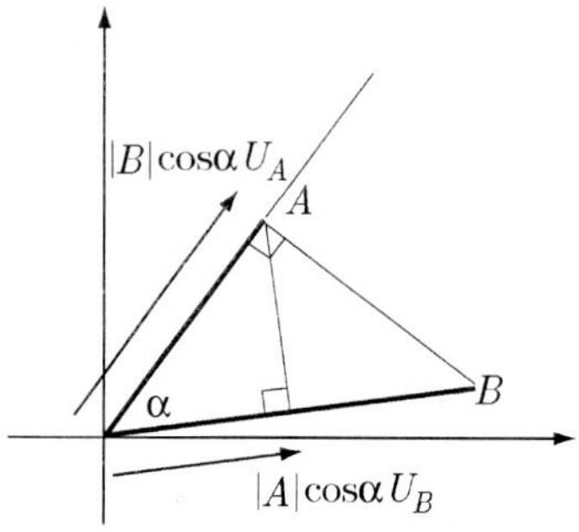


**예** 벡터 $A, B \in R^n$에 대하여 $|A \cdot B| \leqq |A||B|$이다.

**증명** $|\cos\alpha| \le 1$이므로, $|A \cdot B| = ||A||B|\cos\alpha| = |A||B||\cos\alpha| \le |A||B|$

## ■ 외적

### 6.9 정의 (외적 cross product)

: 벡터 $A, B \in R^n$에 대하여, $A \times B = |A||B|\sin\alpha N$을 두 벡터 $A, B$의 외적이라 한다. $\alpha$는 두 벡터의 사이각, $N$은 두 벡터에 수직이고 오른손 법칙으로 정해진 방향을 갖는 단위벡터이다.

: $|A \times B|$는 두 벡터를 변으로 하는 평행사변형의 면적과 같다.

: 벡터를 벡터에 대응시키는 연산이다.

즉, $\times : R^n \times R^n \to R^n$

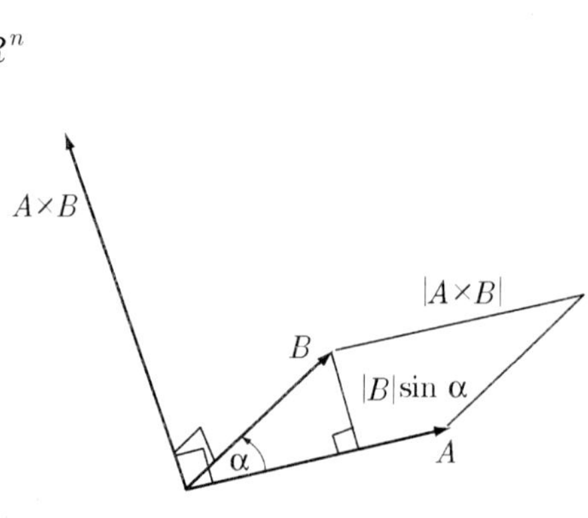

**예** 두 벡터 $A=(1,0,1), B=(-1,0,2)$에 수직이고 길이가 1인 벡터를 구하시오.

**풀이** $X=(a_1,a_2,a_3)$이라면,

$A \cdot X=(1,0,1) \cdot (a_1,a_2,a_3)=a_1+a_3=0$

$B \cdot X=(-1,0,2) \cdot (a_1,a_2,a_3)=-a_1+2a_3=0$

$\sqrt{a_1^2+a_2^2+a_3^2}=1$

따라서 $a_1=a_3=0$, $a_2=\pm 1$

또한, 이 벡터는 두 벡터의 외적 $A\times B$의 단위벡터 $U_{A\times B}$ 임을 알 수 있다.

### 6.10 정리 (외적의 성질)

: 벡터 $A,B,C\in R^n, k,l\in R$에 대하여 다음이 성립한다.

(1) $A\times B=-(B\times A)$

(2) $kA\times lB=kl(A\times B)$

(3) $A\times(B+C)=A\times B+A\times C$

(4) $A\times A=O$

(5) $A//B$이면 $A\times B=O$

### 6.11 정리 : 벡터 $A,B\in R^n$ 에 대하여 다음이 성립한다.

(1) $A \cdot (A\times B)=B \cdot (A\times B)=0$

(2) $|A\times B|^2=|A|^2|B|^2-(A \cdot B)^2$

**증명** 1) 정의에 의하여 $A\times B$는 $A,B$에 수직이므로 성립

2) $A\times B=|A||B|\sin\alpha N$ 이므로

$|A\times B|^2=|A|^2|D|^2\sin^2\alpha=|A|^2|B|^2(1-\cos^2\alpha)$

$=|A|^2|B|^2-|A|^2|B|^2\cos^2\alpha=|A|^2|B|^2-(A \cdot B)^2$ ☑

### 6.12 정리

: 평행하지 않은 두 벡터 $A=(a_1,a_2,a_3), B=(b_1,b_2,b_3)\in R^3$에 대하여 다음이 성립한다.

$A\times B=(a_2b_3-a_3b_2, a_3b_1-a_1b_3, a_1b_2-a_2b_1)$

증명 $A=(a_1,a_2,a_3), B=(b_1,b_2,b_3), A\times B=(x_1,x_2,x_3)$으로 놓으면,

$A \cdot (A\times B)=B\cdot(A\times B)=0$ 이므로 다음을 얻는다.

$a_1x_1 + a_2x_2 + a_3x_3 = 0$

$b_1x_1 + b_2x_2 + b_3x_3 = 0$

이 부정방정식을 크래머 공식으로 풀면,

$x_1=\begin{vmatrix} a_2 & a_3 \\ b_2 & b_3 \end{vmatrix}, x_2=\begin{vmatrix} a_3 & a_1 \\ b_3 & b_1 \end{vmatrix}, x_3=\begin{vmatrix} a_1 & a_2 \\ b_1 & b_2 \end{vmatrix}$ 을 얻는다.

따라서 $A\times B=(a_2b_3-a_3b_2, a_3b_1-a_1b_3, a_1b_2-a_2b_1)$ 이다. ☑

$$: A\times B=\left(\begin{vmatrix} a_2 & a_3 \\ b_2 & b_3 \end{vmatrix}, \begin{vmatrix} a_3 & a_1 \\ b_3 & b_1 \end{vmatrix}, \begin{vmatrix} a_1 & a_2 \\ b_1 & b_2 \end{vmatrix}\right)$$

$$: A\times B=\begin{vmatrix} a_2 & a_3 \\ b_2 & b_3 \end{vmatrix}E_1+\begin{vmatrix} a_3 & a_1 \\ b_3 & b_1 \end{vmatrix}E_2+\begin{vmatrix} a_1 & a_2 \\ b_1 & b_2 \end{vmatrix}E_3$$

$$: A\times B=\begin{vmatrix} E_1 & E_2 & E_3 \\ a_1 & a_2 & a_3 \\ b_1 & b_2 & b_3 \end{vmatrix}$$

예 두 벡터 $A=(1,5,7), B=(2,6,8)$의 외적을 구하시오.

풀이 $A\times B=(5\times 8-7\times 6, 1\times 8-7\times 2, 1\times 6-5\times 2)=(-2,-6,-4)$

예 두 벡터 $B=(2,6,8), A=(1,5,7)$의 외적을 구하시오.

풀이 $B\times A=(7\times 6-5\times 8, 7\times 2-1\times 8, 5\times 2-1\times 6)=(2,6,4)$

### 6.13 노트 (외적의 기하학)

: 방향은 $A, B$에 수직이고, 크기는 $A, B$에 의한 평행사변형의 면적과 같다.

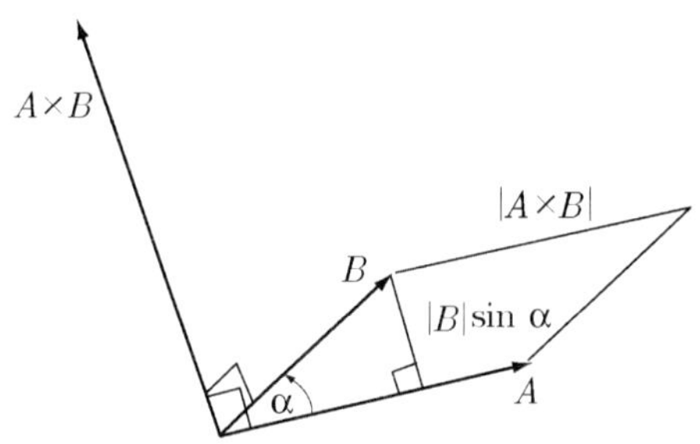

**예** 세 점 $A=(2,0,0), B=(0,0,2), C=(0,2,0)$이 이루는 삼각형의 면적을 구하시오.

**풀이** 삼각형의 면적은 아래 그림과 같이 두 점 $A, B$가 이루는 벡터 $\overrightarrow{AB}$와 두 점 $A, C$가 이루는 벡터 $\overrightarrow{AC}$의 외적 벡터 크기의 절반이다. 두 점 $A, B$가 이루는 벡터는 $\overrightarrow{AB}=B-A$이고, 두 점 $A, C$가 이루는 벡터는 $\overrightarrow{AC}=C-A$이므로,

$\overrightarrow{AB}\times\overrightarrow{AC}=(-2,\ 0,\ 2)\times(-2,\ 2,\ 0)$

$$=\left(\begin{vmatrix}0 & 2\\ 2 & 0\end{vmatrix}, \begin{vmatrix}2 & -2\\ 0 & -2\end{vmatrix}, \begin{vmatrix}-2 & 0\\ -2 & 2\end{vmatrix}\right)=(-4,\ -4,\ -4)$$

따라서

$\frac{1}{2}|\overrightarrow{AB}\times\overrightarrow{AC}|=\frac{1}{2}|(-4,-4,-4)|=\frac{1}{2}\sqrt{48}=\frac{1}{2}4\sqrt{3}=2\sqrt{3}$

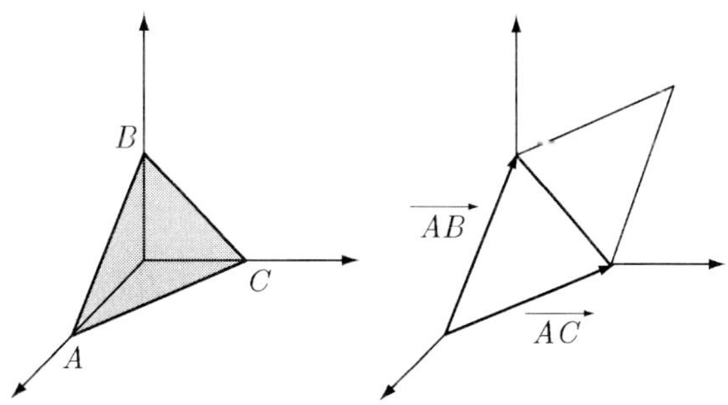


**예** 세 점 $A, B, C$ 가 이루는 평행육면체의 체적을 구하시오.

**풀이** 아래 그림과 같이 $h=|C|\cos\theta$이므로 평행육면체의 체적은 $|A\times B||C|\cos\theta$이다.

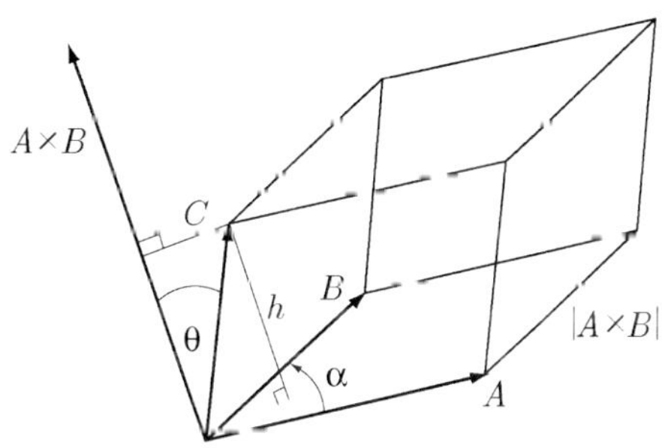


: $A\cdot B=|A||B|\cos\alpha$이므로 $|A\times B||C|\cos\theta=(A\times B)\cdot C$으로 나타낼 수 있다.

### 6.14 정리

: 세 점 $A=(a_1,a_2,a_3), B=(b_1,b_2,b_3), C=(c_1,c_2,c_3)$에 대하여,

$(A\times B)\cdot C=\begin{vmatrix} a_1 & a_2 & a_3 \\ b_1 & b_2 & b_3 \\ c_1 & c_2 & c_3 \end{vmatrix}$이다.

증명 $(A\times B)\cdot C=\left(\begin{vmatrix} a_2 & a_3 \\ b_2 & b_3 \end{vmatrix}, \begin{vmatrix} a_3 & a_1 \\ b_3 & b_1 \end{vmatrix}, \begin{vmatrix} a_1 & a_2 \\ b_1 & b_2 \end{vmatrix}\right)\cdot(c_1,c_2,c_3)$

$$=\begin{vmatrix} a_2 & a_3 \\ b_2 & b_3 \end{vmatrix}c_1+\begin{vmatrix} a_3 & a_1 \\ b_3 & b_1 \end{vmatrix}c_2+\begin{vmatrix} a_1 & a_2 \\ b_1 & b_2 \end{vmatrix}c_3$$

$$=\begin{vmatrix} a_2 & a_3 \\ b_2 & b_3 \end{vmatrix}c_1-\begin{vmatrix} a_1 & a_3 \\ b_1 & b_3 \end{vmatrix}c_2+\begin{vmatrix} a_1 & a_2 \\ b_1 & b_2 \end{vmatrix}c_3$$

$$=\begin{vmatrix} a_1 & a_2 & a_3 \\ b_1 & b_2 & b_3 \\ c_1 & c_2 & c_3 \end{vmatrix}$$ ☑

예 세 점 $A=(2,0,0), B=(0,2,0), C=(0,0,2)$이 이루는 평행육면체의 체적을 구하시오.

풀이 6.13 예제와 6.14 정리에 의하여,

$$\begin{vmatrix} 2 & 0 & 0 \\ 0 & 2 & 0 \\ 0 & 0 & 2 \end{vmatrix}=8$$

예 다음이 참이면 증명하고 거짓이면 반례를 드시오.

1) $A\cdot B=0$이면 $A=O$ 또는 $B=O$이다.

2) $A\times B=O$이면 $A=O$ 또는 $B=O$이다.

풀이 1) $A=(1,0,0)\neq O, B=(0,1,0)\neq O$ 이면, $A\cdot B=0$

2) $A=(1,0,0)\neq O, B=(-1,0,0)\neq O$ 이면, $A\times B=O$

## 연습문제

**1.** 벡터 $A=(5,3)$, $B=(-2,3)$, $C=(3,7)$에 대하여 $aA+bB=C$가 되는 실수 $a,b$를 구하시오.

**2.** 6.1의 세 벡터를 좌표평면에 그리시오. 이때, 벡터 $C$가 두 벡터 $A$, $B$로 분해되었다고 할 수 있는가?

**3.** 두 벡터 $A=(1,2,-1)$, $B=(2,2,1)$에 대하여 물음에 답하시오.

1) 두 벡터의 크기 $|A|$, $|B|$를 계산하시오.
2) 두 벡터의 단위벡터를 구하시오.
3) 두 벡터의 내적을 구하시오.
4) 두 벡터의 사이각을 $\alpha$라 할 때 $\cos\alpha$를 구하시오.

**4.** 두 벡터 $A=(1,\ 1-x,\ x)$, $B=(x,\ 2x,\ -1)$가 수직이 되는 $x$를 구하시오.

**5.** 세 벡터 $A=(2,\ 1,\ -3)$, $B=(3,\ 1,\ -2)$, $C=(-1,\ 1,\ 2)$에 대하여 물음에 답하시오.

1) 외적 $A\times B$, $B\times A$을 구하시오.
2) 두 벡터 $A\times C$, $B$의 내적을 구하시오.
3) 세 벡터가 이루는 삼각형의 면적을 구하시오.

**6.** 6.6 내적의 성질과 6.10 외적의 성질을 증명하시오.

**7.** 다음 세 점을 꼭지점으로 하는 삼각형의 면적과 세 점으로 구성되는 평행육면체의 체적을 구하시오.

1) $(0,\ 0,\ 0)$, $(0,\ 1,\ 0)$, $(0,\ 1,\ 1)$
2) $(-1,\ 0,\ 2)$, $(0,\ 2,\ 5)$, $(1,\ 3,\ 0)$

# Chapter 07 벡터공간

## ■ 벡터공간

### 7.1 정의 (벡터공간 vector space)

: $A, B, C \in \{V : +, \cdot\}$ , $k, l \in F$ ($V$ 는 두 연산이 정의된 임의의 집합, $F$ 는 체 - 가장 대표적인 체는 실수집합)일 때 $\{V : +, \cdot\} = V$ 가 다음을 만족하면 체 $F$ 에서 정의된 벡터공간이라 한다.

(0) $A, B \in V$이면 $A + B \in V,\ k \cdot A \in V$

(1) $A + B = B + A$

(2) $(A + B) + C = A + (B + C)$

(3) $\forall A \in V,\ \exists O \ \cdot \ni \cdot \ A + O = O + A = A$

(4) $\forall A \in V,\ \exists -A \ \cdot \ni \cdot \ A + (-A) = O$

(5) $(kl) \cdot A = k \cdot (l \cdot A)$

(6) $k \cdot (A + B) = k \cdot A + k \cdot B$

(7) $(k + l) \cdot A = k \cdot A + l \cdot A$

(8) $\exists 1 \in F \ \cdot \ni \cdot \ 1 \cdot A = A$

: $O$ : 영벡터 zero vector

**예** $R^n = \{(x_1, x_2, x_3, \cdots, x_n) \mid x_i \in R,\ i = 1 \sim n\}$은 벡터공간이다.

**예** $\{M_{mn}(R), +, \cdot\}$은 벡터공간이다.

$$M_{mn}(R)=\left\{\begin{pmatrix} a_{11} & a_{12} & \cdots & a_{1n} \\ a_{21} & a_{22} & \cdots & a_{2n} \\ & & \vdots & \\ a_{m1} & a_{m2} & \cdots & a_{mn} \end{pmatrix},\ a_{ij} \in R\right\}$$

$+$ : 행렬 덧셈

$\cdot$ : 실수곱

**예** 다음과 같은 합과 곱에 대하여 $\{P(R), +, \cdot\}$ 은 벡터공간이다.

$$P(R)=\left\{p(x)=a_n x^n + a_{n-1}x^{n-1} + \cdots + a_1 x + a_0 : a_i \in R, n \in N\right\}$$

$+$ :

$$\begin{aligned} p_n(x)+q_m(x) = a_n x^n + a_{n-1}x^{n-1} + \cdots + a_{m+1}x^{m+1} + (a_m + b_m)x^m \\ + (a_{m-1} + b_{m-1})x^{m-1} + \cdots + (a_1 + b_1)x + a_0 \end{aligned}$$

$\cdot$ :

$$k \cdot p(x) = k \cdot a_n x^n + k \cdot a_{n-1}x^{n-1} + \cdots + k \cdot a_1 x + k \cdot a_0$$

**예** 다음과 같은 합과 곱에 대하여 $\{C, +, \cdot\}$ 은 벡터공간이다.

$+$ : $(a+ib)+(a'+ib')=(a+a')+i(b+b')$

$\cdot$ : $k \cdot (a+ib) = k \cdot a + i(k \cdot b)$

**예** 다음과 같은 합과 곱에 대하여 $\{cF=\{f : R \to R,\ f$는 연속$\}, +, \cdot\}$ 은 벡터공간이다.

$+$ : $(f+g)(x)=f(x)+g(x)$

$\cdot$ : $(k \cdot f)(x) = k \cdot f(x)$

항등원 : $f_O : x \to 0$, 영함수

역인 : $(\quad f)(x) = \quad f(x)$

## ■ 부분공간

### 7.2 정의 (부분공간 subspace)

: 벡터공간 $V$의 부분집합 $S(\neq \phi)$가 다음을 만족하면 $S$를 $V$의 부분공간이라 한다.

(1) $\forall A, B \in S$ 에 대하여 $A+B \in S$

(2) $\forall A \in S, k \in F$ 에 대하여 $k \cdot A \in S$

### 7.3 정리 : $S$가 부분공간이면 $S$는 벡터공간이다.

증명 1) 부분공간의 정의에 의하여 두 연산이 닫혀있다.

2) (1), (2), (5)~(8)은 그대로 성립

3) $0 \cdot A \in S$ 이고, $0 \cdot A = (0+0) \cdot A = 0 \cdot A + 0 \cdot A$이고 $-0 \cdot A$를 양변에 더하면 $0 \cdot A = O$이므로 $O \in S$ 따라서 (3)을 만족

4) $-1 \cdot A \in S$이고,

$$\begin{aligned} -1 \cdot A &= (-A+A)+(-1 \cdot A) = -A+(A+(-1 \cdot A)) \\ &= -A+(1 \cdot A+(-1 \cdot A)) = -A+((1-1) \cdot A) \\ &= -A+(0 \cdot A) = -A+O = -A \end{aligned}$$

따라서 $-A \in S$ 이므로 (4)를 만족 ☑

예 1) $\{O\}, V$는 부분공간이다.

2) $S = \{(x_1, x_2, 0) | x_1, x_2 \in R\}$은 $R^3$의 부분공간이다.

3) $S = \{(x_1, x_2, x_3) | x_1+x_2+x_3 = 0, x_1, x_2, x_3 \in R\}$은 $R^3$의 부분공간이다.

4) 다음과 같은 동차연립방정식의 해집합$S = \{X \in M_{n1} | AX = O\}$은 $M_{n1}(R)$의 부분공간이다.

$$\begin{aligned} a_{11}x_1 + a_{12}x_2 + \cdots + a_{1n}x_n &= 0 \\ a_{21}x_1 + a_{22}x_2 + \cdots + a_{2n}x_n &= 0 \\ &\vdots \\ a_{m1}x_1 + a_{m2}x_2 + \cdots + a_{mn}x_n &= 0 \end{aligned}$$

$$A=\begin{pmatrix} a_{11} & a_{12} & \cdots & a_{1n} \\ a_{21} & a_{22} & \cdots & a_{2n} \\ & & \vdots & \\ a_{m1} & a_{m2} & \cdots & a_{mn} \end{pmatrix},\ X=\begin{pmatrix} x_1 \\ x_2 \\ \vdots \\ x_n \end{pmatrix},\ B=\begin{pmatrix} 0 \\ 0 \\ \vdots \\ 0 \end{pmatrix}$$

5) $S=\left\{\begin{pmatrix} a & b \\ c & 0 \end{pmatrix} : a,b,c\in R\right\}$ 은 $M_{22}(R)$의 부분공간이다.

6) $S=\{X\in R^3 | X\cdot A=0\}$ 은 부분공간이다.

7) $S, T$ 가 부분공간이면, $S\cap T$ 도 부분공간이다.

8) $S, T$ 가 부분공간이면, $S+T=\{X+Y | X\in S, Y\in T\}$ 도 부분공간이다.

9) $S=\{(x,x+1) | x\in R\}$ 은 $R^2$의 부분공간이 아니다.

$(x_1,x_1+1)+(x_2,x_2+1)=(x_1+x_2,x_1+x_2+2)\notin S$

## ■ 1차결합

### 7.4 정의 (1차결합 linear combination)

: $A_1, A_2, \cdots, A_n\in V$, $r_1, r_2, \cdots, r_n\in R$ 에 대해서, $r_1A_1+r_2A_2+\cdots+r_nA_n$을 주어진 벡터들의 1차결합이라 한다.

**예** $S=\{r_1A_1+r_2A_2+\cdots+r_nA_n \mid A_i\in V,\ r_i\in R\}$는 부분공간이다.

1) $(r_1A_1+r_2A_2+\cdots+r_nA_n)+(s_1A_1+s_2A_2+\cdots+s_nA_n)$

$=(r_1+s_1)A_1+(r_2+s_2)A_2+\cdots+(r_n+s_n)A_n\in S$

2) $k(r_1A_1+r_2A_2+\cdots+r_nA_n)=kr_1A_1+kr_2A_2+\cdots+kr_nA_n\in S$

**예** $(5,7)$을 두 벡터 $(0,1),(1,3)$의 1차결합으로 나타내시오.

**풀이** $(5,7)=a_1(0,1)+a_2(1,3)=(a_2,a_1+3a_2)$

$a_2=5, 7=a_1+15$, $\therefore a_1=-8,\ a_2=5$이므로 $(5,7)=-8(0,1)+5(1,3)$이다.

· 1차결합 집합 $S$를 벡터 $A_1,A_2,\cdots,A_n$에 의해 생성된(generated/spanned) 부분공간이라 한다.

: $S=V$인 경우 "벡터 $A_1,A_2,\cdots,A_n$는 $V$를 생성한다"고 부른다. 즉, 벡터공간 $V$의 모든 원소를 $V$의 원소들의 1차결합으로 모두 나타낼 수 있다는 것이다.

**예** $R^3$의 기본벡터 $A_1=(1,0,0), A_2=(0,1,0), A_3=(0,0,1)$가 $R^3$을 생성함을 보이시오.

**풀이** $S=\{r_1A_1+r_2A_2+r_3A_3 | r_i \in R\}$이라 하자.

: $(S \subseteq R^3)$

자명

: $(R^3 \subseteq S)$

$(r_1, r_2, r_3) \in R^3$이면

$(r_1, r_2, r_3)=r_1 \cdot (1, 0, 0)+r_2 \cdot (0, 1, 0)+r_3 \cdot (0, 0, 1) \in S$

따라서 $S=R^3$ 이므로 $S$는 $R^3$를 생성한다.

: 단 세 개의 벡터로 3차원 공간의 모든 벡터를 표현할 수 있음을 나타낸다.

**7.5 정의 (1차독립 linearly independent, 1차종속 linearly dependent)**

: $A_1, A_2, \cdots, A_n \in V, r_1, r_2, \cdots, r_n \in R$ 에 대해서, $r_1A_1+r_2A_2+\cdots+r_nA_n=O$ 을 만족하는 $r_i$가 모두 0인 경우 $A_1, A_2, \cdots, A_n$를 **1차독립**이라 하고, 0이 아닌 $r_i$가 존재하는 경우 **1차종속**이라 한다.

**예** 두 벡터 $(5,7)$, $(6,8)$이 1차독립임을 보이시오.

**풀이** $a_1(5,7)+a_2(6,8)=(5a_1+6a_2, 7a_1+8a_2)=(0,0)$이고,

연립방정식 $\begin{matrix} 5a_1+6a_2=0 \\ 7a_1+8a_2=0 \end{matrix}$의 계수행렬의 행렬식은 $\begin{vmatrix} 5 & 6 \\ 7 & 8 \end{vmatrix}=-2 \neq 0$ 이다. 즉,

$(0,0)$이 유일한 해이므로 $a_1=a_2=0$이다.

따라서 1차독립이다.

**예** 세 벡터 $(1,0), (0,1), (2,2)$은 1차종속임을 보이시오.

**풀이** $2(1,0)+2(0,1)+(-1)(2,2)=(0,0)$이므로 1차종속이다.

: $(2,2)=2(1,0)+2(0,1)$ 즉, 하나가 다른 두 벡터의 1차결합으로 표시된다.

1차독립인 경우 그것이 불가능하다.

**7.6 정리** : $A_1, A_2, \cdots, A_n$이 1차종속이기 위한 필요충분조건은 어떤 한 벡터가 나머지들의 1차결합으로 나타낼 수 있는 것이다.

**증명** 1) $A_1, A_2, \cdots, A_n$이 1차종속이면 $r_1A_1 + r_2A_2 + \cdots + r_nA_n = O$을 만족하는 전부는 0이 아닌 $r_i$가 존재하는 경우이다. $r_k \neq 0$이라면,

$$-r_kA_k = r_1A_1 + r_2A_2 + \cdots + r_nA_n$$

$$A_k = \frac{r_1}{-r_k}A_1 + \frac{r_2}{-r_k}A_2 + \cdots + \frac{r_n}{-r_k}A_n$$ 이므로,

$A_k$가 나머지들의 1차결합으로 표현된다.

2) 벡터 $A_k$가 나머지들의 1차결합으로 나타낼 수 있다면,

$$A_k = r_1A_1 + r_2A_2 + \cdots + r_nA_n$$

$$O = r_1A_1 + r_2A_2 + \cdots + (-A_k) + \cdots + r_nA_n$$

$$O = r_1A_1 + r_2A_2 + \cdots + (-1)A_k + \cdots + r_nA_n$$ 이므로,

$A_1, A_2, \cdots, A_n$는 1차종속이다.

: $A_1,\ A_2,\ \cdots,\ A_n$이 1차독립이기 위한 필요충분조건은 어떤 벡터도 나머지들의 1차결합으로 나타낼 수 없는 것이다.

**7.7 정리** : $n$개의 벡터 $A_1,\ A_2,\ \cdots,\ A_n \in R^n$이 1차독립일 필요충분조건은 $|A_1A_2A_3 \cdots A_n| \neq 0$이다.

**증명** $r_1A_1 + r_2A_2 + \cdots + r_nA_n = O$ 는 다음 연립방정식으로 표현되며,

$$\begin{aligned} a_{11}r_1 &+ a_{21}r_2 + \cdots + a_{n1}r_n = 0 \\ a_{11}r_1 &+ a_{22}r_2 + \cdots + a_{n2}r_n = 0 \\ &\vdots \\ a_{1n}r_1 &+ a_{2n}r_2 + \cdots + a_{nn}r_n = 0 \end{aligned} \qquad \begin{pmatrix} a_{11} & a_{21} & \cdots & a_{n1} \\ a_{12} & a_{22} & \cdots & a_{n2} \\ & & \vdots & \\ a_{1n} & a_{2n} & \cdots & a_{nn} \end{pmatrix} \begin{pmatrix} r_1 \\ r_2 \\ \vdots \\ r_n \end{pmatrix} = \begin{pmatrix} 0 \\ 0 \\ \vdots \\ 0 \end{pmatrix}$$

이 방정식이 $O = (0,\ 0,\ \cdots,\ 0)$ 을 유일한 해로 갖기 위해서는 즉, 1차독립이기 위해서는 $|A_1A_2A_3 \cdots A_n| \neq 0$이어야 한다

반대로 행렬식이 0이 아니면 $r_1A_1 + r_2A_2 + \cdots + r_nA_n = O$인 $r_i$는 모두 0이므로 1차독립이다.

**예** 세 벡터 $(1,0,0), (0,1,0), (1,1,1)$이 1차독립임을 보이시오.

**증명** $r_1(1,\ 0,\ 0) + r_2(0,\ 1,\ 0) + r_3(1,\ 1,\ 1) = (r_1 + r_3,\ r_2 + r_3,\ r_3) = (0,\ 0,\ 0)$이면 $r_1 = r_2 = r_3 = 0$이므로 1차독립이다.

**예** $\{1, i\}$는 1차독립임을 보이시오.

**풀이** $r_1(1+i0)+r_2(0+i1)=r_1+ir_2=0+i0$이므로 1차독립이다.

: $\{r_1 1+ir_2 | r_1, r_2 \in R\} = C$이므로 $\{1, i\}$는 $C$를 생성한다.

**예** $\{1+x, 1-x\} \subseteq P_1(R)$는 1차독립임을 보이시오.

**풀이** $r_1(1+x)+r_2(1-x)=0(=0x+0)$로 놓으면 $(r_1-r_2)x+(r_1+r_2)=0$이고,

이 항등식이 모든 $x$에 대해 성립하려면, $r_1=r_2=0$이므로 1차독립이다.

**예** $O \in S$이면 $S$는 1차종속이다.

**풀이** $1 \cdot O+0A_1+0A_2+\cdots=O$이므로 $S$는 1차종속이다.

## ■ 유한차원 벡터공간

### 7.8 정의 (유한차원 벡터공간 finite dimensional vector space)

: 벡터공간 $V$의 유한부분집합이 $V$를 생성하면, $V$를 유한차원 벡터공간이라 한다.

### 7.9 정의 (기저 bases) :

$\beta=\{A_1, A_2, \cdots, A_n\} \subseteq V$이 1차독립이고 $V$를 생성하면 $\beta$를 기저라 한다.

**예** $\beta=\{(1, 0, 0), (0, 1, 0), (0, 0, 1)\}$은 $R^3$의 기저다.

**풀이** 1) $\begin{vmatrix} 1 & 0 & 0 \\ 0 & 1 & 0 \\ 0 & 0 & 1 \end{vmatrix}=1 \neq 0$이므로 1차독립이고,

2) $\forall A \in R^3,\quad A=(r_1, r_2, r_3)=r_1(1, 0, 0)+r_2(0, 1, 0)+r_3(0, 0, 1)$이므로

$R^3$을 생성한다.

3) 따라서 $\beta$는 $R^3$의 기저이다.

: $\beta=\{E_i=(\cdots,1,\cdots) | E_i \in R^n, i=1 \sim n\}$을 $R^n$의 표준기저라고 한다.

: 기저는 한 개 이상 존재할 수 있다.

**예** $\beta = \{1, x, x^2, \cdots x^n\}$은 $P_n(R)$의 기저이다.

**예** $\beta = \{(-1, 1, 0), (0, -1, 1)\}$가 $V = \{(x_1, x_2, x_3) | x_1 + x_2 + x_3 = 0, x_i \in R\}$의 기저임을 보이시오.

**풀이** $\beta \subseteq V$이고,

$\beta$는 1차독립이고,

$(a_1, a_2, a_3) \in V$이면 $a_1 + a_2 + a_3 = 0$이므로 $a_2 = -a_1 - a_3$로 놓으면,

$(a_1, a_2, a_3) = (a_1, -a_1 - a_3, a_3) = (a_1, -a_1, 0) + (0, -a_3, a_3)$

$= -a_1(-1, 1, 0) + a_3(0, -1, 1)$

따라서 $\beta$는 $V$의 기저이다.

**7.10 정리** : 유한차원 벡터공간의 기저는 항상 존재하며 모든 기저집합의 크기는 같다.

## ■ 차원

**7.11 정의 (차원 dimension)** : 유한차원 벡터공간 $V$에 대하여, $V$의 기저집합의 크기를 $V$의 차원이라 부르고 $\dim V$로 나타낸다.

**예** 1) $\dim R^n = n$

2) $\dim P_n(R) = n + 1$

3) $V = \{(x_1, x_2, x_3) | x_1 + x_2 + x_3 = 0, x_i \in R\}$일 때, $\dim V = 2$

**7.12 정리 (좌표 coordinate)** : 기저 $\beta = \{A_1, A_2, \cdots, A_n\}$이 벡터공간 $V$의 기저이면 $V$의 모든 원소는 다음과 같이 $\beta$ 원소들의 1차결합으로 유일하게 표시된다.

$A = r_1 A_1 + r_2 A_2 + \cdots + r_n A_n$

· 계수 $(r_1, r_2, \cdots, r_n)$을 벡터 $A$의 기저 $\beta$에 대한 **좌표**라 한다.

**증명** $\beta$가 $V$의 기저이므로 생성하는 것은 당연하고, 유일하다는 것만 보이면 된다.

$A = r_1 A_1 + r_2 A_2 + \cdots + r_n A_n$이고 $A = s_1 A_1 + s_2 A_2 + \cdots + s_n A_n$이라면 즉, 다

른 1차결합이 있다고 가정하면,

$A - A = (r_1 - s_1)A_1 + (r_2 - s_2)A_2 + \cdots + (r_n - s_n)A_n = O$

이고, $A_1, A_2, \cdots, A_n$이 1차독립이므로 $r_i - s_i = 0,\ i = 1 \sim n$이고 계수는 유일하다. 따라서 $V$의 모든 원소는 다음과 같이 $\beta$ 원소들의 1차결합으로 유일하게 표시된다.

**예** $\beta = \{(1, 1), (-1, 2)\} \subseteq R^2$에 대한 $(1, 0)$의 좌표를 구하시오.

**풀이** $(1, 0) = r_1(1, 1) + r_2(-1, 2) = (r_1 - r_2, r_1 + 2r_2)$이고,

$r_1 = \dfrac{2}{3},\ r_2 = -\dfrac{1}{3}$이므로 $(1, 0)$의 $(1, 1), (-1, 2)$에 대한 좌표는 $\left(\dfrac{2}{3}, -\dfrac{1}{3}\right)$이다.

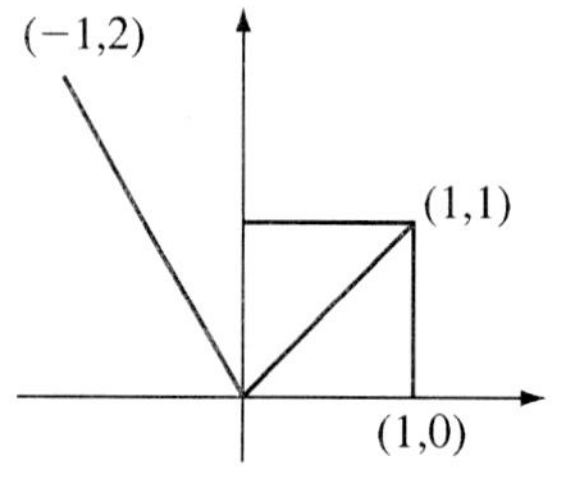


### 7.13 정리 (유익한 정리들) :

1) $W$ 가 유한차원 $V$의 부분공간이면 $W$ 도 유한차원이고 $\dim W \le \dim V$ 이다.

: $\dim(V = \{O\}) = 0$

2) $\dim V = n$인 벡터공간의 벡터 $A_1, A_2, \cdots, A_n$ 이 1차독립이면,

$\beta = \{A_1, A_2, \cdots, A_n\}$는 $V$ 의 기저이다.

3) $\dim V = n$인 벡터공간의 벡터 $A_1, A_2, \cdots, A_n$ 이 $V$ 를 생성하면,

$\beta = \{A_1, A_2, \cdots, A_n\}$는 $V$ 의 기저이다.

4) $W$ 가 유한차원 $V$의 부분공간이고 $\dim W = \dim V$ 이면 $W = V$ 이다.

**예** $(1, 0, 1), (0, 1, 1)$을 원소로 하는 $R^3$의 기저를 구하시오.

**풀이** $\dim R^3 = 3$이므로 $R^3$의 기저는 크기가 3인 집합이다.

우선 1차독립인 두 벡터로 생성되는 원소의 형태를 알아보자.

$r_1(1, 0, 1) + r_2(0, 1, 1) = (r_1, r_2, r_1 + r_2)$이므로 이와는 다른 형태를 취하면 된다.

$(1, 1, 0)$은 $(1, 0, 1), (0, 1, 1)$의 1차결합으로는 생성할 수 없으며,
$(1, 0, 1), (0, 1, 1), (1, 1, 0)$은 1차독립이므로
$\beta = \{(1, 0, 1), (0, 1, 1), (1, 1, 0)\}$은 $R^3$의 기저이다.

## ■ 선형사상

**7.14 정의 (선형사상 linear maps/transformations)** : 벡터공간 $V$ 에서 $W$ 로 가는 함수 $T: V \to W$ 가 다음을 만족하면 선형사상이라 한다.

$A, B \in V, k \in R$에 대하여

1) $T(A+B) = T(A) + T(B)$
2) $T(kA) = kT(A)$

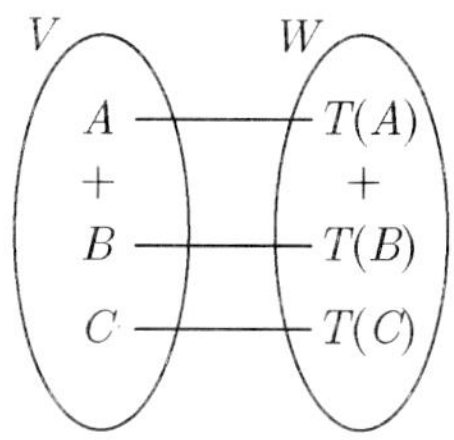


**예** $T: R^3 \to R^2$ 는 $T(x_1, x_2, x_3) = (x_1, x_2)$가 선형사상임을 보이시오.

**풀이** $A = (a_1, a_2, a_3), B = (b_1, b_2, b_3)$일 때,

1) $T(A+B) = T((a_1+b_1, a_2+b_2, a_3+b_3)) = (a_1+b_1, a_2+b_2)$

$$= (a_1, b_1) + (a_2, b_2) - T(A) + T(B)$$

2) $T(kA) = T((ka_1, ka_2, ka_3)) = (ka_1, ka_2) = k(a_1, a_2) = kT(A)$

**7.15 정리 (유익한 정리들)** :

1) $T: V \to W$가 선형사상이면 $T(O_V) = O_W$이다.

: 영 벡터를 보존한다.

: $T(O_V) = T(0O_V) = 0T(O_V) = O_W$

2) $T: V \rightarrow W$ 가 선형사상이면, $A_1, A_2, \cdots, A_n \in V, r_1, r_2, \cdots, r_n \in R$ 에 대해서, 다음이 성립한다.

$$T(r_1A_1 + r_2A_2 + \cdots + r_nA_n) = r_1T(A_1) + r_2T(A_2) + \cdots + r_nT(A_n)$$

3) $T: V \rightarrow W$ 가 선형사상이고 $U$ 가 $V$ 의 부분공간이면, $T(U) = \{T(A) | A \in U\}$ 는 $W$ 의 부분공간이다.

: 부분공간성을 보존한다.

4) $T: V \rightarrow W$가 선형사상이고 $D \subseteq V$ 이면 $T(span(D)) = span(T(D))$이다.

: $span(X)$는 벡터집합 $X$의 모든 1차결합을 나타낸다.

5) $T: V \rightarrow W$와 $S: W \rightarrow X$ 가 선형사상이면,
합성함수 $S \circ T: V \rightarrow X \vDash S \circ T(A) = S(T(A))$ 도 선형사상이다.

6) $S, T: V \rightarrow W$ 가 선형사상이면,
합함수 $(S+T): V \rightarrow W \vDash (S+T)(A) = S(A) + T(A)$ 도 선형사상이다.

7) $T: V \rightarrow W$ 가 선형사상이면 실수곱함수 $(rT): V \rightarrow W \vDash (rT)(A) = rT(A)$ 도 선형사상이다.

**7.16 정의 (상공간 range space, 영공간 zero/null space)** : $T: V \rightarrow W$가 선형사상일 때,

1) $Im\,T = T(V) = \{T(A) | A \in V\}$ 를 $T$ 의 상(image) 또는 **상공간**이라 한다.
2) $Ker\,T = \{A \in V | T(A) = O\}$ 를 $T$ 의 핵(kernel) 또는 **영공간**이라 한다.

**7.17 정리 (유익한 정리들)** :

1) $T: V \rightarrow W$가 선형사상이면, $Ker\,T$는 $V$의 $Im\,T$ 는 $W$의 부분공간이다.
2) $T: V \rightarrow W$가 선형사상이고, $V$가 유한차원이면 $Ker\,T$ 와 $Im\,T$ 도 유한차원이고 $\dim V = \dim Ker\,T + \dim Im\,T$이다.

**7.18 정의 (같은꼴사상 isomorphism)**

: $T: V \rightarrow W$에 대해서 역 선형사상 $S: W \rightarrow V$가 존재하여

$S \circ T = I_V$ $(S(T(A)) = A,\ A \in V)$이고, $T \circ S = I_W$ $(T(S(B)) = B, B \in W)$ 를 만족하면

1) T를 **같은꼴사상**이라 하고
2) 같은꼴사상이 존재할 때 두 벡터공간 $V, W$ 는 **같은꼴**(isomorphic)이다

**예** $R^n$과 $P_{n-1}(R)$이 같은꼴임을 보이시오.

**풀이** $T : R^n \to P_{n-1}(R)$ 와 $S : P_{n-1}(R) \to R^n$ 을 다음과 같이 정의하면,

$T(a_1, a_2, \cdots, a_n) = a_n x^{n-1} + a_{n-1} x^{n-2} + \cdots + a_2 x + a_1$,

$S(b_n x^{n-1} + b_{n-2} x^{n-2} + \cdots + b_2 x + b_1) = (b_1, b_2, \cdots, b_n)$

$S, T$ 는 선형사상이고,

$S \circ T = I_{R^n}$ $(S(T(A)) = A, A \in R^n)$ ,

$T \circ S = I_{P_{n-1}(R)}$ $(T(S(p(x))) - p(x), p(x) \in P_{n-1}(R))$ 이다.

∴ $R^n$과 $P_{n-1}(R)$은 대수적으로 같은꼴이다.

**7.19 정리 (유익한 정리들)** :

1) 선형사상 $T: V \to W$가 단사함수이기위한 필요충분조건은 $Ker\,T = \{O\}$ 이다.
2) 선형사상 $T: V \to W$가 같은꼴사상이기위한 필요충분조건은 $Ker\,T = \{O\}$, $Im\,T = W$ 이다.
3) $\{A_1, A_2, \cdots, A_n\}$이 $V$ 의 기저일 때, 벡터공간 $W$ 의 원소 $B_1, B_2, \cdots, B_n$이 주어지면, $T(A_i) = B_i$ 인 선형사상 $T: V \to W$ 가 존재하며 유일하다.
4) 유한차원 벡터공간 $V, W$ 가 닮은꼴이기 위한 필요충분조건은 $\dim V = \dim W$ 이다.

∴ 차원이 같은 벡터공간은 닮은꼴이다.

5) 유한차원 벡터공간 $V$가 $\dim V = n$이면, $V$는 $R^n$과 닮은꼴이다.

**7.20 정의 (선형사상과 행렬)** : 선형사상 $T: V \to W$, $\dim V = n$, $\dim W = m$이고, $\beta = \{A_1, A_2, \cdots, A_n\}$이 벡터공간 $V$의 기저일 때, $M_{mn} = (T(A_1), T(A_2), \cdots, T(A_n))$을 기저 $\beta$에 대한 **선형사상** $T$ 의 행렬이라 한다.

: $T(A_i)$는 $n \times 1$ 행렬 즉, 열벡터이다.

: $R^n$의 경우 $\beta = \{E_i = (0, \cdots, 1, \cdots, 0), i = 1 \sim n\}$을 **표준 기저**라 한다.

: $\beta = \{B_1, B_2, \cdots, B_n\}$을 벡터공간 $V$의 다른 기저라 하면 $M_{mn} = (T(B_1), T(B_2), \cdots, T(B_n))$을 기저 $\beta$에 대한 선형사상 $T$의 행렬이라고 한다.

: $M^{T,\beta_1}$, $M^{T,\beta_2}$가 서로 다른 기저에 대한 $T$의 행렬이면 $M^{T,\beta_1} = B^{-1} M^{T,\beta_2} B$ 인 정칙행렬 $B$가 존재한다.

**예** $T: R^2 \to R^2 \vDash T(x_1, x_2) = (x_2, x_1)$에 대한 선형사상 $T$의 행렬을 구하시오.

**풀이** $T(E_1 = (1, 0)) = (0, 1)$, $T(E_2 = (0, 1)) = (1, 0)$이므로

$$M = (T(E_1)\,T(E_2)) = \left(\begin{pmatrix}0\\1\end{pmatrix}\begin{pmatrix}1\\0\end{pmatrix}\right) = \begin{pmatrix}0 & 1\\1 & 0\end{pmatrix}$$

**예** $T: R^2 \to R^2 \vDash x$축 반시계 방향으로 $\alpha$만큼 회전시키는 선형사상 $T$의 행렬을 구하시오.

**풀이** 1) 합과 실수곱을 보전하므로 선형사상임은 명백하다.

2) $R^2$의 표준 기저 벡터 $E_1 = (1, 0)$과 $E_2 = (0, 1)$을 선형사상 $T$에 적용하면 각각 아래 오른쪽 그림과 같이 이동한다. 삼각비를 이용하면

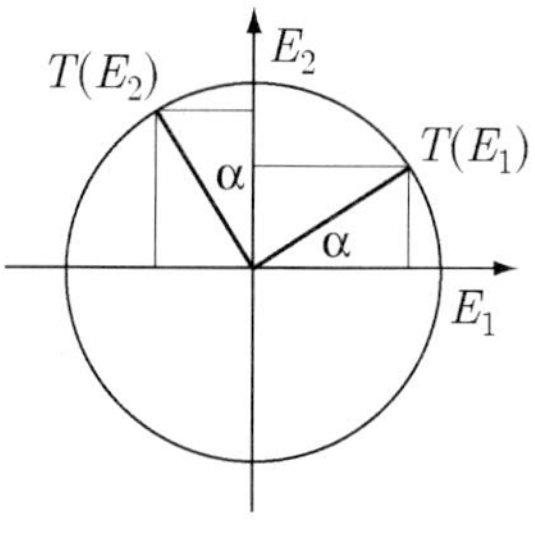


$T((1,0)) = \cos\alpha E_1 + \sin\alpha E_2$,

$T((0,1)) = -\sin\alpha E_1 + \cos\alpha E_2$ 이므로

$M = \begin{pmatrix}\cos\alpha & -\sin\alpha\\ \sin\alpha & \cos\alpha\end{pmatrix}$이다.

**7.21 정리 (유익한 정리)** : $T^{(V \to W)}$와 $M^{M_{mn}}$은 닮은꼴이다.

여기서 $\dim V = n, \dim W = m$ 이고, $T^{(V \to W)}$는 $V$에서 $W$로 가는 모든 선형사상의 집합이며, $M^{M_{mn}}$은 모든 선형사상 행렬 집합이다. 즉, 모든 선형사상은 행렬로 표현할 수 있음을 알 수 있다.

## ■ 고유값, 고유벡터

**7.22 정의 (고유값, 고유벡터)** : 선형사상 $T: V \to V$ 에 대하여 $Tv = \lambda v$, $v \in V$, $\lambda \in F$ 인 $\lambda$가 존재할 때 $v$를 **고유벡터**(eigenvectors), $\lambda$를 **고유값**(eigenvalues)이라 한다.

: $v \neq O$ 인 경우 $\lambda$는 유일하다.

$\lambda_1, \lambda_2$ 두 개라고 가정하면 $\lambda_1 v = \lambda_2 v$ 이므로 $\lambda_1 = \lambda_2$

: $T^{(V \to V)}$와 $M^{M_{nn}}$은 닮은꼴이므로 다음과 같이 정의하기도 한다.

$M_{nn} v = \lambda v$, $v \in V, \lambda \in F$ 인 $\lambda$가 존재할 때 $v$를 고유벡터, $\lambda$를 고유값이라 한다.

**예** $V = \{f(R) | f = \text{무한미분가능}\}$, $T = \dfrac{df}{dx}$ 이면, $Te^{\lambda x} = \lambda e^{\lambda x}$ 이므로 $\lambda$는 고유값이고 $v = f(x) = e^{\lambda x}$는 $\lambda$를 고유값으로 하는 $T$ 의 고유벡터이다.

**예** 선형사상 $T$ 의 행렬이 $\begin{pmatrix} 1 & 2 \\ 4 & 3 \end{pmatrix}$일 때, 5가 고유값임을 확인하시오.

**풀이** $\begin{pmatrix} 1 & 2 \\ 4 & 3 \end{pmatrix}\begin{pmatrix} v_1 \\ v_2 \end{pmatrix} = \begin{pmatrix} v_1 + 2v_2 \\ 4v_1 + 3v_2 \end{pmatrix} = 5\begin{pmatrix} v_1 \\ v_2 \end{pmatrix}$이라면 $v_2 = 2v_1$을 얻는다. 따라서 $v = \begin{pmatrix} v_1 \\ 2v_1 \end{pmatrix}$이면 $\begin{pmatrix} 1 & 2 \\ 4 & 3 \end{pmatrix}\begin{pmatrix} v_1 \\ 2v_1 \end{pmatrix} = \begin{pmatrix} v_1 + 4v_1 \\ 4v_1 + 6v_1 \end{pmatrix} = 5\begin{pmatrix} v_1 \\ 2v_2 \end{pmatrix}$이므로 5는 고유값이고 $v = \begin{pmatrix} v_1 \\ 2v_1 \end{pmatrix}$는 5를 고유값으로 하는 고유벡터이다.

**예** 선형사상 $T$ 의 행렬이 다음과 같을 때, 고유벡터를 구하시오.

$$A = \begin{pmatrix} a_1 & 0 & \cdots & 0 \\ 0 & a_2 & \cdots & 0 \\ & & \vdots & \\ 0 & 0 & \cdots & a_n \end{pmatrix}$$

**풀이** $AE_i = a_i E_i$ 이므로 모든 기본벡터가 고유벡터이고 대각성분 $a_i$가 고유값이다.

**7.23 정리 (유익한 정리들)** :

1) $T: V \to V$ 가 선형사상이고, $V$ 의 부분공간 $V_\lambda = span(\{A_i^\lambda\})$라면, 모든 $O$ 이 아닌 $V_\lambda$의 원소는 $\lambda$를 고유값으로 하는 $T$

의 고유벡터이다.

: $V_\lambda = span(\{A_i^\lambda\})$는 $\lambda$를 고유값으로 하는 $A_i$들의 모든 1차결합 집합이다.

: $T(kv_1 + lv_2) = kT(v_1) + lT(v_2)$이므로 자명하다.

2) $T: V \to V$ 가 선형사상이고,

$v_1, v_2, \cdots, v_n$이 $\lambda_1, \lambda_2, \cdots, \lambda_n (i \neq j \Rightarrow \lambda_i \neq \lambda_j)$를 고유값으로 하는 $T$ 의 고유벡터들이면 $v_1, v_2, \cdots, v_n$는 일차독립이다.

3) $\lambda \in F$ 가 유한차원 $V$의 선형사상 $T: V \to V$ 의 고유값이기 위한 필요충분조건은 $T - \lambda I$ 가 정칙이 아닌 것이다.

4) $V$가 $\dim V \geqq 1$인 유한차원이고, $F = C$ 이며, $T: V \to V$ 가 선형사상이면, $O$ 이 아닌 $T$ 의 고유벡터가 존재한다.

5) $T: V \to V$ 가 선형사상이고, $\lambda_1, \lambda_2, \cdots, \lambda_n$ 을 고유값으로 하는 $T$의 고유벡터 집합 $\{v_1, v_2, \cdots, v_n\}$이 기저인 경우 이 기저에 대한 $T$의 행렬은 다음과 같이 $\lambda_1, \lambda_2, \cdots, \lambda_n$ 을 원소로 하는 대각행렬이다.

$$\begin{pmatrix} \lambda_1 & 0 & \cdots & 0 \\ 0 & \lambda_2 & \cdots & 0 \\ & & \vdots & \\ 0 & 0 & \cdots & \lambda_n \end{pmatrix}$$

6) $V$ 가 $\dim V = n$이고, $T: V \to V$ 가 선형사상일 때, $T$ 가 서로 다른 $n$개의 고유값을 가지면 $V$ 는 $T$ 의 고유벡터로 구성된 기저를 가지며 따라서 $T$ 는 대각화될 수 있다.

7) $A \in M_{nn}(F)$이고, $A$가 $n$개의 서로 다른 고유값을 가지면 $B^{-1}AB$가 대각인 정칙행렬 $B$가 존재한다.

8) $A, B \in M_{nn}(F)$에 대하여 $B$가 역행렬을 가지면,

$f_A(\lambda) = |A - \lambda I| = f_{B^{-1}AB}(\lambda) = |B^{-1}AB - \lambda I|$ 이다.

: 기저에 관계없이 $T$ 의 특성방정식은 같다. 즉, $A'$가 $V$의 다른 기저에 대한 $T$ 의 행렬이면 $A' = B^{-1}AB$ 인 $B$ 가 존재하며, 8)에 의하여 $|A - \lambda I| = |A' - \lambda I|$이다.

## ■ 특성다항식, 특성방정식

**7.24 정의 (특성다항식 characteristic polynomials, 특성방정식 characteristic equations)**

: $\dim V = n$이고, 선형사상 $T: V \to V$ 의 행렬이 $A_{nn} = (a_{ij})$일 때, $\lambda$에 대한 $n$ 차 다항식

$$f(\lambda) = |A - \lambda I| = \begin{vmatrix} a_{11} - \lambda & a_{12} & \cdots & a_{1n} \\ a_{21} & a_{22} - \lambda & \cdots & a_{2n} \\ & & \vdots & \\ a_{n1} & a_{n2} & \cdots & a_{nn} - \lambda \end{vmatrix}$$ 를 $T$의 **특성다항식**이라 부르고

$f(\lambda) = 0$를 **특성방정식**이라 한다.

: $A$의 특성다항식, 특성방정식이라 불러도 일반성을 잃지 않는다.

**예** 행렬 $A = \begin{pmatrix} a_{11} & a_{12} \\ a_{21} & a_{22} \end{pmatrix}$의 특성방정식과 고유값을 구하시오.

**풀이** 1) 특성방정식

$$|A - \lambda I| = \begin{vmatrix} a_{11} - \lambda & a_{12} \\ a_{21} & a_{22} - \lambda \end{vmatrix} = (a_{11} - \lambda)(a_{22} - \lambda) - a_{12}a_{21}$$

$$= \lambda^2 - (a_{11} + a_{22})\lambda + (a_{11}a_{22} - a_{12}a_{21}) = 0$$

2) $$\lambda = \frac{(a_{11} + a_{22}) \pm \sqrt{(a_{11} + a_{22})^2 - 4(a_{11}a_{22} - a_{12}a_{21})}}{2}$$

**7.25 정리** : 행렬 $A_{nn} = (a_{ij})$에 대하여 $\lambda \in F$ 가 $A$의 고유값이기 위한 필요충분조건은 $\lambda$가 특성방정식 $f(\lambda) = 0$의 해가 되는 것이다.

: $(A - \lambda I)v = Av - \lambda Iv = O$ 이 자명하지 않은 해를 갖는 경우와 같다.

**예** $T : R^2 \to R^2$ 는 $T(x_1, x_2) = (x_1 + 2x_2, 4x_1 + 3x_2)$ 일 때 $T$의 고유값과 고유벡터를 구하시오.

**풀이** (표준기저에 대한) $T$ 의 행렬 $A$는 $\begin{pmatrix} 1 & 2 \\ 4 & 3 \end{pmatrix}$이다.

1) $f(\lambda) = |A - \lambda I| = \begin{vmatrix} 1 - \lambda & 2 \\ 4 & 3 - \lambda \end{vmatrix} = (1 - \lambda)(3 - \lambda) - 8 = 0$이고 정리하면

$\lambda^2-4\lambda-5=0$이므로 두 개의 고유값 $\lambda=-1, 5$를 얻는다.

2) $\lambda=-1$을 고유값으로 갖는 고유벡터

$\begin{pmatrix}1&2\\4&3\end{pmatrix}\begin{pmatrix}v_1\\v_2\end{pmatrix}=-1\begin{pmatrix}v_1\\v_2\end{pmatrix}$이므로 $\begin{matrix}v_1+2v_2=-v_1\\4v_1+3v_2=-v_2\end{matrix}$이고 정리하면 두 방정식은 하나의 방정식 $v_1+v_2=0$으로 축소된다. 따라서 $(v,-v)$ 형태의 벡터들은 모두 $\lambda=-1$에 대한 $A$의 즉, $T$의 고유벡터다.

3) $\lambda=5$를 고유값으로 갖는 고유벡터

$\begin{pmatrix}1&2\\4&3\end{pmatrix}\begin{pmatrix}v_1\\v_2\end{pmatrix}=5\begin{pmatrix}v_1\\v_2\end{pmatrix}$이므로 $\begin{matrix}v_1+2v_2=5v_1\\4v_1+3v_2=5v_2\end{matrix}$이고 정리하면 두 방정식은 하나의 방정식 $2v_1-v_2=0$으로 축소된다. 따라서 $(v, 2v)$ 형태의 벡터들은 모두 $\lambda=5$에 대한 $A$의 즉, $T$의 고유벡터다.

**예** $T: R^2 \to R^2$의 행렬이 $A=\begin{pmatrix}0&-1\\1&0\end{pmatrix}$일 때 $A$의 고유값과 고유벡터를 구하시오.

**풀이** 1) $f(\lambda)=|A-\lambda I|=\begin{vmatrix}0-\lambda&-1\\1&0-\lambda\end{vmatrix}=\lambda^2+1=0$이므로

$F=R$이면 고유값과 고유벡터가 존재하지 않고, $F=C$이면 복소수 $\pm i$를 고유값으로 갖는다.

2) $\lambda=i$를 고유값으로 갖는 고유벡터

$\begin{pmatrix}0&-1\\1&0\end{pmatrix}\begin{pmatrix}v_1\\v_2\end{pmatrix}=i\begin{pmatrix}v_1\\v_2\end{pmatrix}$이므로 $\begin{matrix}-v_2=iv_1\\v_1=iv_2\end{matrix}$이고 정리하면 두 방정식은 하나의 방정식 $v_1-iv_2=0$으로 축소된다. 따라서 $(v,-iv)$ 형태의 벡터들은 모두 $\lambda=i$에 대한 $A$의 즉, $T$의 고유벡터다.

3) $\lambda=-i$를 고유값으로 갖는 고유벡터

$\begin{pmatrix}0&-1\\1&0\end{pmatrix}\begin{pmatrix}v_1\\v_2\end{pmatrix}=-i\begin{pmatrix}v_1\\v_2\end{pmatrix}$이므로 $\begin{matrix}-v_2=-iv_1\\v_1=-iv_2\end{matrix}$이고 정리하면 두 방정식은 하나의 방정식 $v_1+iv_2=0$으로 축소된다. 따라서 $(v,iv)$ 형태의 벡터들은 모두 $\lambda=-i$에 대한 $A$의 즉, $T$의 고유벡터다.

**7.26 정리 (유익한 정리들)** : 정방행열 $A$의 고유값 $\lambda_1, \lambda_2, \cdots, \lambda_n$에 대하여 다음이 성립한다.

1) $trace(A) = \sum_{i=1}^{n} \lambda_i$

2) $\det(A) = \prod_{i=1}^{n} \lambda_i$

3) $eigenvalues(A^T) = \{\lambda_1, \lambda_2, \cdots, \lambda_n\}$ 이다.

4) $eigenvalues(A^{-1}) = \{\frac{1}{\lambda_1}, \frac{1}{\lambda_2}, \cdots, \frac{1}{\lambda_n}\}$ 이다.

5) $eigenvalues(kA) = \{k\lambda_1, k\lambda_2, \cdots, k\lambda_n\}$ 이다.

6) $eigenvalues(A^k) = \{\lambda_1^k, \lambda_2^k, \cdots, \lambda_n^k\}$ 이다.

7) $v = (v_1, v_2, \cdots, v_n)$이 고유벡터이면, $kv = (kv_1, kv_2, \cdots, kv_n)$, $k \neq 0$도 고유벡터 이다.

## ■ 행렬의 대각화

**7.27 정의 (대각화가능 diagonalizable)** : $V$가 $\dim V = n$이고, $T: V \to V$가 선형사상일 때, $T$의 행렬이 대각이 되는 $V$의 기저 $\beta$가 존재하면 $T$를 대각화가능이라 한다.

**7.28 정리** : 기저 $\beta$에 대한 선형사상 $T$의 행렬 $M^{T,\beta}$가 대각화가능일 필요충분조건은 $B^{-1}M^{T,\beta}B$가 대각인 정칙행렬 $B$가 존재하는 것이다.

: 정방행렬 $A$에 대해 $B^{-1}AB$가 대각인 정칙행렬 $B$가 존재하면 행렬$A$는 대각화가능이라 하고, $A$는 $B$에 의해 대각화된다고 한다.

**7.29 정리** : 행렬 $A_{nn}$가 서로 다른 $n$개의 고유값 $\lambda_1, \lambda_2, \cdots, \lambda_n$을 가지면 대응되는 고유벡터 집합 $\{v_1, v_2, \cdots, v_n\}$은 기저가 되고, 정칙행렬 $B$가 존재하여

$$A = B^{-1}\begin{pmatrix} \lambda_1 & 0 & \cdots & 0 \\ 0 & \lambda_2 & \cdots & 0 \\ & & \vdots & \\ 0 & 0 & \cdots & \lambda_n \end{pmatrix}B$$ 를 만족한다.

**7.30 정리** : 행렬 $A_{nn}$이 대각화가능이면 $A_{nn}$은 1차독립인 고유벡터를 가진다.

: $A$가 $B$에 의해 대각화 되어 $B^{-1}AB=\begin{pmatrix} d_1 & 0 & \cdots & 0 \\ 0 & d_2 & \cdots & 0 \\ & & \vdots & \\ 0 & 0 & \cdots & d_n \end{pmatrix}$이 되었다면, $d_1, d_2, \cdots, d_n$은 $A$의 고유값이고, $B^i$ 즉, $B$의 $i$번째 열벡터가 $d_i$를 고유값으로 하는 고유벡터이다.

**예** $A=\begin{pmatrix} 1 & 0 & -2 \\ 0 & 0 & 0 \\ -2 & 0 & 4 \end{pmatrix}$을 대각화하시오.

**풀이** 1) 고유값 계산

$f(\lambda)=|A-\lambda I|=\begin{vmatrix} 1-\lambda & 0 & -2 \\ 0 & -\lambda & 0 \\ -2 & 0 & 4-\lambda \end{vmatrix}$ 에서 2행으로 전개하면

$f(\lambda)=-0\begin{vmatrix} 0 & -2 \\ 0 & 4-\lambda \end{vmatrix}+(-\lambda)\begin{vmatrix} 1-\lambda & -2 \\ -2 & 4-\lambda \end{vmatrix}-0\begin{vmatrix} 1-\lambda & 0 \\ -2 & 0 \end{vmatrix}$이고 정리하면

$f(\lambda)=-\lambda((1-\lambda)(4-\lambda)-4)=-\lambda^3+5\lambda^2$이므로 $f(\lambda)=0$의 해 즉, 고유값은 $\lambda_1=0, \lambda_2=5$이다.

2) 기저가 되는 고유벡터 계산

$\lambda_1=0$인 경우,

$\begin{pmatrix} 1 & 0 & -2 \\ 0 & 0 & 0 \\ -2 & 0 & 4 \end{pmatrix}\begin{pmatrix} v_1 \\ v_2 \\ v_3 \end{pmatrix}=0\begin{pmatrix} v_1 \\ v_2 \\ v_3 \end{pmatrix}$에서, $\begin{array}{r} v_1-2v_3=0 \\ -2v_1+4v_3=0 \end{array}$이고 정리하면, $v_1=2v_3$를 얻는다.

$(2v_3, v_2, v_3)=v_2(0, 1, 0)+v_3(2, 0, 1)$이므로 고유벡터 $(0, 1, 0), (2, 0, 1)$을 얻을 수 있다.

$\lambda_2=5$인 경우,

$\begin{pmatrix} 1 & 0 & -2 \\ 0 & 0 & 0 \\ -2 & 0 & 4 \end{pmatrix}\begin{pmatrix} v_1 \\ v_2 \\ v_3 \end{pmatrix}=5\begin{pmatrix} v_1 \\ v_2 \\ v_3 \end{pmatrix}$에서, $\begin{array}{r} v_1-2v_3=5v_1 \\ -2v_1+4v_3=5v_3 \end{array}$이고 정리하면,

$v_1=-\frac{1}{2}v_3, v_2=0$를 얻는다.

$(-\frac{1}{2}v_3, 0, v_3)=v_3(-\frac{1}{2}, 0, 1)$이므로 고유벡터 $(-\frac{1}{2}, 0, 1)$를 얻을 수 있다.

$v=(v_1, v_2, \cdots, v_n)$이 고유벡터이면, $kv=(kv_1, kv_2, \cdots, kv_n)$, $k\neq 0$도 고

유벡터이므로 $(-1, 0, 2)$를 $\lambda_2 = 5$의 고유벡터라 하자.

3) $(0, 1, 0)$, $(2, 0, 1)$, $(-1, 0, 2)$는 1차결합이므로 $R^3$의 기저가 된다.

4) 고유벡터를 열로 하는 벡터 $B$에 대해서

$$B^{-1}AB = \begin{pmatrix} 0 & 2 & -1 \\ 1 & 0 & 0 \\ 0 & 1 & 2 \end{pmatrix}^{-1} \begin{pmatrix} 1 & 0 & -2 \\ 0 & 0 & 0 \\ -2 & 0 & 4 \end{pmatrix} \begin{pmatrix} 0 & 2 & -1 \\ 1 & 0 & 0 \\ 0 & 1 & 2 \end{pmatrix} = \begin{pmatrix} 0 & 0 & 0 \\ 0 & 0 & 0 \\ 0 & 0 & 5 \end{pmatrix}$$ 이다.

: 다음은 위 결과에 대한 매스매티카 실행 화면이다.

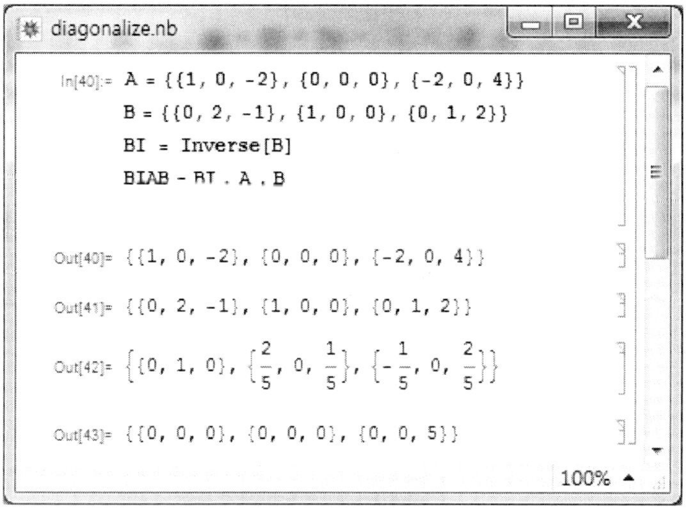


**7.31 노트** : 행렬을 대각화하면 편리하다.

: $D = B^{-1}AB$ 이면,

$$\begin{aligned} D^n &= (B^{-1}AB)^n \\ &= (B^{-1}AB)(B^{-1}AB)\cdots(B^{-1}AB)(B^{-1}AB) \\ &= B^{-1}A^nB \end{aligned}$$

이므로 $A^n = BD^nB^{-1}$이다. 즉, 다음 예와 같이 행렬의 거듭제곱을 쉽게 계산할 수 있다.

**예** 다음 행렬에 대하여 $A^5$을 구하시오.

$$A=\begin{pmatrix}1 & 0 & -2\\ 0 & 0 & 0\\ -2 & 0 & 4\end{pmatrix}$$

풀이 앞의 예에서

$$B^{-1}AB=\begin{pmatrix}0 & 2 & -1\\ 1 & 0 & 0\\ 0 & 1 & 2\end{pmatrix}^{-1}\begin{pmatrix}1 & 0 & -2\\ 0 & 0 & 0\\ -2 & 0 & 4\end{pmatrix}\begin{pmatrix}0 & 2 & -1\\ 1 & 0 & 0\\ 0 & 1 & 2\end{pmatrix}=\begin{pmatrix}0 & 0 & 0\\ 0 & 0 & 0\\ 0 & 0 & 5\end{pmatrix}$$ 이므로

$$A^5=\begin{pmatrix}0 & 2 & -1\\ 1 & 0 & 0\\ 0 & 1 & 2\end{pmatrix}\begin{pmatrix}0 & 0 & 0\\ 0 & 0 & 0\\ 0 & 0 & 5\end{pmatrix}^5\begin{pmatrix}0 & 2 & -1\\ 1 & 0 & 0\\ 0 & 1 & 2\end{pmatrix}^{-1}=\begin{pmatrix}625 & 0 & -1250\\ 0 & 0 & 0\\ -1250 & 0 & 2500\end{pmatrix}$$

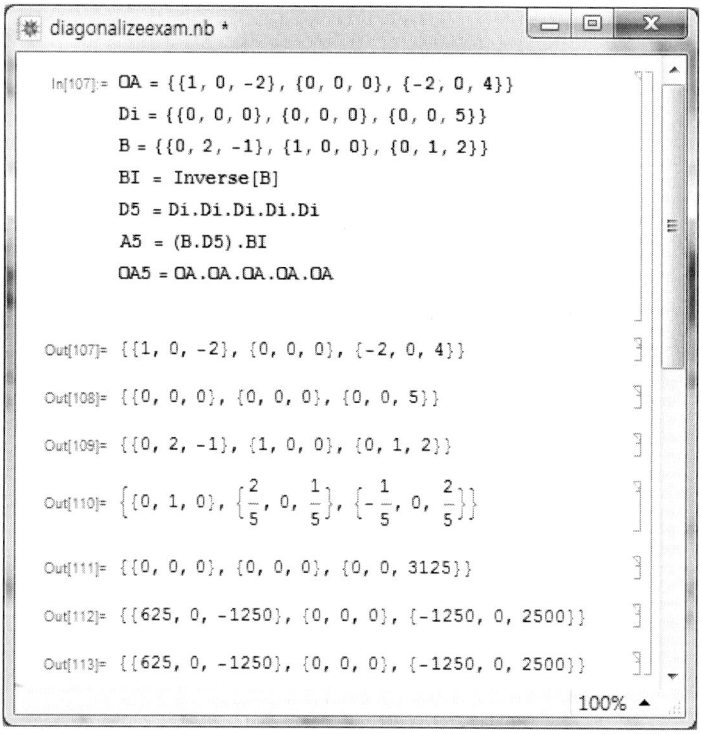


## ■ hamilton-cayley 정리

### 7.32 정리 (hamilton-cayley 정리)

: 특성방정식 $f(\lambda)=0$는 다음과 같이 고유값 $\lambda$에 대한 다항식으로 나타낼 수 있다.

$$f(\lambda) = \sum_{i=0}^{n} c_i \lambda^{n-i} = 0$$

: $A$의 특성다항식 $f(\lambda)$에 대하여 $f(A) = \sum_{i=0}^{n} c_i A^{n-i} = O$ 이다.

: $\lambda$에 행렬 $A$를 대입하였다.

**예** $A = \begin{pmatrix} 5 & 4 \\ 1 & 2 \end{pmatrix}$에 대하여 hamilton-cayley 정리가 성립함을 보이시오.

**풀이** $f(\lambda) = (5-\lambda)(2-\lambda) - 4 = \lambda^2 - 7\lambda + 6$에서

$$f(A) = A^2 - 7A + 6I = \begin{pmatrix} 5 & 4 \\ 1 & 2 \end{pmatrix}^2 - 7\begin{pmatrix} 5 & 4 \\ 1 & 2 \end{pmatrix} + 6\begin{pmatrix} 1 & 0 \\ 0 & 1 \end{pmatrix} = \begin{pmatrix} 0 & 0 \\ 0 & 0 \end{pmatrix}$$

### 7.33 노트 (hamilton-cayley 성리의 응용)

: $f(A)$에 $A^{-1}$를 곱하면,

$$A^{-1}f(A) = c_0 A^{n-1} + c_1 A^{n-2} + \cdots + c_{n-1}I + c_n A^{-1} = O \text{ 이고}$$

$$A^{-1} = -\frac{1}{c_n}\left(\sum_{i=0}^{n-1} c_i A^{n-1-i}\right) \text{을 얻는다.}$$

: $A$의 역행렬을 $A$의 거듭제곱들로 계산한다.

**예** $A = \begin{pmatrix} 5 & 4 \\ 1 & 2 \end{pmatrix}$의 역행렬을 hamilton-cayley 정리로 구하시오.

**풀이** $f(\lambda) = \lambda^2 - 7\lambda + 6$ 이므로 $c_0 = 1, c_1 = -7, c_2 = 6$이다.

따라서 $A^{-1} = -\frac{1}{c_2}\left(\sum_{i=0}^{1} c_i A^{2-1-i}\right) = -\frac{1}{c_2}(c_0 A + c_1 I)$이다.

$$A^{-1} = -\frac{1}{6}\left(\begin{pmatrix} 5 & 4 \\ 1 & 2 \end{pmatrix} - 7\begin{pmatrix} 1 & 0 \\ 0 & 1 \end{pmatrix}\right) = -\frac{1}{6}\begin{pmatrix} -2 & 4 \\ 1 & -5 \end{pmatrix} \text{를 얻는다.}$$

## 연습문제

**1.** 다음 중에서 $R^3$의 부분공간은?

1) $S = \{(x_1, x_2, x_3) | x_1 = 0,\ x_1, x_2, x_3 \in R\}$

2) $S = \{(x_1, x_2, x_3) | x_1 = 1,\ x_1, x_2, x_3 \in R\}$

3) $S = \{(x_1, x_2, x_3) | x_1 + x_2 = 0,\ x_1, x_2, x_3 \in R\}$

4) $S = \{(x_1, x_2, x_3) | x_1 + x_2 = 1,\ x_1, x_2, x_3 \in R\}$

5) $S = \{(x_1, x_2, x_3) | x_1 + x_2 \geq 0,\ x_1, x_2, x_3 \in R\}$

6) $S = \{(x_1, x_2, x_3) | x_1 + x_2^2 = 0,\ x_1, x_2, x_3 \in R\}$

7) $S = \{(x_1, x_2, x_3) | x_1 x_2 = 0,\ x_1, x_2, x_3 \in R\}$

8) $S = \{(x_1, x_2, x_3) | x_1 + x_2 + x_3 = 1,\ x_1, x_2, x_3 \in R\}$

**2.** $P(R)$의 두 벡터 $1+x$, $1-x$가 생성하는 부분공간을 구하시오.

**3.** 다음 벡터집합이 1차종속이 되기 위한 $x$값을 구하시오.

$$\{(1, 1, 1),\ (1, 2, 3),\ (-1, 2, x)\}$$

**4.** 다음 $P(R)$ 벡터들의 집합에 대하여 1차독립인 것과 1차종속인 것을 구분하시오.

1) $\{1,\ 1-x,\ 1-x^2\}$　　2) $\{x - x^2,\ x^2 - x\}$

3) $\{x^2 - 1,\ x+1,\ x^2 - x,\ x^2 + 2\}$　　4) $\{1,\ 1+x,\ 1-x,\ x^2\}$

**5.** 다음 벡터들의 집합 $S$에서 $S$를 생성하는 1차독립인 부분집합을 구하시오.

$$\{(1, 0, 0),\ (0, 1, 0),\ (0, 0, 1),\ (1, 1, 1)\}$$

**6.** 다음 중에서 $R^3$의 기저는?

1) $\{(1, 1, 1),\ (0, 1, 1),\ (0, 0, 1)\}$　　2) $\{(1, 1, 1),\ (0, 1, 0),\ (1, 0, 1)\}$

3) $\{(-1, 1, 1),\ (1, -1, 1),\ (1, 1, -1)\}$

4) $\{(1, 1, 0),\ (1, 0, 1),\ (0, 1, 1)\}$

**7.** 다음 중에서 $P_2(R)$의 기저는?

1) $\{1, x, x^2\}$ 2) $\{1, 1-x, (1-x)(2-x)\}$

3) $\{1+x, 1+x^2, x(1+x)\}$

**8.** 다음을 증명하시오.

1) 1차종속인 벡터들의 집합에 벡터를 추가해도 그 집합은 1차종속이다.

2) 1차독립인 벡터들의 집합에서 벡터를 제거해도 그 집합은 1차독립이다.

**9.** $T: R^3 \to P_2(R) \vDash T(x_1, x_2, x_3) = x_1 + x_2 x + x_3 x^2$ 가 선형사상임을 보이시오.

**10.** $R^3$의 기저 $\{(1, 1, 1), (1, 1, 0), (1, 0, 0)\}$에 대한 $(2,2,2)$의 좌표를 구하시오.

**11.** 다음 중에서 선형사상인 것과 아닌 것을 구분하시오.

1) $T(x) = (2x, -x)$ 2) $T(x_1, x_2) = (x_1^2, x_2^2)$

3) $T(x_1, x_2) = (2x_1 - x_2, x_1)$ 4) $T(x_1, x_2) = (|x_1|, x_2)$

5) $T(x_1, x_2, x_3) = (x_1 + x_2, x_3)$ 6) $T(x_1, x_2, x_3) = (x_1 + x_2 + x_3, 1)$

7) $T(x_1, x_2, x_3) = (x_1, x_2)$ 8) $T(x_1, x_2, x_3) = (x_1, x_2, 0)$

9) $T(x_1, x_2, x_3) = (-x_1, -x_2, -x_3)$ 10) $T(x_1, x_2, x_3) = (x_1, x_2 + 1, x_3)$

**12.** 선형사상 $T(x_1, x_2, x_3) = x_1 + x_2 - x_3$ 의 표준기저에 대한 행렬을 구하시오.

**13.** 선형사상 $T(x_1, x_2, x_3) = (-x_1, x_2, -x_3)$의 표준기저에 대한 행렬을 구하시오.

**14.** 선형사상 $T(x_1, x_2, x_3) = (x_2 + x_3, x_1 + x_3, x_1 + x_2)$에 대하여 물음에 답하시오.

1) 표준기저에 대한 행렬을 구하시오.

2) 기저 $\{(1, 1, 1), (1, 1, 2), (1, -1, 0)\}$에 대한 행렬을 구하시오.

**15.** 행렬 $A = \begin{pmatrix} 0 & 0 \\ 0 & 0 \end{pmatrix}$, $B = \begin{pmatrix} 6 & 8 \\ 8 & -6 \end{pmatrix}$의 고유값을 구하시오.

**16.** 선형사상 $T(x_1, x_2, x_3) = (x_1 + 2x_2, 2x_2 + x_1, x_3)$에 대하여 물음에 답하시오.

1) 표준기저에 대한 행렬을 구하시오. 2) 특성방정식을 구하시오.

3) 고유값을 구하시오. 4) 고유벡터를 구하시오.

**17.** $A = \begin{pmatrix} 0 & -i \\ i & 0 \end{pmatrix}$의 역행렬을 hamilton-cayley 정리로 구하시오.

# Chapter 08 선형변환

## ■ 선형변환

### 8.1 노트 (선형변환, 기본변환)

: 물체의 방향, 크기 및 모양을 변화시키는 선형사상을 **선형변환**(linear transformation)이라 한다.

: **평행이동**(translation), **회전이동**(rotation) 및 **확대축소변환**(scaling)을 **기본변환**(basic transformation)이라 한다.

: 그 밖의 변환으로 **반사이동**(reflection), **전단이동**(shearing) 및 **합성변환**이 있다.

### 8.2 정의 (평행이동 translation)

: 물체를 한 좌표$(x, y)$에서 다른 좌표$(x', y')$로 직선을 따라 평행이동거리$(t_x, t_y)$ 만큼 이동하는 것을 **평행이동**이라 한다.

$$x' = x + t_x, y' = y + t_y$$

: 평행이동 거리$(t_x, t_y)$를 평행이동벡터(translation vector) 또는 (shift vector)라고 한다.

: 2차원 평행이동의 행렬식 표현은 다음과 같다.

$$P' = P + T, \quad P' = \begin{pmatrix} x' \\ y' \end{pmatrix}, P = \begin{pmatrix} x \\ y \end{pmatrix}, T = \begin{pmatrix} t_x \\ t_y \end{pmatrix}$$

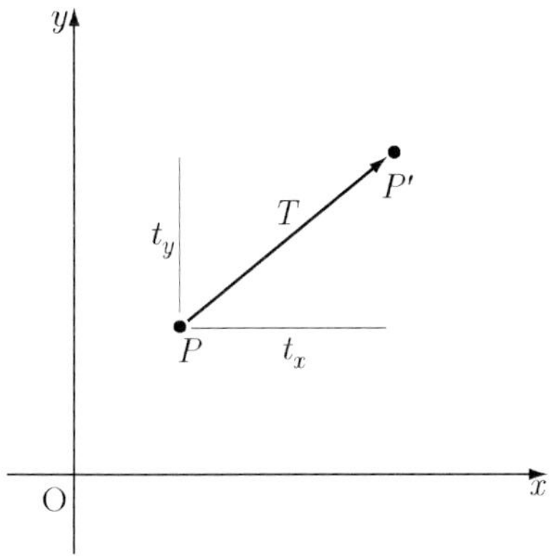


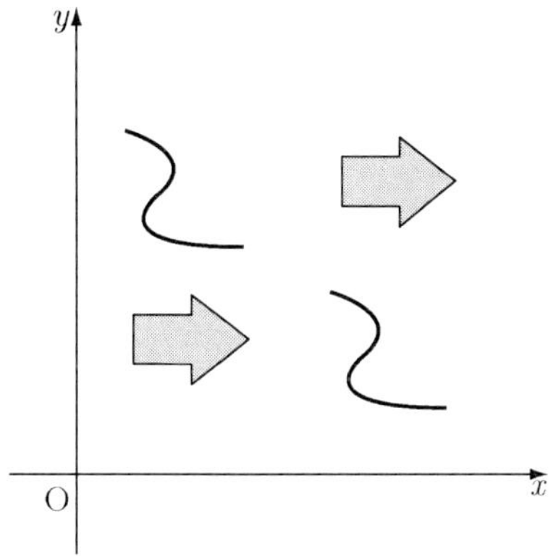


: 행렬 변환식을 열벡터 대신 행벡터(row vector)로 표현할 수 있다.

: 평행이동은 형태의 변형 없이 물체를 이동하는 고형물체변환(rigid-body transformation) 이다.

## 8.3 정의 (회전이동)

: 회전이동은 회전할 물체에 대한 회전각 $\theta$ 및 회전점의 좌표를 지정해야 한다. 이때 회전축은 회전점을 지나는 $x$축과 평행한 직선이다.

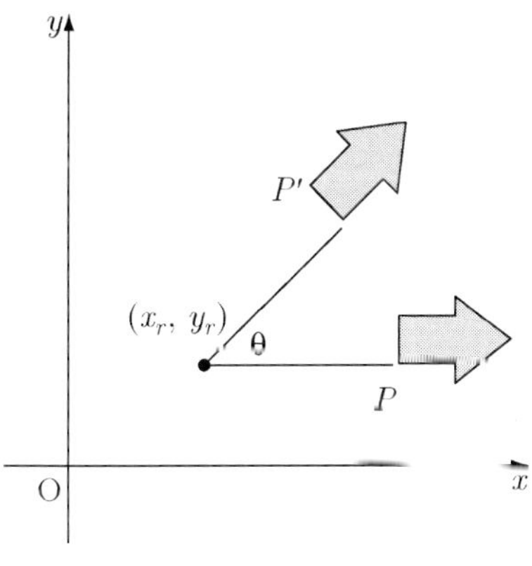


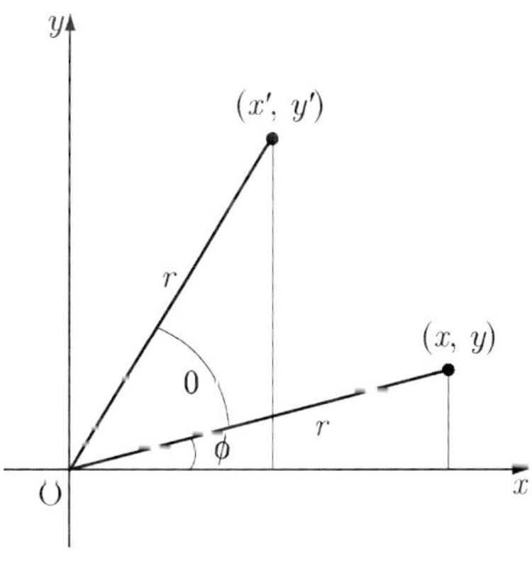


1) 회전점이 좌표축의 원점인 경우, 점 $P(x, y)$의 회전변환식은 다음과 같다.

$$r = \sqrt{x^2 + y^2}\,,\ \cos\phi = \frac{x}{r},\ \sin\phi = \frac{y}{r},\ \sin(\theta+\phi) = \frac{y'}{r},\ \cos(\theta+\phi) = \frac{x'}{r}$$

$$x' = r\cos(\theta+\phi) = r(\cos\theta\cos\phi - \sin\theta\sin\phi) = x\cos\theta - y\sin\theta$$

$$y' = r\sin(\theta+\phi) = r(\sin\theta\cos\phi + \cos\theta\sin\phi) = x\sin\theta + y\cos\theta$$

: 삼각비에 의하여 회전행렬은 $R_\theta = \begin{pmatrix} \cos\theta & -\sin\theta \\ \sin\theta & \cos\theta \end{pmatrix}$이고 회전변환식은 다음과 같다.

$P' = R_\theta P$ 또는 $\begin{pmatrix} x' \\ y' \end{pmatrix} = \begin{pmatrix} \cos\theta & -\sin\theta \\ \sin\theta & \cos\theta \end{pmatrix}\begin{pmatrix} x \\ y \end{pmatrix}$

2) 임의의 회전점 $(x_r, y_r)$에 대한 회전 이동

: 회전점$(x_r, y_r)$을 중심으로 점 $P(x,y)$를 점 $P'(x', y')$으로 회전.

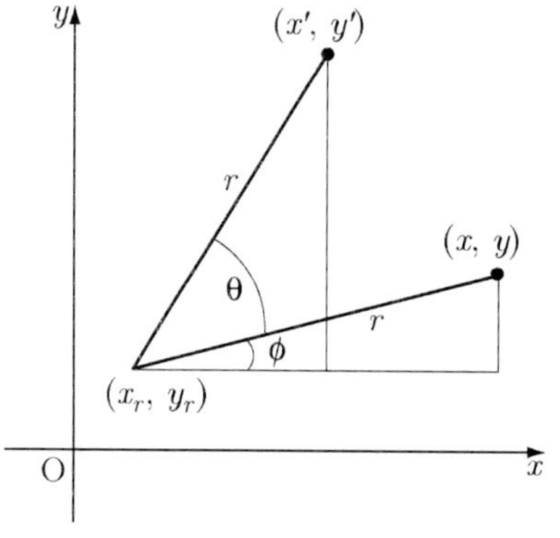


: 회전점이 원점이 되도록 $P(x,y)$를 평행이동한 후 다시 역 평행이동 한다.

: 임의의 회전점$(x_r, y_r)$에 대한 회전변환식은 다음과 같다.

$$x' = x_r + (x - x_r)\cos\theta - (y - y_r)\sin\theta$$

$$y' = y_r + (x - x_r)\sin\theta + (y - y_r)\cos\theta$$

### 8.4 정의 (확대축소변환 Scaling I)

: 확대축소변환은 물체의 크기를 바꿀 때 사용한다.

: 좌표값$(x,y)$의 확대축소로 변환된 좌표값$(x', y')$은 다음과 같다.

$\begin{pmatrix} x' \\ y' \end{pmatrix} = \begin{pmatrix} s_x x \\ s_y y \end{pmatrix}$, $s_x$는 $x$축 방향, $s_y$는 $y$축 방향 확대축소 비율이다.

: 확대축소행렬과 변환식은 다음과 같다.

$S_{s_x s_y} = \begin{pmatrix} s_x & 0 \\ 0 & s_y \end{pmatrix}$, $P' = S_{s_x s_y} P \begin{pmatrix} x' \\ y' \end{pmatrix} = \begin{pmatrix} s_x & 0 \\ 0 & s_y \end{pmatrix}\begin{pmatrix} x \\ y \end{pmatrix}$

### 8.5 노트 (확대축소변환 성질)

: 비율 $s_x, s_y$에 따른 변환의 결과는 다음과 같다.

| | |
|---|---|
| $s_x, s_y < 1$ | 축소 |
| $s_x, s_y > 1$ | 확대 |
| $s_x, s_y = 1$ | 불변 |
| $s_x = s_y$ | 균일 확대축소 |
| $s_x \neq s_y$ | 차등 확대축소 |

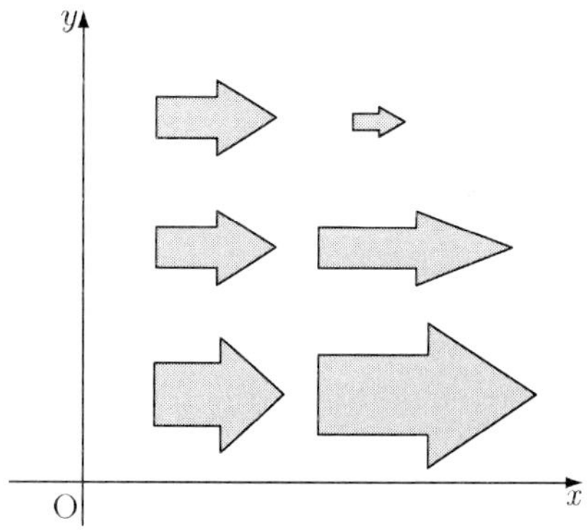


### 8.6 노트 (확대축소변환 II)

: 정해진 고정점$(x_f, y_f)$으로 물체를 이동 후 확대축소하고 다시 역 평행이동 한다.

1) 고정점$(x_f, y_f)$를 기준으로 확대축소 변환된 점$(x', y')$

$$x' = x_f + (x - x_f)s_x$$

$$y' = y_f + (y - y_f)s_y$$

2) 확대축소 변환식을 고정점에 관하여 정리

$$x' = x\, s_x + x_f\,(1 - s_x)$$

$$y' = y\, s_y + y_f\,(1 - s_y)$$

: 다각형이 각 꼭짓점에서 고정점까지의 거리는 변환식으로 확대축소

일련의 변환을 연속으로 적용하는 경우 차례로 적용하여 변환 좌표를 계산한다. 예를 들어 확대한 물체를 회전시켜 이동시키려면 먼저 확대축소변환을 적용하여 좌표를 계산하고, 확대된 좌표에 회전변환을 적용한 후 이 좌표에 평행이동을 적용하여 최종좌표를 계산한다. 앞에서 기본변환을 행렬로 나타낼 수 있음을 알았다. 그렇다면 일련의 변환을 하나의 행렬로 나타낼 수는 없을까?

문제는 평행이동이다. 평행이동은 $2\times 2$ 행렬로 나타낼 수 없다. 이에 대해 알아보자. 점$(x,\ y)$를 $(t_x,\ t_y)$만큼 평행이동하는 것을 행렬로 나타내면 다음과 같다.

$$P' = P + T \text{ 또는 } \begin{pmatrix} x' \\ y' \end{pmatrix} = \begin{pmatrix} x + t_x \\ y + t_y \end{pmatrix}$$

이 변환에 대응하는 행렬을 $T = \begin{pmatrix} a & b \\ c & d \end{pmatrix}$ 라 하면 $P' = TP$를 만족하는 $T$는 다음과 같다. 즉, $a,\ b,\ c,\ d$를 정할 수 없으므로 평행이동 행렬을 구할 수 없다.

$$TP = \begin{pmatrix} a & b \\ c & d \end{pmatrix}\begin{pmatrix} x \\ y \end{pmatrix} = \begin{pmatrix} ax + by \\ cx + dy \end{pmatrix} = \begin{pmatrix} x + t_x \\ y + t_y \end{pmatrix}$$

수학에서는 허깨비 원소를 포함하는 3x3 행렬을 이용하여 이 문제를 해결한다.

**8.7 정의 (동질좌표에 의한 기본변환 행렬)** :

1) 평행이동 변환식과 행렬은 다음과 같다.

$$\begin{pmatrix} x' \\ y' \\ 1 \end{pmatrix} = \begin{pmatrix} 1 & 0 & t_x \\ 0 & 1 & t_y \\ 0 & 0 & 1 \end{pmatrix}\begin{pmatrix} x \\ y \\ 1 \end{pmatrix} \text{ 또는 } P' = T_{t_x t_y} P$$

: $\begin{pmatrix} x' \\ y' \\ 1 \end{pmatrix} = \begin{pmatrix} x + 0y + t_x \\ 0x + y + t_y \\ 0x + 0y + 1 \end{pmatrix} = \begin{pmatrix} x + t_x \\ y + t_y \\ 1 \end{pmatrix}$ 이므로 $(x, y)$와 $(t_x, t_y)$가 주어지면 $(x', y')$를 계산할 수 있다.

: 역평행이동 $-t_x, -t_y$를 대입한다.

2) 원점에 대한 회전이동 변환식과 행렬은 다음과 같다.

$$\begin{pmatrix} x' \\ y' \\ 1 \end{pmatrix} = \begin{pmatrix} \cos\theta & -\sin\theta & 0 \\ \sin\theta & \cos\theta & 0 \\ 0 & 0 & 1 \end{pmatrix}\begin{pmatrix} x \\ y \\ 1 \end{pmatrix} \text{ 또는 } P' = R_\theta P$$

: 역회전이동은 $\theta$ 대신 $-\theta$를 대입한다.

3) 원점에 대한 확대축소변환식과 행렬은 다음과 같다.

$$\begin{pmatrix} x' \\ y' \\ 1 \end{pmatrix} = \begin{pmatrix} s_x & 0 & 0 \\ 0 & s_y & 0 \\ 0 & 0 & 1 \end{pmatrix}\begin{pmatrix} x \\ y \\ 1 \end{pmatrix} \text{ 또는 } P' = S_{s_x s_y} P$$

: 역확대축소변환은 역수 $\dfrac{1}{s_x}$, $\dfrac{1}{s_y}$를 각각 대입한다.

**8.8 정의 (합성변환 composition)** : 일련의 변환을 연속으로 적용하는 것은 **합성변환**이라 하며 각 변환에 대응되는 행렬의 곱으로 표현할 수 있다. 이때 합성변환행렬의 곱셈 순서는 오른쪽에서 왼쪽의 순서다.

1) 평행이동변환

: 점 $P$에 두 번의 평행이동 $T_{t_{x_1}t_{y_1}}, T_{t_{x_2}t_{y_2}}$를 적용하여 변환된 위치 $P'$는 다음과 같다.

$$P' = T_{t_{x_2}t_{y_2}}(T_{t_{x_1}t_{y_1}}P)$$

: 연속적인 평행이동에 해당하는 합성변환행렬은 다음과 같다.

$$\begin{pmatrix} 1 & 0 & t_{x_2} \\ 0 & 1 & t_{y_2} \\ 0 & 0 & 1 \end{pmatrix}\begin{pmatrix} 1 & 0 & t_{x_1} \\ 0 & 1 & t_{y_1} \\ 0 & 0 & 1 \end{pmatrix} = \begin{pmatrix} 1 & 0 & t_{x_1}+t_{x_2} \\ 0 & 1 & t_{y_1}+t_{y_2} \\ 0 & 0 & 1 \end{pmatrix} \quad \text{또는} \quad T_{t_{x_2}t_{y_2}}T_{t_{x_1}t_{y_1}} = T_{(t_{x_1}+t_{x_2})(t_{y_1}+t_{y_2})}$$

2) 회전변환

: 점 $P$에 두 번의 회전이동을 연속적으로 적용하여 변환된 위치 $P'$는 다음과 같다.

$$P' = R_{\theta_2}(R_{\theta_1}P) = (R_{\theta_2}R_{\theta_1})P,$$

여기서 $(R_{\theta_2}R_{\theta_1}) = R_{(\theta_2+\theta_1)}$이므로 $P' = R_{(\theta_2+\theta_1)}P$

3) 확대축소변환

: 두 번의 연속한 확대축소에 해당하는 연속 변환행렬은 다음과 같다.

$$\begin{pmatrix} s_{x_2} & 0 & 0 \\ 0 & s_{y_2} & 0 \\ 0 & 0 & 1 \end{pmatrix}\begin{pmatrix} s_{x_1} & 0 & 0 \\ 0 & s_{y_1} & 0 \\ 0 & 0 & 1 \end{pmatrix} = \begin{pmatrix} s_{x_1}s_{x_2} & 0 & 0 \\ 0 & s_{y_1}s_{y_2} & 0 \\ 0 & 0 & 1 \end{pmatrix} \quad \text{또는} \quad S_{s_{x_2}s_{y_2}}S_{s_{x_1}s_{y_1}} = S_{(s_{x_1}s_{x_2})(s_{y_1}s_{y_2})}$$

**예** 어떤 물체를 3배씩 두 번 확대시킨 결과는 처음 물체를 한 번에 9배 확대시킨 결과와 같음을 보이시오.

4) 임의의 회전점에 대한 회전

: 임의의 회전점$(x_r, y_r)$에 대한 회전이동은 평행이동-회전-평행이동 변환을 차례로 수행한 것과 같다. 즉, $T_{x_r y_r}R_\theta T_{-x_r-y_r} = R_\theta^{x_r, y_r}$이다.

1단계 : 회전점이 원점에 일치하도록 물체를 평행이동 한다.

2단계 : 원점에 대하여 물체를 회전시킨다.

3단계 : 물체를 역평행이동 시켜서 회전점이 본래의 위치로 돌아가게 한다.

: 임의의 회전점에 대한 회전변환행렬은 다음과 같다.

$$\begin{pmatrix}1 & 0 & x_r\\ 0 & 1 & y_r\\ 0 & 0 & 1\end{pmatrix}\begin{pmatrix}\cos\theta & -\sin\theta & 0\\ \sin\theta & \cos\theta & 0\\ 0 & 0 & 1\end{pmatrix}\begin{pmatrix}1 & 0 & -x_r\\ 0 & 1 & -y_r\\ 0 & 0 & 1\end{pmatrix} = \begin{pmatrix}\cos\theta & -\sin\theta & x_r(1-\cos\theta)+y_r\sin\theta\\ \sin\theta & \cos\theta & y_r(1-\cos\theta)-x_r\sin\theta\\ 0 & 0 & 1\end{pmatrix}$$

: $T_{-x_r-y_r} = T_{x_r y_r}^{-1}$ 로 나타내면 $T_{x_r y_r} R_\theta T_{x_r y_r}^{-1} = R_\theta^{x_r y_r}$

5) 고정점에 대한 확대축소

: 원점에 대한 확대축소로부터 정해진 고정점$(x_f, y_f)$에 대한 확대축소변환은 다음과 같이 정해진다. 즉, $T_{x_f y_f} S_{s_x s_y} T_{-x_f-y_f} = S_{s_x s_y}^{x_f y_f}$이다.

1 단계 : 고정점이 원점과 일치하도록 물체를 평행이동한다.

2 단계 : 원점에 대하여 물체를 확대 축소시킨다.

3 단계 : 변환을 사용하여 회전점이 본래의 위치로 돌아가게 한다.

: 고정점에 대한 확대축소변환행렬은 다음과 같다.

$$\begin{pmatrix}1 & 0 & x_f\\ 0 & 1 & y_f\\ 0 & 0 & 1\end{pmatrix}\begin{pmatrix}s_x & 0 & 0\\ 0 & s_y & 0\\ 0 & 0 & 1\end{pmatrix}\begin{pmatrix}1 & 0 & -x_f\\ 0 & 1 & -y_f\\ 0 & 0 & 1\end{pmatrix} = \begin{pmatrix}s_x & 0 & x_f(1-s_x)\\ 0 & s_y & y_f(1-s_y)\\ 0 & 0 & 1\end{pmatrix}$$

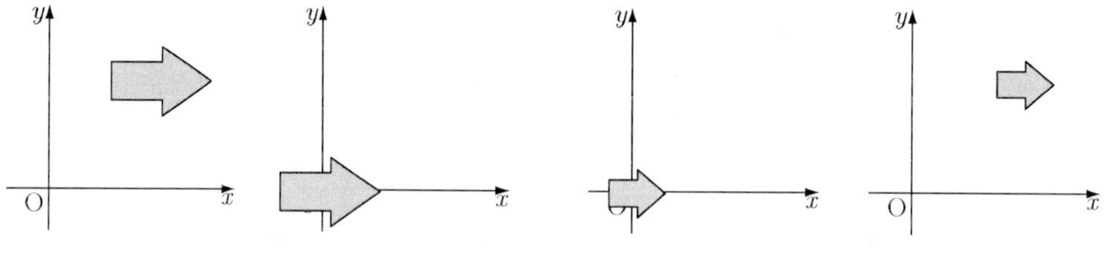

**8.9 노트 (합성변환행렬의 성질)** :

1) 행렬의 곱셈은 결합법칙은 성립되지만 교환법칙은 성립하지 않으므로 변환의 적용순서는 지켜야 한다.

2) 같은 변환이 연속하는 경우 교환법칙이 성립한다.

**예** 평행이동 후 회전이동한 경우와 회전이동후 평행이동한 결과가 다를 수 있다.

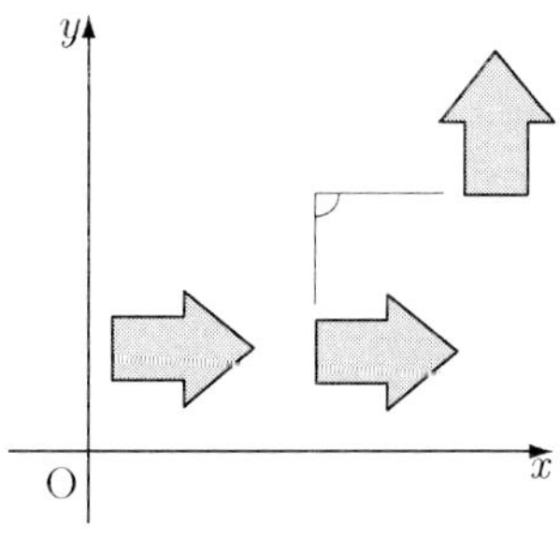

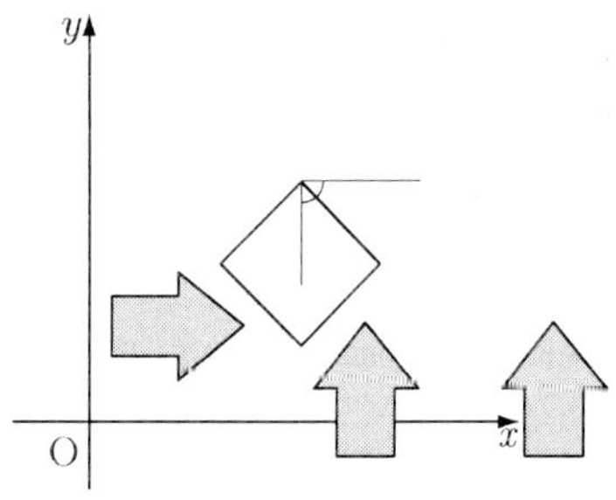

**예** 적용순서에 무관한 변환

: 2 번의 연속적인 회전

: 2 번의 연속적이 평행이동 및 확대축소이동

: 회전이동과 균일 확대축소($s_x = s_y$)가 일어나는 경우

### 8.10 정의 (반사이동 reflection)

: 한 물체의 거울상을 만드는 변환을 **반사이동**이라한다.

1) $x$축(즉, 직선 $y=0$)에 대한 반사이동의 변환행렬은 다음과 같다.

$$\begin{pmatrix} 1 & 0 & 0 \\ 0 & -1 & 0 \\ 0 & 0 & 1 \end{pmatrix}$$

2) $y$축(즉, 직선 $x=0$)에 대한 반사이동의 변환행렬은 다음과 같다.

$$\begin{pmatrix} -1 & 0 & 0 \\ 0 & 1 & 0 \\ 0 & 0 & 1 \end{pmatrix}$$

**예**

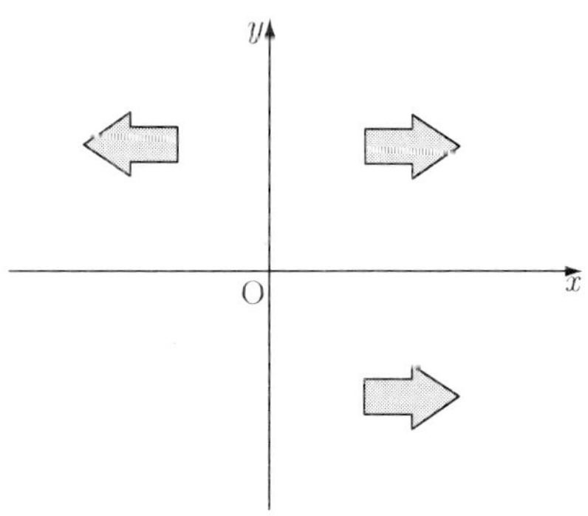

3) 원점에 대한 반사이동의 변환행렬은 다음과 같다.

$$\begin{pmatrix} -1 & 0 & 0 \\ 0 & -1 & 0 \\ 0 & 0 & 1 \end{pmatrix}$$

: 반사이동행렬은 회전이동행렬 $R_{180^\circ}$ 과 같다. 즉, 평면상의 물체가 원점에 대하여 반회전 이동한 것이다.

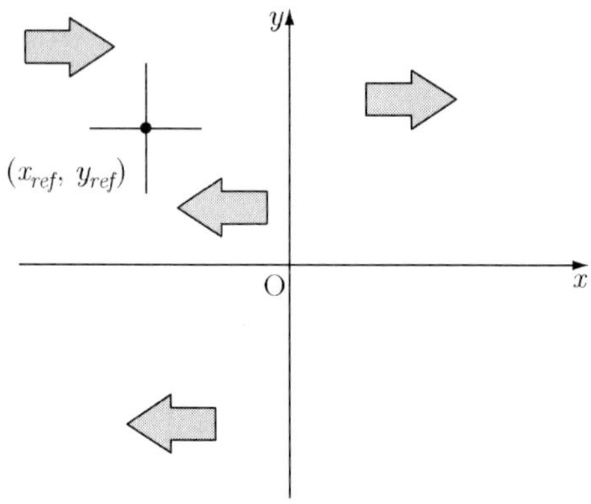


4) 임의의 반사점에 대한 반사이동은 반사점에서 180° 회전이동한 것이다.

5) 반사축이 대각선 $y=x$ 인 반사이동행렬은 다음과 같다.

1단계 : 대각선 $y=x$를 시계방향으로 45° 회전

2단계 : $x$축에 대하여 반사이동

3단계 : 대각선 $y=x$를 반시계방향으로 45° 회전

$$\begin{pmatrix} 0 & 1 & 0 \\ 1 & 0 & 0 \\ 0 & 0 & 1 \end{pmatrix}$$

: $x$축에 대하여 반사이동시킨 후에 반시계 방향으로 90° 회전한 것과 같다.

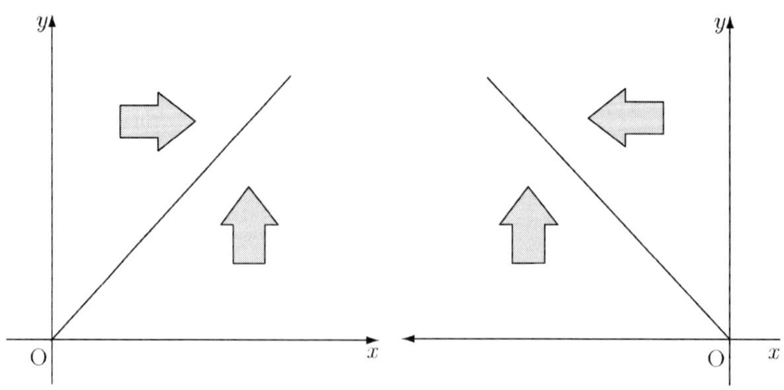

6) 반사축이 대각선 $y=-x$인 반사이동행렬은 다음과 같다.

1단계 : 시계방향으로 $45^{\circ}$ 회전.

2단계 : $y$축에 대하여 반사이동.

3단계 : 반시계방향으로 $45^{\circ}$ 회전.

$$\begin{pmatrix} 0 & -1 & 0 \\ -1 & 0 & 0 \\ 0 & 0 & 1 \end{pmatrix}$$

7) $y=mx+b$에 대한 반사이동에 대하여 네 단계에 거쳐 생각해 보자.

**8.11 정의 (전단변환)** : 물체가 여러 판들로 만들어져 있어서 모두 같은 모양으로 기울어진 것 같이 보이도록 물체의 모양을 일그러트리는 변환을 **전단변환**이라 한다.

1) $x$축 방향 전단변환의 변환식은 $\begin{pmatrix} x' \\ y' \end{pmatrix} = \begin{pmatrix} x + sh_x y \\ y \end{pmatrix}$이고 행렬은 다음과 같다.

$$\begin{pmatrix} 1 & sh_x & 0 \\ 0 & 1 & 0 \\ 0 & 0 & 1 \end{pmatrix}$$

**예** $sh_x = 2$인 전단변환으로 단위 정사각형을 $x$축 방향으로 일그러트린 것이다.

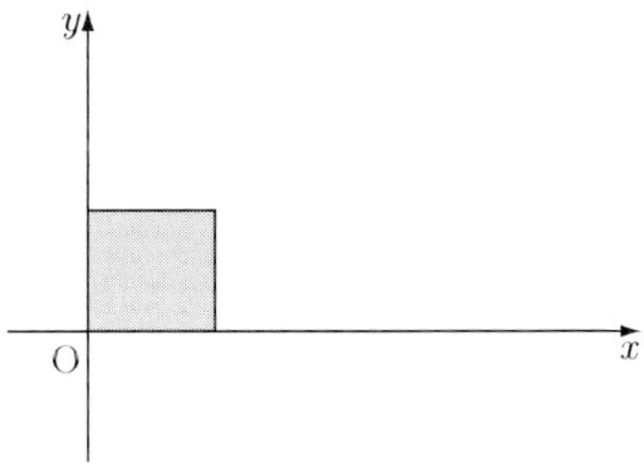


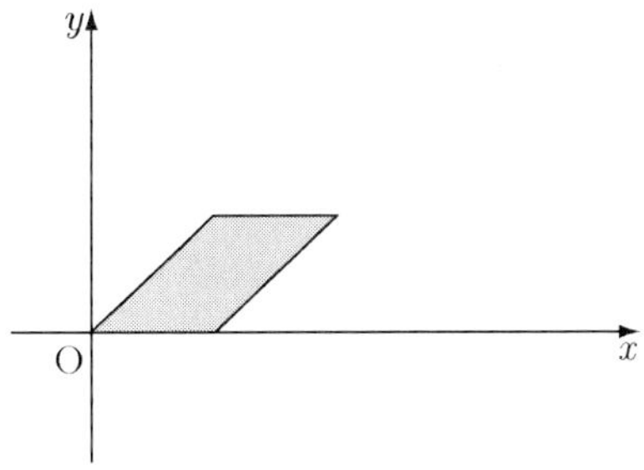


: $sh_x < 0$이면 왼쪽으로 찌그러진다

2) 참조선 $y_{ref} = a$에 대한 $x$축 방향 전단변환식은 $\begin{pmatrix} x' \\ y' \end{pmatrix} = \begin{pmatrix} x + sh_x(y - y_{ref}) \\ y \end{pmatrix}$이고 행렬은 다음과 같다.

$$\begin{pmatrix} 1 & sh_x & -sh_x y_{ref} \\ 0 & 1 & 0 \\ 0 & 0 & 1 \end{pmatrix}$$

**예** $y_{ref} = -\frac{1}{2}$, $sh_x = \frac{1}{2}$

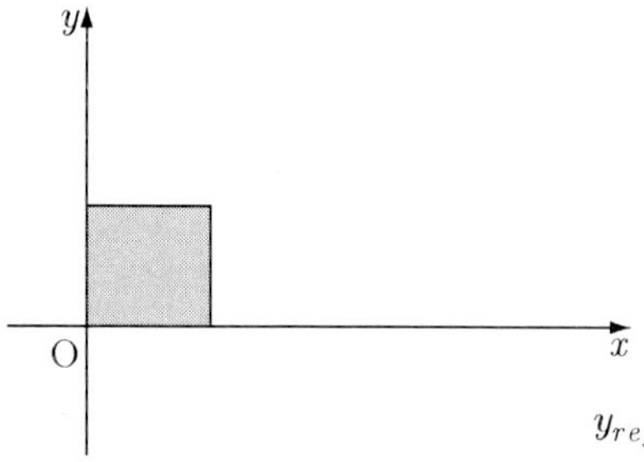


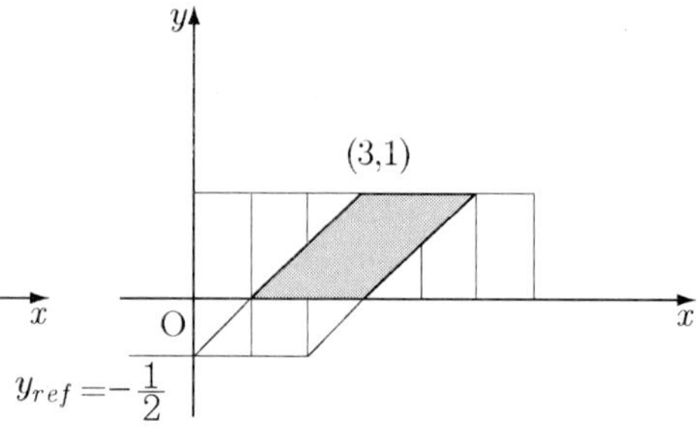


3) 참조선 $x_{ref} = a$에 대한 $y$축 방향 전단의 변환식은 $\begin{pmatrix} x' \\ y' \end{pmatrix} = \begin{pmatrix} x \\ y + sh_y(x - x_{ref}) \end{pmatrix}$이고 행렬은 다음과 같다.

$$\begin{pmatrix} 1 & 0 & 0 \\ sh_y & 1 & -sh_y x_{ref} \\ 0 & 0 & 1 \end{pmatrix}$$

: 좌표$(x', y')$는 현재의 위치에서 참조선 $x_{ref} = a$까지의 거리에 전단 변수를 곱한 만큼 수직 이동.

**예** $sh_y = \frac{1}{2}$, $x_{ref} = -\frac{1}{2}$

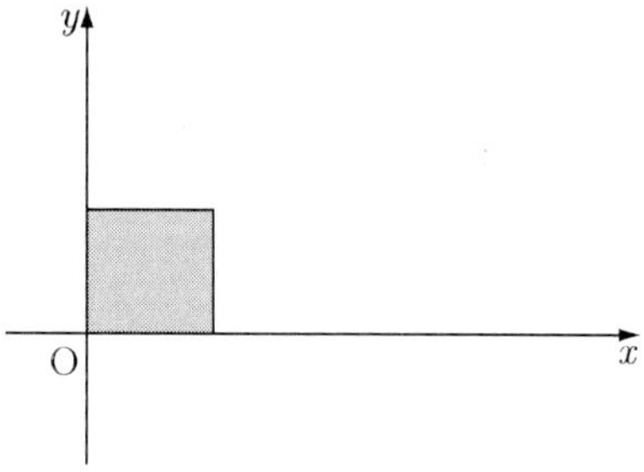


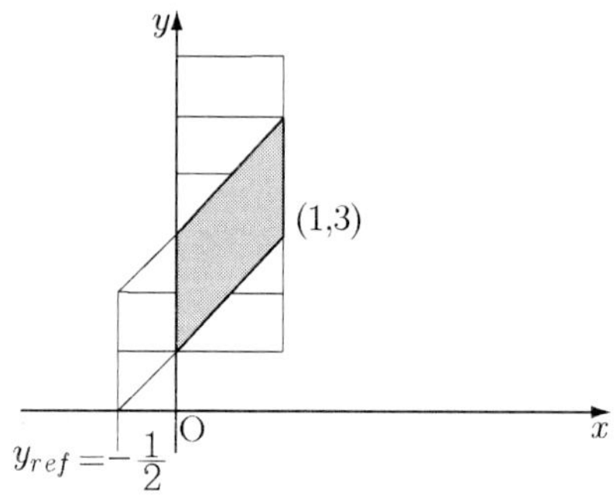

## 연습문제

**1.** 다음 변환을 적용한 결과를 좌표에 나타내시오.

1)

$$\begin{pmatrix} 1 & 0 & 0 \\ 0 & -1 & 0 \\ 0 & 0 & 1 \end{pmatrix}$$

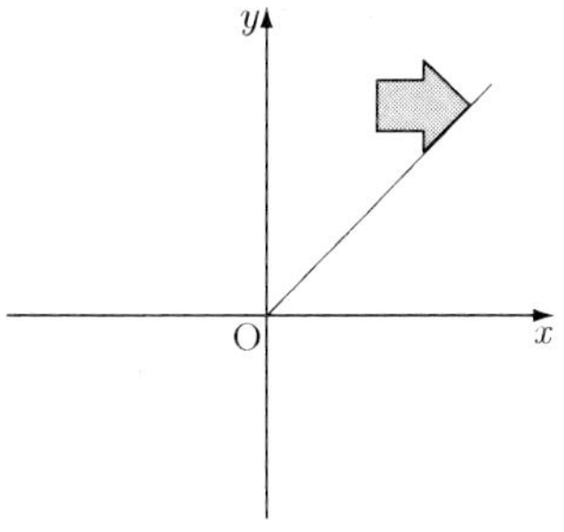


2)

$$\begin{pmatrix} -1 & 0 & 0 \\ 0 & -1 & 0 \\ 0 & 0 & 1 \end{pmatrix}$$

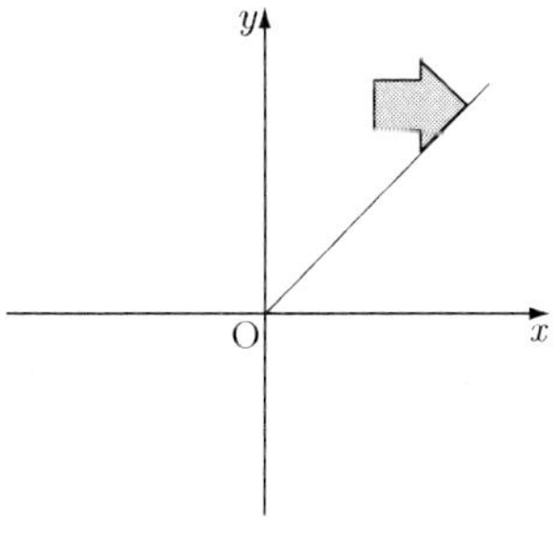


3)

$$\begin{pmatrix} 0 & 1 & 0 \\ 1 & 0 & 0 \\ 0 & 0 & 1 \end{pmatrix}$$

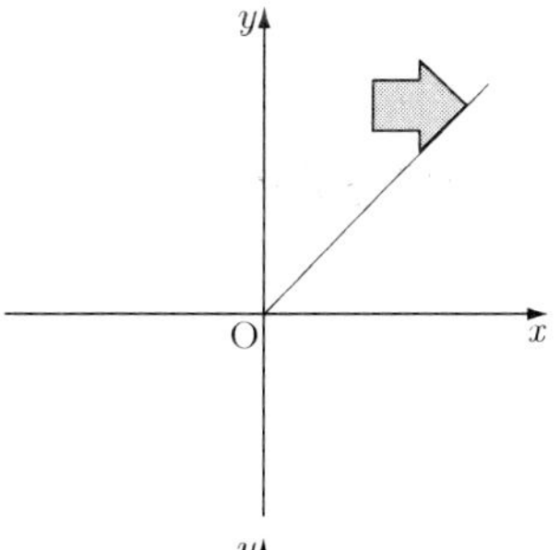


4)

$$\begin{pmatrix} 0 & -1 & 0 \\ -1 & 0 & 0 \\ 0 & 0 & 1 \end{pmatrix}$$

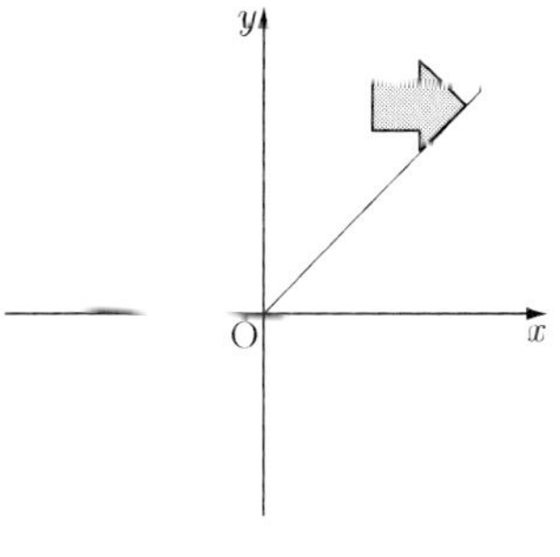

**2.** 다음 선형변환을 설명하시오.

$$\begin{pmatrix} 2 & 0 & 0 \\ 0 & 1 & 0 \\ 0 & 0 & 1 \end{pmatrix}$$

**3.** $x$축 방향으로 5만큼 이동한 후, $y$축으로 2배 확대하고, 원점을 중심으로 70도 만큼 회전하는 변환의 행렬을 구하시오.

**4.** 선형변환에 대하여 물음에 답하시오.

1) 점 $(-4, 4)$, $(-4, 2)$, $(-2, 2)$, $(-2, 0)$, $(0, 0)$, $(0, 4)$로 구성되는 도형을 좌표에 나타내시오.

2) 1)의 점들에 대하여 다음의 선형변환을 적용하시오.

$$\begin{pmatrix} 1 & 0 & 1 \\ 0 & 1 & 1 \\ 0 & 0 & 1 \end{pmatrix}$$

3) 1)의 점들에 대하여 다음의 선형변환을 적용하시오.

$$\begin{pmatrix} \cos 45^\circ & -\sin 45^\circ & 0 \\ \sin 45^\circ & \cos 45^\circ & 0 \\ 0 & 0 & 1 \end{pmatrix}$$

4) 1)의 점들에 대하여 다음의 선형변환을 적용하시오.

$$\begin{pmatrix} 0.5 & 0 & 0 \\ 0 & 2 & 0 \\ 0 & 0 & 1 \end{pmatrix}$$

5) 2)−4)에 대응하는 합성변환의 행렬을 구하시오.

# 제3부

# 확률

# Chapter 09 확률

## ■ 확률

실세계에는 불확실한 대상이나 개념이 많다. 이 불확실한 정도에도 차이가 있다. 예를 들어 구름이 잔뜩 낀 경우와 해가 쨍쨍 내리 쬐는 경우 1시간 후에 비가 내릴지 아닐지에 대한 불확실함에는 차이가 있다. 차이가 있다는 것은 어떤 것은 다른 것보다 더 불확실하거나 덜 불확실할 수 있다는 것이다. 이러한 불확실성의 차이를 확률이라 하고 0에서 1사이의 값으로 측정하자는 것이다.

확률이 0인 경우와 1인 경우 중 어떤 경우가 더 불확실 한가? 혹시라도 0인 경우가 더 불확실하다고 생각하면 안 된다. 확률이 0이라함은 그런 일이 확실하게 안 일어난다는 뜻이다. 따라서 가장 애매한 경우는 확률이 0.5인 경우이다.

### 9.1 노트 (확률 용어)

: **확률**(probability)은 불확실성을 측정하는 척도(measure)이다.

: **시행**(experiment) - 주사위를 던지는 것과 같이 반복할 수 있는 실험이나 관찰

: **단위표본**(sample point) - 시행의 산출결과

: **표본공간**(sample space) - 단위표본 집합

: **사건**(event) - 표본공간의 부분집합

: **단순사건** - 하나의 단위표본으로 된 사건

: **복합사건** - 둘 이상의 단위표본으로 된 사건

**예** 주사위 던지기

| 시행 | 주사위 던지기 |
|---|---|
| 단위표본 | 1, 2, 3, 4, 5, 6 |
| 표본공간 | {1, 2, 3, 4, 5, 6} |
| 사건 | {2, 4, 6}, … |

## 9.2 정의 (확률)

(고전적 정의) : $\Omega$가 표본공간, $A \in \Omega$ 일 때, 사건 $A$가 일어날 확률 $p(A)$는 $\frac{|A|}{|\Omega|}$이다. 여기서 $|X|$는 집합의 크기 척도이다.

(공리적 정의) : $\Omega$가 표본공간, $A \in \Omega$ 일 때, 1), 2)를 만족하면 $p(A)$를 사건 $A$의 확률이라 한다.

1) $0 \leq p(A) \leq 1$
2) $p(A) + p(A^c) = 1$

: 동시에 일어날 수 없는 사건을 (상호)**배반사건**이라 한다.

**예** 동전을 던지는 사건에서 앞면과 뒷면이 동시에 나올 수는 없으므로 두 사건은 상호 배반이다.

: 한 사건 B의 발생이 사건 A의 발생에 영향을 주지 않는 경우 두 사건은 **독립사건**이라고 한다.

**예** 동전과 주사위를 차례로 던지는 경우 동전의 결과가 주사위의 어떤 눈이 나오는지에 영향을 주지 않는다. 따라서 동전이 앞면이냐 아니냐와 무관하게 주사위의 확률을 정할 수 있다.

: 한 사건 B의 발생이 사건 A의 발생에 영향을 주는 경우 두 사건은 **종속사건**이라고 한다.

**예** 다음과 같이 푸른 구슬 5개 흰 구슬이 7개 들어있는 바구니에서 (꺼낸 구슬은 다시 넣지 않고) 차례로 두 개의 구슬을 꺼내는 시행에서 $p(w_i)$을 i 번째 꺼낸 구슬이 흰 구슬일 확률이라 하자. $p(w_1), p(w_2)$을 구하시오.

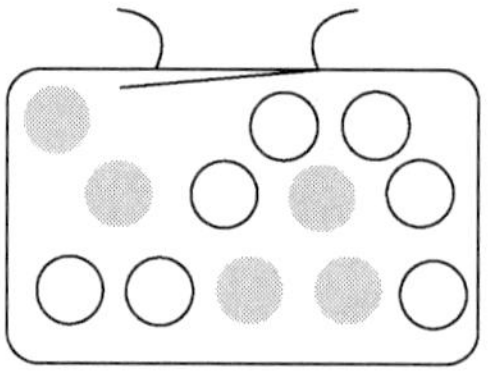

풀이 $p(w_1) = \frac{7}{12}$ 이다.

$p(w_2)$의 경우는 첫 번째 꺼낸 구슬의 색에 따라 달라진다.

1) 첫 번째 꺼낸 구슬이 흰색인 경우 $p(w_2) = \frac{6}{11}$

2) 첫 번째 꺼낸 구슬이 푸른색인 경우 $p(w_2) = \frac{7}{11}$

따라서 두 사건 $w_1$, $w_2$은 서로 종속이다.

### 9.3 정리 (확률의 성질) :

1) $A, B$가 상호배반이면 $p(A \cap B) = 0$

2) $p(A \cup B) = p(A) + p(B) - p(A \cap B)$

3) $A \subseteq B$ 이면 $p(A) \leq p(B)$

예 동전과 주사위를 동시에 던지는 시행에서 동전의 앞면 또는 주사위의 5의 눈이 나올 확률을 계산하시오.

풀이 표본공간 $\Omega$는 아래와 같다.

| H,1 | H,2 | H,3 | H,4 | H,5 | H,6 |
|---|---|---|---|---|---|
| T,1 | T,2 | T,3 | T,4 | T,5 | T,6 |

$$p(e_H \cup e_5) = p(e_H) + p(e_5) - p(e_H \cap e_5)$$

$$= \frac{6}{12} + \frac{2}{12} - \frac{1}{12} = \frac{7}{12}$$

## ■ 조건부 확률

### 9.4 정의 (조건부 확률 conditional probability)

: $A$가 일어났다는 조건하에 $B$가 일어날 확률 $p(B|A) = \dfrac{p(A \cap B)}{p(A)}$

: $B$가 일어났다는 조건하에 $A$가 일어날 확률 $p(A|B) = \dfrac{p(B \cap A)}{p(B)}$

: $p(A \cap B) = p(A)p(B|A) = p(B)p(A|B) = p(B \cap A)$

**예** 다음과 같이 푸른 구슬 5개 흰 구슬이 7개 들어있는 바구니에서 (꺼낸 구슬은 다시 넣지 않고) 차례로 두 개의 구슬을 꺼내는 시행에서 $p(b_2|b_1)$, $p(w_2|b_1)$, $p(b_2|w_1)$, $p(w_2|w_1)$를 구하시오.

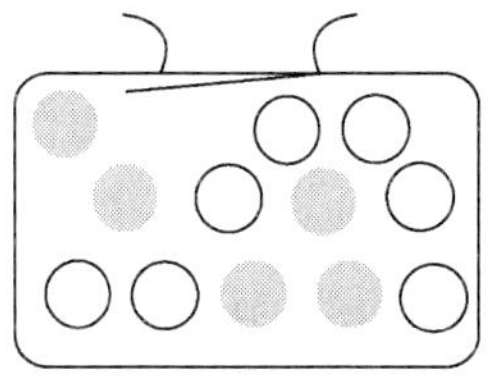

**풀이** $p(b_2|b_1) = \dfrac{p(b_1 \cap b_2)}{p(b_1)} = \dfrac{5/12\,4/11}{5/12} = \dfrac{4}{11}$

$p(w_2|b_1) = \dfrac{p(b_1 \cap w_2)}{p(b_1)} = \dfrac{5/12\,7/11}{5/12} = \dfrac{7}{11}$

$p(b_2|w_1) = \dfrac{p(w_1 \cap b_2)}{p(w_1)} = \dfrac{7/12\,5/11}{7/12} = \dfrac{5}{11}$

$p(w_2|w_1) = \dfrac{p(w_1 \cap w_2)}{p(w_1)} = \dfrac{7/12\,6/11}{7/12} = \dfrac{6}{11}$

**예** 다음과 같이 푸른 구슬 5개 붉은 구슬이 7개 들어있는 바구니에서 (꺼낸 구슬을 다시 넣고) 차례로 두 개의 구슬을 꺼내는 시행에서 $p(b_2|b_1)$, $p(w_2|b_1)$, $p(b_2|w_1)$, $p(w_2|w_1)$를 구하시오.

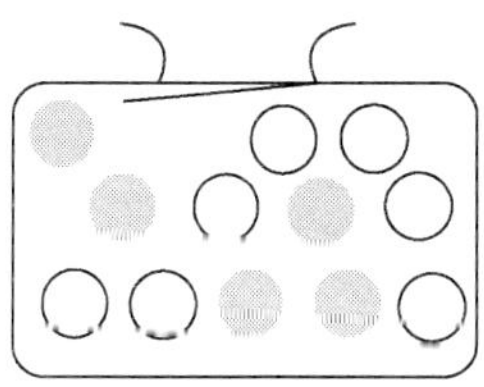

**풀이** $p(b_2|b_1) = \dfrac{p(b_1 \cap b_2)}{p(b_1)} = \dfrac{5/12\,5/12}{5/12} = \dfrac{5}{12}$

$p(w_2|b_1) = \dfrac{p(b_1 \cap w_2)}{p(b_1)} = \dfrac{5/12\,7/12}{5/12} = \dfrac{7}{12}$

$p(b_2|w_1) = \dfrac{p(w_1 \cap b_2)}{p(w_1)} = \dfrac{7/12\,5/12}{7/12} = \dfrac{5}{12}$

$$p(w_2|w_1) = \frac{p(w_1 \cap w_2)}{p(w_1)} = \frac{7/12\,7/12}{7/12} = \frac{7}{12}$$

### 9.5 정의 (조건부 확률과 독립사건)

: $p(A|X) = p(A|X^c) = p(A)$일 때 $A$, $X$는 서로 독립사건이라 한다.

: $A$, $X$가 독립이면 $p(A \cap X) = p(A)\,p(X)$이다.

**예** 앞의 예제처럼 복원추출인 경우 앞에 나온 구슬의 색이 뒤에 나온 구슬의 색에 영향을 주지 않으므로 두 사건은 서로 독립이다.

## ■ 베이즈 정리

### 9.6 정의 (베이즈 정리 bayes' theorem)

: $i \neq j \Rightarrow H_i \cap H_j = \varnothing$, $\bigcup_i H_i = \Omega$이면, $H_i$를 표본공간 $\Omega$의 **분할**(partition)이라 한다.

: $H_i$가 표본공간의 분할이면, 임의의 사건 $E \subseteq \Omega$에 대하여 **전확률**은 다음과 같다.

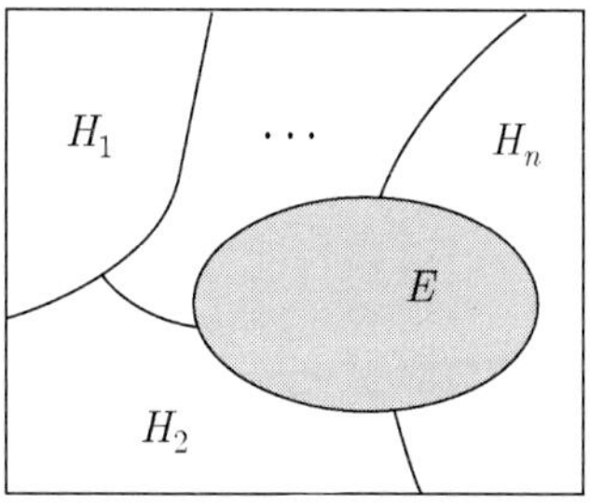


$$\begin{aligned} p(E) &= p(E \cap H_1) + p(E \cap H_2) + \cdots + p(E \cap H_n) \\ &= p(H_1)p(E|H_1) + p(H_2)p(E|H_2) \\ &\quad + \cdots + p(H_n)p(E|H_n) \\ &= \sum_{i=1}^{n} p(H_i)p(E|H_i) \end{aligned}$$

: (베이즈 정리) $H_i$ 가 표본공간의 분할이면, 임의의 사건 $E \subseteq \Omega$ 에 대하여

$$p(H_i|E) = \frac{p(H_i)p(E|H_i)}{p(E)}, \quad p(E) = \sum_{i=1}^{n} p(H_i)p(E|H_i)$$

**예** 동일한 모양의 상자 5개가 있다. 각각의 상자에 다음과 같이 구슬이 들어있다고 하자.

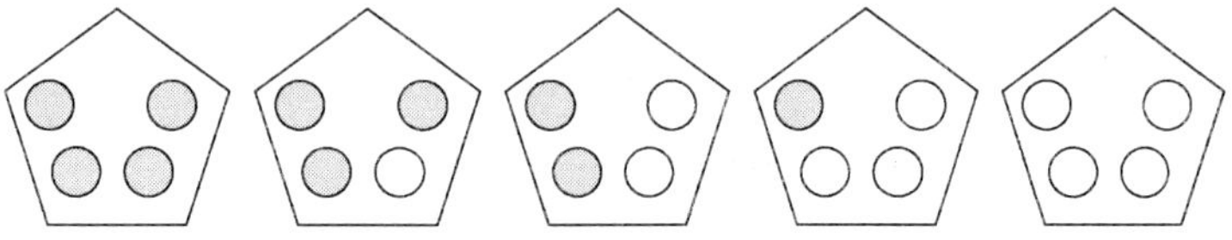

1) 임의의 상자에서 임의의 구슬을 꺼냈을 때, 푸른 구슬일 확률을 구하시오.

**풀이** 각 상자가 선택($a^i$)되고 거기에서 푸른 구슬($b$)이 나올 확률들의 합 즉 전확률 $p(b)$를 구하는 문제이다.

$$p(b)=\sum_{i=1}^{5}p(a^i)p(b|a^i)=\frac{1}{5}\left(\frac{4}{4}+\frac{3}{4}+\frac{2}{4}+\frac{1}{4}+\frac{0}{4}\right)=\frac{1}{2}$$

2) 그 푸른 구슬이 첫 번째 상자에서 나온 것일 확률을 구하시오.

**풀이** 푸른 구슬이 나온 조건에서 그것이 첫 번째 상자에서 나온 것일 확률이므로 베이즈 정리에 의하여

$$p(a^1|b)=\frac{p(a^1)p(b|a^1)}{p(b)}=\frac{1/5\,4/4}{1/2}=\frac{2}{5}$$

**예** 다음과 같이 푸른 구슬 5개 흰 구슬이 7개 들어있는 바구니에서 (비복원추출에 의해) 두 번째 구슬을 꺼냈다고 하자.

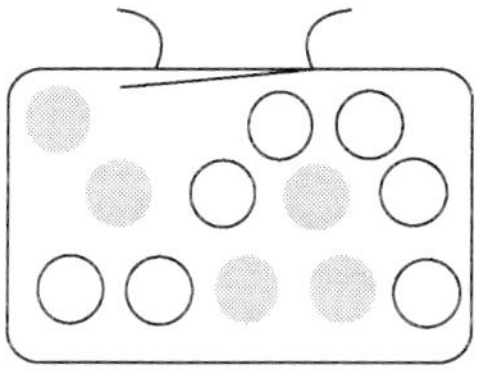

1) 그것이 푸른 구슬일 확률 $p(b_2)$를 구하시오.

**풀이** $p(b_2)=p(b_1)p(b_2|b_1)+p(w_1)p(b_2|w_1)=\frac{5}{12}\frac{4}{11}+\frac{7}{12}\frac{5}{11}=\frac{5}{12}$

2) 그것이 흰 구슬일 확률 $p(w_2)$를 구하시오.

**풀이** $p(w_2)=p(b_1)p(w_2|b_1)+p(w_1)p(w_2|w_1)=\frac{5}{12}\frac{7}{11}+\frac{7}{12}\frac{6}{11}=\frac{7}{12}$

: $p(b_2)+p(w_2)=1$

3) 그것이 푸른 구슬일 때 첫 번째가 푸른 구슬이었을 확률을 구하시오.

**풀이** $p(b_1|b_2)=\frac{p(b_1)p(b_2|b_1)}{p(b_2)}=\frac{5/12\,4/11}{5/12}=\frac{4}{11}$

4) 그것이 푸른 구슬일 때 첫 번째가 흰 구슬이었을 확률을 구하시오.

**풀이** $p(w_1|b_2)=\frac{p(w_1)p(b_2|w_1)}{p(b_2)}=\frac{7/12\,5/11}{5/12}=\frac{7}{11}$

**예** 로또 645는 1부터 45까지의 숫자 중 6개를 순서와 무관하게 맞추는 것이다. 추첨은 숫자가 써진 구슬을 무작위로 추출한다. 정상적인 구슬이라면 예를 들어 7이라는 숫자가 당첨 번호에 포함될 확률은 $p(7|\text{정상}) = \frac{6}{45}$ 이다. 이제 7의 구슬이 항상 추출되도록 조작된 경우를 가정해 보자. 즉, $p(7|\text{조작}) = 1$ 이다.

1) $p(\text{정상}) = 0.99, p(\text{조작}) = 0.01$ 일 때(100번에 1번 정도 조작된 구슬이 사용), $n$번의 추첨에 7이 매번 포함될 확률 $p(7^n)$을 구하시오.

**풀이** $p(7^n) = p(\text{정상})p(7^n|\text{정상}) + p(\text{조작})p(7^n|\text{조작})$이고,

$p(7^n|\text{정상}) = \left(\frac{6}{45}\right)^n$ , $p(7^n|\text{조작}) = 1$ 이다.

따라서 $p(7^n) = 0.99\left(\frac{6}{45}\right)^n + 0.01(1)$

: $n$이 커질수록 확률 $p(7^n)$은 조작의 확률과 같아진다.

2) 5번의 추첨에 7이 모두 포함된 경우 구슬이 정상일 확률을 구하시오.

**풀이** 
$$p(\text{정상}|7^5) = \frac{p(\text{정상})p(7^5|\text{정상})}{p(7^5)}$$

$$= \frac{0.99\left(\frac{6}{45}\right)^5}{0.99\left(\frac{6}{45}\right)^5 + 0.01(1)} = 0.5365 \times 10^{-6}$$

**예** 앞의 예제에서 7의 구슬이 당첨번호에 포함될 확률이 다른 5세트가 있고, 그것이 추첨에 사용될 확률이 다음 표와 같다고 하자.

| 구슬 | $p(7\|7_i)$ | $p(7_i)$ |
|---|---|---|
| $7_1$ | 1 | 0.01 |
| $7_2$ | 1/7 | 0.02 |
| $7_3$ | 1/13 | 0.03 |
| $7_4$ | 1/25 | 0.19 |
| $7_5$ | 1/45 | 0.75 |

1) $n$번의 추첨에 7이 매번 포함될 확률 $p(7^n)$을 구하시오.

**풀이** $p(7^n) = \sum_{i=1}^{5} p(7_i)p(7^n|7_i)$

2) 5번의 추첨에 7이 모두 포함된 경우 구슬이 3번 세트일 확률을 구하시오.

풀이 $p(7_3|7^5)=\dfrac{p(7_3)p(7^5|7_3)}{p(7^5)}=\dfrac{0.03\left(\frac{1}{13}\right)^5}{p(7^5)}$

## 9.7 노트 (불충분 추론 원리 insufficient reason principle)

: $n$가지 가능한 경우에 대해 각각의 발생 확률을 모른다면 $\dfrac{1}{n}$을 각각의 확률로 할당한다.

예 세 명의 죄수 $P_1, P_2, P_3$ 중 1명이 다음날 석방될 예정이다. 간수 $J$는 누가 석방될지 알지만 그것을 발설하지는 않는다. 또한, 그는 진실을 말하지만, 죄수 본인에 대한 질문에는 어떤 정보도 주지 않는다.

1) 죄수 $P_1$이 간수에게 "$P_2, P_3$중에서 누가 석방되지 못하나요?"라고 물었을 때, 간수 $J$가 $P_2$가 석방되지 않는다고 말할 확률은?

풀이 죄수 $P_i$의 석방을 $_FP_i$, 간수 $J$가 죄수 $P_i$가 석방되지 못한다고 말하는 것을 $_J\widetilde{P}_i$라하면,

$$p(_J\widetilde{P}_2)=\sum_{i=1}^{3}p(_FP_i)p(_J\widetilde{P}_2|_FP_i)$$

$$=p(_FP_1)p(_J\widetilde{P}_2|_FP_1)+p(_FP_2)p(_J\widetilde{P}_2|_FP_2)+p(_FP_3)p(_J\widetilde{P}_2|_FP_3)$$

$$=\frac{1}{3}\left(\frac{1}{2}\right)+\frac{1}{3}(0)+\frac{1}{3}(1)=\frac{1}{2}$$

: $p(_J\widetilde{P}_2|_FP_1)$에서 간수는 죄수 본인에 대한 질문에는 어떤 정보도 주지 않으므로 석방되지 않는 $P_2, P_3$ 중 누군가를 언급할 것이다. 이때 간수와 죄수 $P_2, P_3$ 사이에 어떤 모종의 관계가 있는가 등에 대한 정보가 전혀 없으므로 불충분 추론 원리를 적용하여 $p(_J\widetilde{P}_2|_FP_1)=p(_J\widetilde{P}_3|_FP_1)=\dfrac{1}{2}$로 한다.

2) 간수 $J$가 $_J\widetilde{P}_2$ 라고 말 한 경우 $_FP_1$일 확률을 구하시오.

풀이 $p(_FP_1|_J\widetilde{P}_2)=\dfrac{p(_FP_1)p(_J\widetilde{P}_2|_FP_1)}{p(_J\widetilde{P}_2)}=\dfrac{1/3(1/2)}{1/2}=\dfrac{1}{3}$

: 2)에 의하여 $p(_FP_1)=p(_FP_1|_J\widetilde{P}_2)$이므로 간수 $J$의 언급은 죄수 $P_1$에게 아무

정보도 제공하지 않음이 확인 되었다.

**예** 앞의 예제에서 죄수 $P_1$이 석방되지 않을 죄수 1명이 쓰인 메모를 우연히 발견했다고 하자.

1) 노트에 $P_2$ 가 석방될 것으로 적혀있을 확률을 구하시오.

**풀이** 죄수 $P_i$의 석방을 $_FP_i$, 메모에 죄수 $P_i$가 석방되지 못한다고 쓰여 있는 것을 $_M\widetilde{P}_i$라하면,

$$\begin{aligned} p(_M\widetilde{P}_2) &= \sum_{i=1}^{3} p(_FP_i)p(_M\widetilde{P}_2|_FP_i) \\ &= p(_FP_1)p(_M\widetilde{P}_2|_FP_1) + p(_FP_2)p(_M\widetilde{P}_2|_FP_2) + p(_FP_3)p(_M\widetilde{P}_2|_FP_3) \\ &= \frac{1}{3}\left(\frac{1}{2}\right) + \frac{1}{3}(0) + \frac{1}{3}\left(\frac{1}{2}\right) = \frac{1}{3} \end{aligned}$$

: $p(_M\widetilde{P}_2|_FP_3)$에서 앞 예제와는 다르게 죄수 $P_1$이 질문하는 상황이 아니며, 아무 정보가 없는 상황에서 메모에는 석방되지 않는 사람 둘 중에 무작위로 쓰이게 될 것이므로 $p(_M\widetilde{P}_2|_FP_3) = p(_M\widetilde{P}_1|_FP_3) = \frac{1}{2}$가 된다.

2) 메모에 $_M\widetilde{P}_2$ 라고 쓰인 경우 $_FP_1$일 확률을 구하시오.

**풀이** $p(_FP_1|_M\widetilde{P}_2) = \dfrac{p(_FP_1)p(_M\widetilde{P}_2|_FP_1)}{p(_M\widetilde{P}_2)} = \dfrac{1/3(1/2)}{1/3} = \dfrac{1}{2}$

: 2)에 의하여 $p(_FP_1) \neq p(_FP_1|_J\widetilde{M}_2)$이므로 메모의 내용은 죄수 $P_1$의 석방 여부에 관계된다. 실제로 메모를 발견함으로서 죄수 $P_1$의 석방 확률이 증가되었다.

## ■ 확률 추론

### 9.8 정의 (베이즈 추론 Bayesian inference)

: 증거 사건을 근거로 하여 원인을 추론해내는 것을 **베이즈 추론**이라 한다.

**예** 어떤 학과의 학생들에 대하여, 학생 중 한 사람이 "인공지능"을 수강할 확률이 30%, "인공생명"을 수강할 확률이 25%, "로봇이론"을 수강할 확률이 25%, "패턴

인식"을 수강할 확률이 20%라 하자. 또, "인공지능", "인공생명", "로봇이론", 및 "패턴인식"을 수강할 때 장학금을 받을 확률을 각각 90%, 10%, 15%, 5%라 하자.

| 과목 | $p(s\|c_i)$ | $p(c_i)$ |
|---|---|---|
| $c_1$ | 0.9 | 0.3 |
| $c_2$ | 0.1 | 0.25 |
| $c_3$ | 0.15 | 0.25 |
| $c_4$ | 0.05 | 0.2 |

1) 학생이 장학금을 받을 확률을 구하시오

풀이 $p(s) = \sum_{i=1}^{4} p(c_i)p(s|c_i)$

$$= 0.3(0.9) + 0.25(0.1) + 0.25(0.15) + 0.2(0.05) = 0.3425$$

2) 어떤 학생이 장학금을 받았을 경우, 그 학생은 어떤 과목을 수강했다고 추론할 수 있는가?

풀이 $p(c_1|s) = \dfrac{p(c_1)p(s|c_1)}{p(s)} = \dfrac{0.3(0.9)}{0.3425} = 0.7883$

$$p(c_2|s) = \frac{p(c_2)p(s|c_2)}{p(s)} = \frac{0.25(0.1)}{0.3425} = 0.0730$$

$$p(c_3|s) = \frac{p(c_3)p(s|c_3)}{p(s)} = \frac{0.25(0.15)}{0.3425} = 0.1095$$

$$p(c_4|s) = \frac{p(c_4)p(s|c_4)}{p(s)} = \frac{0.2(0.05)}{0.3425} = 0.0292$$

따라서 인공지능을 수강했다고 볼 수 있다.

예 어떤 주부가 4곳의 마트에 갈 확률과 그 곳에서 고등어를 살 확률이 다음 표와 같다고 하자.

| 마트 | $p(\mu\|m_i)$ | $p(m_i)$ |
|---|---|---|
| $m_1$ | 0.5 | 0.1 |
| $m_2$ | 0.2 | 0.2 |
| $m_3$ | 0.2 | 0.3 |
| $m_4$ | 0.1 | 0.4 |

1) 오늘 마트에 갔다면 고등어를 살 확률을 구하시오.

풀이 $p(\mu) = \sum_{i=1}^{4} p(m_i)p(\mu|m_i)$

$= 0.1(0.5) + 0.2(0.2) + 0.3(0.2) + 0.4(0.1) = 0.19$

2) 저녁 식탁에 고등어가 올라왔다. 그 고등어는 어디에서 샀다고 추론할 수 있는가?

풀이 $p(m_1|\mu) = \dfrac{p(m_1)p(\mu|m_1)}{p(\mu)} = \dfrac{0.1(0.5)}{0.19} = 0.26$

$$p(m_2|\mu) = \frac{p(m_2)p(\mu|m_2)}{p(\mu)} = \frac{0.2(0.1)}{0.19} = 0.11$$

$$p(m_3|\mu) = \frac{p(m_3)p(\mu|m_3)}{p(\mu)} = \frac{0.3(0.3)}{0.19} = 0.47$$

$$p(m_4|\mu) = \frac{p(m_4)p(\mu|m_4)}{p(\mu)} = \frac{0.4(0.1)}{0.19} = 0.21$$

따라서 마트 $m_3$에서 사왔을 가능성이 가장 크다.

## 9.9 노트 (베이즈 추론 일반)

: 근거 사건이 여러 개인 경우 사건 $C$의 확률은 다음과 같다.

$$p(H|E_1E_2 \cdots E_n),\ E_1E_2 \cdots E_n = \bigcap_{i=1}^{n} E_i$$

: 베이즈의 정리에 의하여 다음을 얻는다.

$$p(H|E_1E_2 \cdots E_n) = \frac{p(H)p(E_1E_2 \cdots E_n|H)}{p(E_1E_2 \cdots E_n)}$$

: 즉, "사후확률 = 사전확률 × 경향 / 근거"이다.

1) $p(E_1E_2 \cdots E_n)$는 쉽게 계산된다.

2) $p(H)p(E_1E_2 \cdots E_n|H)$를 계산하자.

: 먼저 아래와 같이 $p(F_1F_2|C) = p(F_1|C)p(F_2|CF_1)$임을 알 수 있다.

$$p(AB) = p(A)p(B|A)$$

$$p(ABC) = p(C)p(AB|C)$$

$$p(ABC) = p(AB)p(C|AB) = p(A)p(B|A)p(C|AB)$$

$$p(F_1F_2C) = p(C)p(F_1F_2|C),\ p(F_1F_2C) = p(F_1C)p(F_2|F_1C)$$

$$\therefore\ p(F_1F_2|C) = p(F_1C)p(F_2|F_1C)/p(C)$$

$$= p(C)p(F_1|C)p(F_2|F_1C)/p(C) = p(F_1|C)p(F_2|CF_1)$$

위 식을 되풀이 적용하면,

$$\begin{aligned} p(H)p(E_1E_2 \cdots E_n|H) &= p(H)p(E_1|H)p(E_2 \cdots E_n|HE_1) \\ &= p(H)p(E_1|H)p(E_2|HE_1)p(E_3 \cdots E_n|HE_1E_2) \\ &\cdots \end{aligned}$$

계산을 단순하게 하기 위해서 모든 $i \neq j$에 대하여 $E_i, E_j$가 독립이라고 가정하면,

$p(E_i|HE_j) = p(E_i|H)$ 이므로

$$\begin{aligned} p(H)p(E_1E_2 \cdots E_n|H) &= p(H)p(E_1|H)p(E_2|H)p(E_3|H)\cdots \\ &= p(H)\prod_{i=1}^{n} p(E_i|H) \end{aligned}$$

따라서,

$$p(H|E_1E_2 \cdots E_n) = \frac{p(H)\prod_{i=1}^{n} p(E_i|H)}{p(E_1E_2 \cdots E_n)}$$ 가 된다.

## ■ 확률과 신뢰도

**9.10 노트 (조건부 확률과 신뢰 강화)** : 조건부 확률에 의하여 근거 사건의 발생이 어떤 추측에 대한 신뢰에 어떻게 영향을 끼치는가를 설명할 수 있다.

: $p(A|E) > P(A)$이면 근거 $E$는 사건 $A$의 신뢰를 크게 한다.

: $p(\overline{A}|E) > P(\overline{A})$이면 근거 $E$는 사건 $\overline{A}$의 신뢰를 크게 한다.

### 9.11 노트 (지시 demonstrative 추론과 그럴듯한 plausible 추론)

: 지시 추론 $A \to B,\ \sim B \Rightarrow \sim A$은 대우명제가 참이므로 항상 성립한다.

이것은 베이즈 정리로부터도 명백하다.

$A \to B \Leftrightarrow p(B|A)=1$, $p(\overline{B}|A)=0$이므로 $p(A|\overline{B}) = \dfrac{p(A)p(\overline{B}|A)}{p(\overline{B})} = 0$이다. 즉, 사건 $B$에 대한 정보로 사건 $A$의 신뢰를 측정할 수 있다. $p(\overline{A}|\overline{B})=1$로부터 잘 알 수 있다.

: 그럴듯한 추론 $A \to B,\ B \Rightarrow A$ 는 항상 옳은 것은 아니다.

이것을 조건부 확률로 해석해보자. $p(A|B) = \dfrac{p(A)p(B|A)}{p(B)}$, 에서 $p(A|B)=1$이므로 $p(A|B) = p(A)\dfrac{1}{p(B)}$이다. 즉, $p(B)$가 작아지거나 $p(A)$에 가까울수록, $p(A|B)$는 1에 가까워진다. 따라서 근거 사건 $B$가 드물게 일어나는 사건일수록 $p(B)$가 작고 $A$에 대한 신뢰를 크게 한다.

### 9.12 노트 (정보와 사건의 연관)

: $P(A)$와 $p(A|B)$가 다를수록 두 사건은 관계가 깊고 $B$에 대한 앎 즉, 정보가 사건 $A$의 신뢰와 연관된다.

$$p(A|B) = \frac{p(A)p(B|A)}{p(B)} = p(A)\frac{p(B|A)}{p(B)}$$

$$p(B|A) = \frac{p(B)p(A|B)}{p(A)} = p(B)\frac{p(A|B)}{p(A)}$$

: 위 식에서 우측의 $\dfrac{p(B|A)}{p(B)} = \dfrac{p(A|B)}{p(A)}$이고 이 값을 두 사건의 연관을 나타내는 척도(연관 비율)로 사용한다.

### 9.13 노트 (법칙의 검정) :

조건부 확률 개념으로 "법칙의 검증"을 설명해보자. 해왕성 발견 에피소드(Urbain Jean Joseph Le Verrier)가 이를 잘 보여주는 사례이다. 뉴턴 법칙에 어긋나는 궤도에서 천왕성이 발견된 후, 프랑스 수학자 르베리에가 천왕성 궤도와 뉴턴 법칙을 새롭게 적용하여 아직 발견되지 않은 해왕성의 위치를 (천구상 $1^\circ$ 의 오차범위 내에서) 정확하게 예측하였다. 이후 실제로 해양성이 관측되었다. 이 새로운 관측이 뉴턴 법칙의 신뢰를 향상시키는 것에 관하여 해석해보자.
먼저 다음과 같이 가정하자.

$p(Newton)$ : 새로운 관측 이전의 뉴턴 법칙의 신뢰 확률
$p(E)$ : 어떤 관측이 일어날 확률
$p(Newton|E)$ : 관측이 주어진 경우 뉴턴 법칙의 신뢰 확률
$p(E|Newton)$ : 뉴턴 법칙 하에서 관측이 일어날 확률

베이즈의 정리로부터
$p(Newton|E) = \frac{p(Newton)p(E|Newton)}{p(E)}$을 얻을 수 있다.

$p(E|Newton)$이 1에 가깝다면, $p(Newton|E) = p(Newton)\frac{1}{p(E)}$을 얻을 수 있고, 따라서 법칙에 대한 신뢰 확률은 $p(E)$에 반비례한다. 즉, 아주 드문 일이 일어난다면 신뢰 확률은 크게 올라간다. 르베리에의 경우가 그러한데, 천구상 $1^\circ$ 의 오차범위는 전체의 0.00007615이므로 약 1만 배의 신뢰 향상을 가져온 셈이다.

## 연습문제

1. 두 개의 주사위를 던질 때 적어도 하나의 눈이 5가 나올 확률을 구하시오.

2. 두 친구가 서로 콩다방과 별다방을 가자며 다투고 있다. 둘은 합의하에 두 개의 주사위를 던져 두 번째 주사위의 눈이 첫 번째 주사위의 눈보다 크면 콩다방으로 가기로 하였다. 두 사람이 별다방으로 갈 확률을 구하시오.

3. 푸른 구슬 2개 흰 구슬이 3개 들어있는 바구니에서 (꺼낸 구슬은 다시 넣지 않고) 차례로 두 개의 구슬을 꺼내는 시행에서 $p(b_2|b_1)$, $p(w_2|b_1)$, $p(b_2|w_1)$, $p(w_2|w_1)$를 구하시오.

4. 푸른 구슬 2개 붉은 구슬이 3개 들어있는 바구니에서 (꺼낸 구슬을 다시 넣고) 차례로 두 개의 구슬을 꺼내는 시행에서 $p(b_2|b_1)$, $p(w_2|b_1)$, $p(b_2|w_1)$, $p(w_2|w_1)$를 구하시오.

**5.** 푸른 구슬 2개 흰 구슬이 3개 들어있는 바구니에서 (비복원추출에 의해) 두 번째 구슬을 꺼냈다고 하자.

1) 그것이 푸른 구슬일 확률 $p(b_2)$를 구하시오.
2) 그것이 흰 구슬일 확률 $p(w_2)$를 구하시오.
3) 그것이 푸른 구슬일 때 첫 번째가 푸른 구슬이었을 확률을 구하시오.
4) 그것이 푸른 구슬일 때 첫 번째가 흰 구슬이었을 확률을 구하시오.

**6.** 어떤 회사 컴퓨터 시스템에는 4대의 프린터가 연결되어있고 작업이 주어지면 임의로 프린터가 선택되어 출력된다. 한 직원이 출력한 문서가"프린터1"로 출력될 확률이 40%, "프린터2"로 출력될 확률이 25%, "프린터3"으로 출력될 확률이 25%, "프린터4"로 출력될 확률이 10%라 하자. 또, "프린터1", "프린터2", "프린터3", 및 "프린터4"로 출력될 때 잼이 걸릴 확률을 각각 5%, 10%, 15%, 90%라 하자.

| 프린터 | $p(j\|p_i)$ | $p(p_i)$ |
|---|---|---|
| $p_1$ | 0.05 | 0.4 |
| $p_2$ | 0.1 | 0.25 |
| $p_3$ | 0.15 | 0.25 |
| $p_4$ | 0.9 | 0.1 |

1) 잼이 발생할 확률을 구하시오
2) 현재 문서가 잼이 걸렸을 때, 몇 번 프린터라고 추론할 수 있는가?

**7.** 어떤 사람이 4곳의 커피전문점에 갈 확률과 그 곳에서 아메리카노를 주문할 확률이 다음 표와 같다고 하자.

| 커피점 | $p(\mu\|m_i)$ | $p(m_i)$ |
|---|---|---|
| $m_1$ | 0.35 | 0.1 |
| $m_2$ | 0.2 | 0.2 |
| $m_3$ | 0.3 | 0.3 |
| $m_4$ | 0.15 | 0.4 |

1) 오늘 커피전문점에 갔다면 아메리카노를 주문할 확률을 구하시오.
2) 그 사람이 아메리카노를 마시고 있다. 어디서 구입했다고 추론할 수 있는가?

# Chapter 10 확률변수

## ■ 확률변수

### 10.1 노트 (확률변수, 확률밀도함수)

: 표본공간을 실수에 대응시키면 확률문제를 쉽고 편리하게 다룰 수 있다. 예를 들어, 주사위를 던질 때 나오는 눈의 수는 **확률변수**(random variables)이며, 이때 그 값이 1일 확률은 1/6이 된다. 동전 던지기의 경우도 앞면을 1, 뒷면을 0으로 대응시키면 확률변수가 되고 그 값이 1일 확률과 0일 확률은 각각 1/2이 된다. 확률변수란 직관적으로는 시행의 결과인 단위표본을 수치로 서술하는 것으로 볼 수 있고 형식적으로는 표본공간을 (일반적으로) 실수에 대응시키는 함수이다. 이 함수를 **확률밀도함수**(probability density functions)라고 한다.

**예** $\Omega=\{H, T\}$ 의 경우 확률변수 $X:\Omega \rightarrow R \vDash X(H)=1, X(T)=0$를 정의할 수 있다. 이 경우 확률변수 $X$에 대한 확률밀도함수는 다음과 같다.

$$p_X : Im\,X \rightarrow R \vDash p_X(1)=\frac{1}{2}, p_X(0)=\frac{1}{2}$$

**예** $\Omega=\{1, 2, 3, 4, 5, 6\}$ 의 경우, 확률변수를 다음과 같이 정의할 수 있다.

$X:\Omega \rightarrow R \vDash X(i)=i$

: 이 경우 확률변수 $X$에 대한 확률밀도 함수는 다음과 같다.

$$p_X : Im\,X \rightarrow R \vDash p_X(x)=\frac{1}{6}, (x=1, 2, 3, 4, 5, 6)$$

: 확률변수를 사용함으로써, $P[X=a], P[a< X\leq b]$등이 가능해진다.

**10.2 노트 (확률분포)** : 확률변수에 확률을 대응시켜주는 관계를 해당 확률변수의 확률분포(probability distribution)라 한다.

**10.3 정의 (이산 확률변수의 확률밀도함수)**

: 확률변수 $X$가 이산인 경우 $X$의 확률밀도(또는 확률분포)함수는 다음과 같은 형태이다.

$f(x_i)=P[X=x_i],\ x_i=-\infty\sim\infty$

: 다음을 만족해야 한다.

(1) $f(x_i)\geqq 0$

(2) $\sum_{x_i} f(x_i)=1$

(3) $P[a<x_i\leqq b]=\sum_{a<x_i\leqq b} f(x_i)$

**예** 던져진 주사위가 처음으로 5의 눈일 때까지의 횟수를 $X$라 하자. 확률변수 $X$의 확률분포를 구하시오.

**풀이** $X=x$는 $x-1$번 까지는 5 이외의 눈이 나온 것이므로

$$f(x_i)=P[X=x_i]=\left(\frac{5}{6}\right)^{x_i-1}\left(\frac{1}{6}\right),\ x_i=1,2,\cdots$$

**10.4 정의 (연속 확률변수의 확률밀도함수)**

: 확률변수 $X$가 연속인 경우 $X$의 확률함수는 다음과 같다.

$$P[a<X\leq b]=\int_a^b f(x)dx$$

: 확률변수 $X$는 확률밀도(또는 확률분포)함수가 $f(x)$인 확률분포를 따르며 다음을 만족해야 한다.

(1) $f(x)\geq 0$

(2) $l\leq X\leq u$일 때, $\int_l^u f(x)dx=1$

(3) 임의의 $x$에 대해 $P[X=x]=0$

(4) $P[a \le X \le b] = P[a \le X < b] = P[a < X \le b] = P[a < X < b]$

: 누적(cumulative) 확률분포 함수 : $P[-\infty < X \le b] = \int_{-\infty}^{b} f(x)dx$

**예** 어떤 입자의 존재 기간을 나타내는 확률변수 $X$의 확률밀도함수가 $e^{-x}$(그림 참조)일 때 이 입자가 5이상 7이하의 기간 동안 존재할 확률을 계산하시오

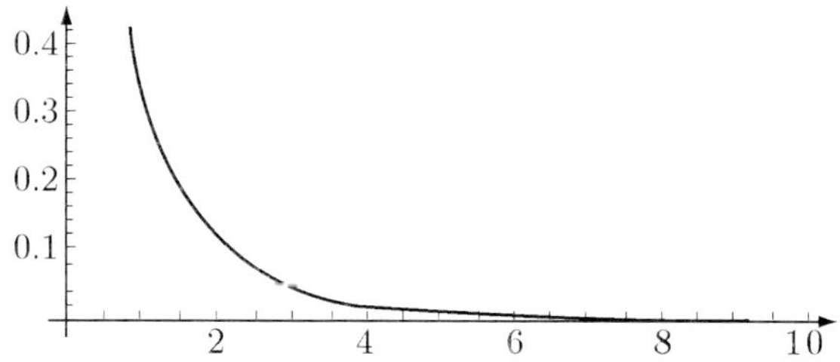


**풀이** $P[5 \le X \le 7] = \int_{5}^{7} e^{-x}dx = |-e^{-x}|_5^7 = e^{-5} - e^{-7} - 0.0058$

## ■ 평균, 분산

데이터의 특징을 상징하는 대표적인 대푯값인 평균은 데이터의 중심, 분산은 데이터의 흩어진 정도를 나타내는 척도이다.

### 10.5 정의 (표본 데이터의 표본 평균과 표본 분산)

: 표본 데이터 $x_1, x_2, \cdots, x_n$에 대하여,

: 표본 평균 : $\overline{\mu} = \overline{x} = \frac{1}{n}\sum_{i}^{n} x_i$

: 표본 분산 : $\overline{\sigma^2} = s^2 = \frac{1}{n-1}\sum_{i}^{n}(x_i - \overline{\mu})^2$

**예** 10개의 표본 데이터 1, 2, 3, 4, 5, 6, 7, 8, 9, 10에 대한 평균과 분산을 구하시오.

풀이 $\overline{\mu} = \dfrac{1+2+\cdots+10}{10} = 5.5$

$$\overline{\sigma^2} = \frac{1}{9}\sum_{1}^{10}(x_i - 5.5)^2 = \frac{82.5}{9} = 1.97$$

| $x_i$ | $x_i - \overline{\mu}$ | $(x_i - \overline{\mu})^2$ |
|---|---|---|
| 1 | -4.5 | 20.25 |
| 2 | -3.5 | 12.25 |
| 3 | -2.5 | 6.25 |
| 4 | -1.5 | 2.25 |
| 5 | -0.5 | 0.25 |
| 6 | 0.5 | 0.25 |
| 7 | 1.5 | 2.25 |
| 8 | 2.5 | 6.25 |
| 9 | 3.5 | 12.25 |
| 10 | 4.5 | 20.25 |
| $\sum x_i = 55$ | $\overline{\mu} = 5.5$ | $\sum(x_i - \overline{\mu})^2 = 82.5$ |

### 10.6 정의 (이산 확률변수의 평균과 분산)

: 이산 확률변수 $X$의 확률분포가 다음과 같을 때, $X$의 평균은 $E(X) = \sum_{x_i} x_i f(x_i)$이다.

$$f(x_i) = P[X = x_i],\ x_i = -\infty \sim \infty$$

: $g(X)$가 확률변수 $X$의 함수이면 $g(X)$의 평균은 $E(g(X)) = \sum_{x_i} g(x_i) f(x_i)$이다.

예 동전을 3개 던질 때 나오는 앞면의 개수 $X$의 평균을 구하시오.

풀이

| $x_i$ | 0 | 1 | 2 | 3 | 합 |
|---|---|---|---|---|---|
| $f(x_i)$ | 1/8 | 3/8 | 3/8 | 1/8 | 1 |
| $x_i f(x_i)$ | 0 | 3/8 | 6/8 | 3/8 | 1.5 |
| $2x_i^2$ | 0 | 2 | 8 | 18 | |
| $2x_i^2 f(x_i)$ | 0 | 3/4 | 3 | 9/4 | 6 |

$$E(X) = \sum_{x_i} x_i f(x_i) = 1.5$$

$$E(2X^2) = \sum_{x_i} 2x_i^2 f(x_i) = 6$$

**예** 다음과 같은 회전판에 다트를 던져 상금을 받는 경우 기댓값을 계산하시오.

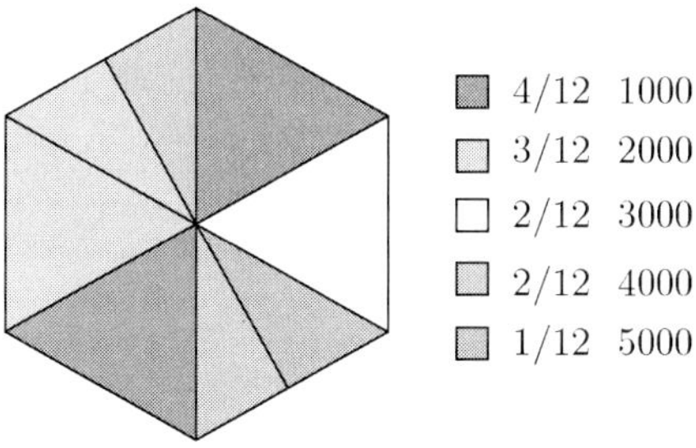


**풀이** 상금을 확률변수 $X$로 하면 다음의 표를 얻는다.

| $x_i$ | 1000 | 2000 | 3000 | 4000 | 5000 | 합 |
|---|---|---|---|---|---|---|
| $f(x_i)$ | 4/12 | 3/12 | 2/12 | 2/12 | 1/12 | 1 |
| $x_i f(x_i)$ | 4000/12 | 6000/12 | 6000/12 | 8000/12 | 5000/12 | 2416.7 |

$$E(X) = \sum_{x_i} x_i f(x_i) = 2416.7$$

: 즉, 이 게임을 1회당 3000원 받고 한다면 평균 583.3원의 이익을 얻는다.

### 10.7 정의 (연속 확률변수의 평균과 분산)

: 연속 확률변수 $X$ 의 확률분포 함수가 다음과 같은 형태일 때

$$P[a < X \le b] = \int_a^b f(x)dx$$

즉, $f(x)$가 확률밀도 함수일 때 $X$의 평균은 $E(X) = \int_l^u xf(x)dx$이다.

: $g(X)$가 확률변수 $X$의 함수이면 $g(X)$의 평균은 $E(g(X)) = \int_l^u g(x)f(x)dx$이다.

**예** 버스가 매시 15분, 40분, 50분에 출발하는 경우 어떤 사람이 임의로 터미널에 도착하는 경우 대기시간의 기댓값을 계산하시오.

**풀이** 확률변수 $X$의 범위는 $0 \le X \le 60$이고 확률밀도 함수는 $f(x) = \frac{1}{60}$이다.

예를 들어 $P[10 < X \le 20] = \int_{10}^{20} \frac{1}{60} dx = \frac{1}{6}$이고, 10분이 대기확률이 된다.

어떤 사람이 실제로 대기할 시간은 도착시점에 따라 4개의 구간으로 나뉜다.

$0 < x \le 15,\ w_1(x) = 15 - x,$

$15 < x \le 40,\ w_2(x) = 40 - x$

$40 < x \le 50,\ w_3(x) = 50 - x$

$50 < x \le 60,\ w_4(x) = 75 - x$

$E(X) = \int_l^u xf(x)dx$이므로,

$$E(X) = \int_0^{15}(15-x)f(x)dx + \int_{15}^{40}(40-x)f(x)dx + \int_{40}^{50}(50-x)f(x)dx + \int_{50}^{60}(75-x)f(x)dx$$

$$= \frac{1}{60}\left(\left|15x - \frac{x^2}{2}\right|_0^{15} + \left|40x - \frac{x^2}{2}\right|_{15}^{40} + \left|50x - \frac{x^2}{2}\right|_{40}^{50} + \left|75x - \frac{x^2}{2}\right|_{50}^{60}\right) = \frac{675}{60} = 11.25$$

또는

$$E(X) = \int_0^{15}(15-x)f(x)dx + \int_{15}^{40}(40-x)f(x)dx + \int_{40}^{50}(50-x)f(x)dx + \int_{50}^{60}(75-x)f(x)dx$$

$$= \frac{1}{60}\begin{pmatrix} \int_0^{15} 15dx + \int_0^{15} -xdx + \int_{15}^{40} 40dx + \int_{15}^{40} -xdx \\ + \int_{40}^{50} 50dx + \int_{40}^{50} -xdx + \int_{50}^{60} 75dx + \int_{50}^{60} -xdx \end{pmatrix}$$

$$= \frac{1}{60}\left(\int_0^{15} 15dx + \int_{15}^{40} 40dx + \int_{40}^{50} 50dx + \int_{50}^{60} 75dx + \int_0^{60} -xdx\right)$$

$$= \frac{1}{60}\left(|15x|_0^{15} + |40x|_{15}^{40} + |50x|_{40}^{50} + |75x|_{50}^{60} + \left|-\frac{x^2}{2}\right|_0^{60}\right) = \frac{675}{60} = 11.25$$

따라서 대기시간은 11.25분(11분15초)이다.

## 10.8 정리 (대표값 평균/기대값의 성질)

: $\sum, \int$의 성질로부터 다음이 성립한다.

1) $E(aX + b) = aE(X) + b$

2) $E(a_1 g_2(X) + a_2 g_2(X)) = a_1 E(g_1(X)) + a_2 E(g_2(X))$

## 10.9 정의 (분산과 표준편차)

: 확률변수 $X$의 값들이 평균으로부터 떨어진 정도의 평균을 분산(variance)이라한다. 이때, 확률변수 $X$의 값들이 평균으로부터 양의방향과 음의방향으로 떨어진 정도가 같으면 그 값이 0이 되므로 그 값의 제곱을 분산으로 한다.

: $E(X)=\mu$라 할 때,

$$Var(X)=E((X-\mu)^2)=\begin{cases}\sum(x_i-\mu)^2 f(x_i)\\ \int(x-\mu)^2 f(x)dx\end{cases}$$

: 분산의 양의 제곱근을 표준편차(standard deviation)라 한다.

$$Sd(X)=\sqrt{Var(X)}=\sqrt{E((X-\mu)^2)}$$

**예** 동전을 3개 던질 때 나오는 앞면의 개수 $X$의 평균과 분산을 구하시오.

**풀이**

| $x_i$ | 0 | 1 | 2 | 3 | 합 |
|---|---|---|---|---|---|
| $f(x_i)$ | 1/8 | 3/8 | 3/8 | 1/8 | 1 |
| $x_i f(x_i)$ | 0 | 3/8 | 6/8 | 3/8 | 1.5 |
| $x_i-\mu$ | −12/8 | −4/8 | 4/8 | 12/8 | 0 |
| $(x_i-\mu)^2 f(x_i)$ | $(-\frac{12}{8})^2\frac{1}{8}$ | $(-\frac{4}{8})^2\frac{3}{8}$ | $(\frac{4}{8})^2\frac{3}{8}$ | $(\frac{12}{8})^2\frac{1}{8}$ | 0.75 |

$$E(X)=1.5,\quad Var(X)=\sum_{x_i}(x_i-\mu)^2 f(x_i)=0.75$$

**예** 확률밀도함수가 $f(x)=1,\ 0\le x\le 1$인 연속 확률변수 $X$의 평균과 분산을 구하시오.

**풀이** $E(X)=\int_0^1 xf(x)dx=\int_0^1 xdx=\frac{1}{2}$

$$Var(X)=\int_0^1(x-\mu)^2 f(x)dx=\int_0^1(x-\frac{1}{2})^2dx$$

$$=\int_0^1(x^2-x+\frac{1}{4})dx-\left|\frac{x^3}{3}-\frac{x^2}{2}+\frac{x}{4}\right|_0^1=\frac{1}{12}$$

### 10.10 정리 (대표값 분산의 성질)

: $\sum, \int$ 의 성질로부터 다음이 성립한다.

$$Var(X) = E(X^2) - (E(X))^2$$

$$Var(aX+b) = a^2 Var(X)$$

**예** 확률밀도함수가 $f(x) = 1, 0 \le x \le 1$ 인 연속확률변수 $X$의 평균과 분산을 구하시오.

**풀이** $E(X) = \int_0^1 xf(x)dx = \int_0^1 xdx = \frac{1}{2}$

$$E(X^2) = \int_0^1 x^2 f(x)dx = \int_0^1 x^2 dx = \frac{1}{3}$$

$$Var(X) = E(X^2) - (E(X))^2 = \frac{1}{3} - \frac{1}{4} = \frac{1}{12}$$

## ■ 결합 확률분포

많은 경우의 시행이 두 개 이상의 확률변수로 표현되며, 둘 이상 확률변수의 확률분포를 결합 확률분포(joint probability distribution)라 한다.

### 10.11 정의 (이산 결합 확률분포)

: 확률변수 $X$, $Y$가 이산인 경우

: 결합 확률밀도 함수 $f(x_i, y_j) = P[X = x_i, Y = y_j]$는 다음을 만족한다.

(1) $f(x_i, y_j) \ge 0$

(2) $\sum_{x_i}\sum_{y_j} f(x_i, y_j) = 1$

(3) $P[a < x_i \le b, a' < y_j \le b'] = \sum_{a < x_i \le b}\sum_{a' < y_j \le b'} f(x_i, y_j)$

### 10.12 정의 (주변 확률밀도 함수)

: 두 이산 확률변수 $X$, $Y$에 대한 결합 확률밀도 함수가 $f(x_i, y_j)$라 하자. 이때 $X$의

주변(marginal) 확률밀도 함수는 $f_X(x_i) = \sum_{y_j} f(x_i, y_j)$이고 $Y$의 주변 확률밀도 함수는 $f_Y(y_j) = \sum_{x_i} f(x_i, y_j)$이다.

: 각각은 $X$와 $Y$의 분포와 일치한다.

### 10.13 노트 (이산 결합 확률밀도 함수)

: 조건부 확률과 주변 확률밀도 함수로부터 다음을 얻는다.

: $f(x_i, y_j) = P[X = x_i,\ Y = y_j] = P[Y = y_j | X = x_i] \cdot P[X = x_i]$

$$= P[X = x_i | Y = y_j] \cdot P[Y = y_j]$$

: 일반식은 다음과 같다.

$$\begin{aligned} P[X_1, X_2, \cdots, X_n] = P[X_1] \\ \cdot\ P[X_2 | X_1] \\ \cdot\ P[X_3 | X_1, X_2] \\ \cdots \\ \cdot\ P[X_n | X_1, X_2, \cdots, X_{n-1}] \end{aligned}$$

: 각 확률변수들이 독립이면 베이즈 추론에서와 같이 단순화시킬 수 있다.

### 10.14 정의 (연속 결합 확률분포)

: 확률변수 $X$, $Y$가 연속인 경우

: $X$, $Y$의 결합 확률분포 함수는 다음과 같은 형태이다.

$$F(x,y) = P[a < X \le b, a' < Y \le b'] = \int_a^b \int_{a'}^{b'} f(x, y)dydx$$

: 결합 확률밀도 함수 $f(x, y)$는 다음을 만족한다.

(1) $f(x, y) \ge 0$

(2) $l \le X \le u,\ l' \le Y \le u'$일 때, $\int_l^u \int_{l'}^{u'} f(x, y)dydx = 1$

**10.15 정의** : 연속 결합 확률밀도 함수는 다음과 같이 결합 확률분포 함수로부터 얻을 수 있다.

$$f(x, y) = \frac{\partial^2 F(x, y)}{\partial x \partial y}$$

**예** 결합 확률분포 함수 $F(x, y) = (1-e^{-x})(1-e^{-y})$, $x, y > 0$, $F(0, 0) = 0$에 대하여 결합 확률밀도 함수를 구하시오.

**풀이** $f(x, y) = \frac{\partial^2 F(x, y)}{\partial x \partial y} = e^{-x}e^{-y}$

**예** 위 예제에서 구간 $1 \le x \le 2, 1 \le y \le 3$에서의 확률을 구하시오.

**풀이** $P[1 \le x \le 2, 1 \le y \le 3] = \int_1^2 \int_1^3 e^{-x}e^{-y} dy dx$

$$= \int_1^2 e^{-x} dx \int_1^3 e^{-y} dy = (-e^{-2} + e^{-1})(-e^{-3} + e^{-1})$$

**10.16 정의 (주변 확률밀도 함수)**

: 두 연속 확률변수 $X$, $Y$에 대한 결합 확률밀도 함수가 $f(x,y)$일 때 $X$의 주변 확률밀도 함수는 $f_X(x) = \int_{l'}^{u'} f(x, y) dy$이고 $Y$의 주변 확률밀도 함수는 $f_Y(y) = \int_l^u f(x, y) dx$이다.

: 각각은 $X$와 $Y$의 분포와 일치한다.

**10.17 정의** : 결합 확률밀도 함수는 다음과 같이 조건부 확률과 주변 확률밀도 함수로부터 얻을 수 있다.

$$f(x, y) = f_{Y|X}(y|x) f_X(x) = f_{X|Y}(x|y) f_Y(y)$$

**예** 결합 확률밀도 함수가 구간 $0 \le x \le 1, 0 \le y \le 1$에서 $f(x, y) = \frac{2(x+2y)}{3}$일 때, 조건 확률밀도 함수 $f_{X|Y}(x|y)$를 구하시오.

**풀이** 먼저 주변 확률분포 함수를 계산하면 $f_Y(y) = \int_0^1 \frac{2}{3}(x+2y)dx = \frac{2}{3}\left(\frac{1}{2}+2y\right)$

이고, $f_{X|Y}(x|y) = \frac{f(x,y)}{f_Y(y)} = \frac{(x+2y)}{(1/2+2y)}$ 이다.

**예** 위 예제에서 $y=\frac{1}{2}$이 주어진 경우 $x \le \frac{1}{3}$일 확률을 구하시오.

**풀이** $F(x|y) = P[0 \le x \le \frac{1}{3},\ y=\frac{1}{2}]$

$$= \int_0^{\frac{1}{3}} \frac{x+2y}{1/2+2y}dx = \int_0^{\frac{1}{3}} \frac{2(x+1)}{3}dx = \frac{7}{27}$$

## ■ 공분산, 상관계수

### 10.18 정의 (공분산과 상관관계)

: 두 확률변수의 증감 추세를 측정하는 척도로서 다음과 같은 공분산(covariance)과 상관계수(corelation coefficient)를 정의한다.

: 공분산 $Cov(X, Y) = E((X-\mu_X)(Y-\mu_Y))$

: 상관계수 $Corr(X, Y) = \frac{Cov(X, Y)}{Sd(X)Sd(Y)}$

### 10.19 정의 (공분산 및 상관계수의 성질) :

1) $Cov(X, Y) = E(XY) - E(X)E(Y)$
2) $Cov(aX+b,\ a'Y+b') = aa'Cov(X, Y)$
3) $Corr(aX+b,\ a'Y+b') = \frac{aa'}{|aa'|}Corr(X, Y)$
4) $-1 \le Corr(X, Y) \le 1$

**예** 두 확률변수 $X, Y$의 결합 확률분포가 아래와 같을 때 공분산과 상관계수를 구하시오.

| $X \setminus Y$ | 0 | 1 | 2 | 3 | $X$ |
|---|---|---|---|---|---|
| 0 | 5/100 | 5/100 | 10/100 | 0 | 20/100 |
| 1 | 5/100 | 10/100 | 25/100 | 10/100 | 50/100 |
| 2 | 0 | 15/100 | 10/100 | 5/100 | 30/100 |
| $Y$ | 10/100 | 30/100 | 45/100 | 15/100 | 1 |

**풀이** $Cov(X, Y) = E(XY) - E(X)E(Y)$를 이용한다.

1) 주변 확률분포(표의 $X$열과 $Y$행)로부터 $E(X), E(Y)$, $Sd(X), Sd(Y)$를 먼저 계산한다.

: $E(X) = \sum_{x_i} x_i f(x_i)$이므로

$E(X) = 0(20/100) + 1(50/100) + 2(30/100) = 1.1$

$E(Y) = 0(10/100) + 1(30/100) + 2(45/100) + 3(15/100) = 1.65$

: $Var(X) = E(X^2) - (E(X))^2$이므로

$E(X^2), E(Y^2)$으로부터 $Sd(X), Sd(Y)$ 역시 쉽게 계산할 수 있다.

$E(X^2) = \sum_{x_i} x_i^2 f(x_i)$

$E(X^2) = 0(20/100) + 1(50/100) + 4(30/100) = 1.7$

$E(Y^2) = 0(10/100) + 1(30/100) + 4(45/100) + 9(15/100) = 3.45$

$Var(X) = 1.7 - (1.1)^2 = 0.49$, $Sd(X) = 0.7$

$Var(Y) = 3.45 - (1.65)^2 = 0.7275$, $Sd(X) = 0.85$

2) $E(XY)$를 계산하기 위해 $XY$분포를 구한다.

| $XY$ | 0 | 1 | 2 | 3 | 4 | 6 |
|---|---|---|---|---|---|---|
| $f(xy)$ | 25/100 | 10/100 | 40/100 | 10/100 | 10/100 | 5/100 |
| $xyf(xy)$ | 0 | 10/100 | 80/100 | 30/100 | 40/100 | 30/100 |

$E(XY) = 1(10/100) + 2(80/100) + 3(30/100) + 4(40/100) + 6(30/100) = 1.9$

3) 1), 2)에 의하여

$Cov(X, Y) = 1.9 - 1.65(1.1) = 0.085$

$Corr(X, Y) = \frac{Cov(X, Y)}{Sd(X)Sd(Y)} = \frac{0.085}{0.7(0.85)} = 0.14$

### 10.20 정의 (결합 확률변수의 독립성)

: 두 확률변수 $X$, $Y$의 결합분포에서 $\forall x, y \quad f(x, y) = f(x)f(y)$이면 $X$, $Y$는 서로 독립이다. $X$, $Y$가 독립이 아니면 서로 종속이다.

**예** $f(x, y) = \dfrac{3x^2y^2}{32}$, $0 < x < y < 2$이면

$$f_X(x) = \int_x^2 \frac{3x^2y^2}{32}dy = \frac{3x^2}{32}\left(\frac{8-x^3}{3}\right)\text{이고,}$$

$$f_Y(y) = \int_0^y \frac{3x^2y^2}{32}dx = \frac{3y^2}{32}\left(\frac{y^3}{3}\right)\text{이다.}$$

: $f(x,y) \neq f_X(x)f_Y(y)$ 이므로 두 확률변수 $X$, $Y$는 종속이다.

**예** $f(x,y) = \dfrac{x^3y^3}{16}$, $0 < x < 2, 0 < y < 2$이면,

$$f_X(x) = \int_0^2 \frac{x^3y^3}{16}dy = \frac{x^3}{16}\left(\frac{16}{4}\right) = \frac{x^3}{4}$$

$$f_Y(y) = \int_0^2 \frac{x^3y^3}{16}dx = \frac{y^3}{16}\left(\frac{16}{4}\right) = \frac{y^3}{4}$$

: $f_X(x)f_Y(y) = \dfrac{x^3}{4}\dfrac{y^3}{4} = \dfrac{x^3y^3}{16} = f(x,y)$이므로 두 확률변수 $X$, $Y$는 독립이다.

### 10.21 정리 (독립인 확률변수의 성질)

1) $E(XY) = E(X)E(Y)$
2) $Cov(X, Y) = 0, Corr(X, Y) = 0$
3) $Var(X \pm Y) = Var(X) + Var(Y)$

## 연습문제

**1.** 어느 회전 초밥 집에서 만든 초밥 20개 중에서 3개가 상했다고 하자. 한 사람이 20개의 초밥 중에서 5개를 임의로 골랐을 때 상한 초밥의 개수를 확률변수 $X$라고 할 때, $X$의 확률분포를 확률분포표로 나타내시오.

**2.** 확률변수 $X$의 확률분포가 다음과 같다. 물음에 답하시오.

| $x_i$ | 1 | 2 | 3 | 4 | 5 |
|---|---|---|---|---|---|
| $f(x_i)$ | 0.1 | 0.1 | 0.4 | 0.3 | 0.1 |

1) 평균과 분산을 구하시오.

2) $P[X > 2]$를 구하시오.

**3.** 휴대폰 배터리의 수명이 지수적으로 감소한다고 하자. 배터리의 수명시간 $X$가 다음과 같은 확률밀도함수를 따를 때 배터리의 수명이 3년 이상 4년 이하일 확률을 구하시오.

$$f(x) = e^{-x},\ x \geq 0$$

**4.** 확률밀도함수가 $f(x) = \frac{1}{2}, 0 \leq x \leq 2$인 연속 확률변수 $X$의 평균과 분산을 구하시오.

**5.** 연속 확률변수 $X$의 확률밀도함수가 다음과 같을 때 물음에 답하시오.

$$f(x) = \begin{cases} a(x^2 - 12x + 35) & : 5 \leq x \leq 7 \\ 0 & : x < 5, x > 7 \end{cases}$$

1) 상수 $a$를 구하시오.

2) $P[5 \leq X \leq 6]$를 구하시오.

**6.** 연속 확률변수 $X$의 확률밀도함수가 다음과 같을 때 물음에 답하시오.

$$f(x) = \begin{cases} ax & : 0 \le x \le 2 \\ 0 & : x < 0, x > 2 \end{cases}$$

1) 상수 $a$를 구하시오.

2) $P\left[|X| \le \frac{1}{2}\right]$를 구하시오.

3) 평균과 분산을 구하시오.

**7.** $Var(X) = 25$, $Var(Y) = 9$, $Cov(X, Y) = 1$일 때 다음을 구하시오.

1) $Corr(X, Y)$

2) $Var(5X+7)$

3) $Corr(5X+7, 6X-8)$

**8.** DSLR 동호회에서 소유한 DSLR의 개수와 똑딱이 개수를 조사하였다. 각각의 개수를 확률변수 $X$, $Y$로 나타냈을 때 결합 확률분포가 다음과 같다. 물음에 답하시오.

| $X \setminus Y$ | 1 | 2 | 3 |
|---|---|---|---|
| 0 | 0 | 0.05 | 0.15 |
| 1 | 0.08 | 0.15 | 0.2 |
| 2 | 0.2 | 0.12 | 0.05 |

1) 똑딱이를 더 많이 소유한 확률을 구하시오.

2) 공분산을 계산하시오.

3) 상관계수를 계산하고 두 확률변수의 관계를 분석하시오.

# Chapter 11 확률분포

## ■ 이산 확률분포

### 11.1 정의 (단일 uniform 분포)

: 확률변수 $X$에 대한 확률이 모두 동일한 경우 확률변수 $X$의 분포를 단일분포라 한다.

: $f(x_i)=P[X=x_i]=\dfrac{1}{n}, i=1\sim n$

: $\mu=\dfrac{n+1}{2}, \sigma^2=\dfrac{n^2-1}{12}$

예 동전을 던지는 시행

풀이 표본공간과 확률변수 : $\Omega=\{H,T\}\rightarrow X=\{0,1\}$

확률밀도 함수: $f(x_i)=P[X=x_i]=\dfrac{1}{2}, x_i=0,1$

평균과 분산 : $\mu=\dfrac{2+1}{2}=\dfrac{3}{2}, \sigma^2=\dfrac{2^2-1}{12}=\dfrac{1}{4}$

### 11.2 정의 (이항 binomial 분포 : $B(n,p)$)

: 단위표본이 2개이고 한 번의 시행에서 성공이라 부르는 사건의 확률이 $p$인 독립시행을 $n$번 반복하는 경우 성공의 횟수가 $x$를 나타내는 확률변수 $X$의 분포를 이항분포라 한다.

: $f(x_i)=P[X=x_i]=\binom{n}{x_i}p^{x_i}(1-p)^{n-x_i}$

: $\mu=np, \sigma^2=np(1-p)$

**11.3 정의 (베르누이 시행 bernoulli trial)** : 두 단위표본을 갖는 시행을 **베르누이 시행**이라 한다.

**예** 동전을 10번 던지는 시행에서 앞면이 나오는 횟수

**풀이** 확률변수 : $X=\{0,1,2,\cdots,n\}$, 앞면이 나올 확률은 $p=\frac{1}{2}$이므로,

확률밀도 함수: $f(x_i)=P[X=x_i]=\binom{10}{x_i}\left(\frac{1}{2}\right)^{x_i}\left(1-\frac{1}{2}\right)^{10-x_i}$

평균과 분산 : $\mu=\frac{10}{2}=5, \sigma^2=\frac{10}{4}=2.5$

**11.4 정의 (기하 geometry 분포)**

: 두 단위표본을 갖는 독립시행을 반복하는 경우 $n$번째에 성공이라 부르는 사건이 나타날 확률변수 $X$의 분포를 **기하분포**라 한다.

: $f(x_i)=P[X=x_i]=(1-p)^{x_i-1}p$

: $\mu=\frac{1}{p}, \ \sigma^2=\frac{1-p}{p^2}$

**예** 던져진 주사위가 10번째에 처음으로 5의 눈이 나올 확률을 구하시오.

**풀이** 확률변수 : $X=\{10\}$, 5의 눈이 나올 확률 $p=\frac{1}{6}$이므로,

확률 : $f(10)=P[X=10]=\left(\frac{5}{6}\right)^9\left(\frac{1}{6}\right)=0.0323$

평균과 분산 : $\mu=6, \sigma^2=\frac{1-\frac{1}{6}}{\left(\frac{1}{6}\right)^2}=30$

**11.5 정의 (초기하 hypergeometry 분포)**

: 크기가 $N$인 집단에 특별한 속성을 가진 것이 m개 있다고 하자. 이 집단에서 $n$개를 추출할 때, 특별한 속성을 가진 것이 $x$개 포함될 확률변수 $X$의 분포를 **초기하**

분포라 한다.

: $f(x_i) = P[X = x_i] = \dfrac{\binom{m}{x}\binom{N-m}{n-x}}{\binom{N}{n}}, x_i = 0 \sim \min(n,m)$

: $\mu = \dfrac{mn}{N}, \sigma^2 = \dfrac{m(N-m)n(N-n)}{N^2(N-1)}$

**예** 다음과 같이 푸른 구슬 5개 흰 구슬이 7개 들어있는 바구니에서 임의로 3개를 꺼낼 때, 푸른 구슬의 개수를 확률변수 $X$라 하자. 푸른 구슬이 2개일 확률을 계산하시오.

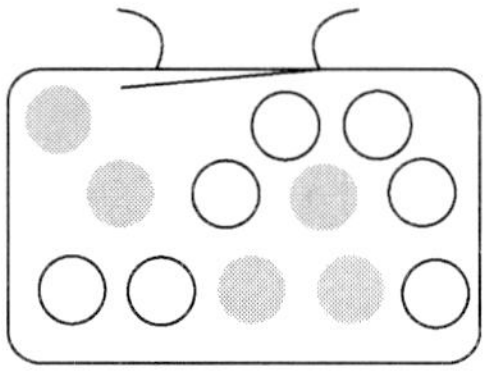

**풀이** $f(x_i) = P[X = x_i] = \dfrac{\binom{m}{x}\binom{N-m}{n-x}}{\binom{N}{n}}$ 에서

$$f(2) = P[X = 2] = \frac{\binom{5}{2}\binom{12-5}{3-2}}{\binom{12}{3}} = \frac{\binom{5}{2}\binom{7}{1}}{\binom{12}{3}} = \frac{\frac{5 \cdot 4}{1 \cdot 2}\frac{7}{1}}{\frac{12 \cdot 11 \cdot 10}{1 \cdot 2 \cdot 3}} = \frac{7}{22} = 0.3182$$

### 11.6 정의 (포와송 poisson 분포 : $P(m)$)

: 이항분포의 극한치($n \to \infty, p \to 0$)에서 유도된 것으로, 평균 $\mu = m$일 때, 다음의 확률밀도 함수를 갖는 확률변수 $X$의 분포를 **포와송분포**라 한다.

: $f(x_i) = P[X = x_i] = \dfrac{e^{-m}m^x}{x!}, x_i = 0, 1, 2 \sim \infty$

: $\mu = m,\ \sigma^2 = m$

: 드물게 일어나는 사건(교통사고 사망자 수, 오류의 수, 질병으로 인한 사망자 수)의 횟수 등이 따르는 분포

: 이항분포 $B(n,p)$가 $n$이 충분히 크고, $p$가 충분히 작으면 포와송 분포 $P(m = np)$를 따른다.

**예** 통화 기록을 분석한 결과 어떤 사람이 하루에 평균 5개의 문자를 받는 것으로 알려졌다. 그 사람이 오늘 5개의 문자를 받을 확률을 계산하시오.

풀이 $f(5) = P[X=5] = \frac{e^{-5}5^5}{5!} = 0.1755$

## ■ 연속 확률분포

### 11.7 정의 (단일 uniform 분포)

: 연속인 구간 내에서 확률밀도가 동일한 경우의 확률분포를 단일분포라 한다.

: $f(x) = \frac{1}{b-a}, a < x < b$

: $P[a < X \le b] = \int_a^b \frac{1}{b-a} dx$

: $\mu = \frac{a+b}{2}, \sigma^2 = \frac{(b-a)^2}{12}$

### 11.8 정의 (정규분포 또는 가우스분포 : $N(\mu,\sigma)$)

: 연속 확률변수 $X$에 대해 평균 $\mu$, 표준편차 $\sigma$이고 평균을 정점으로 하는 종모양의 분포를 정규(normal) 또는 가우스(gauss) 분포라 하며 확률밀도 함수는 다음과 같다.

: $f(x) = \frac{1}{\sqrt{2\pi\sigma}} e^{-\frac{(x-\mu)^2}{2\sigma^2}}, -\infty < x < \infty$

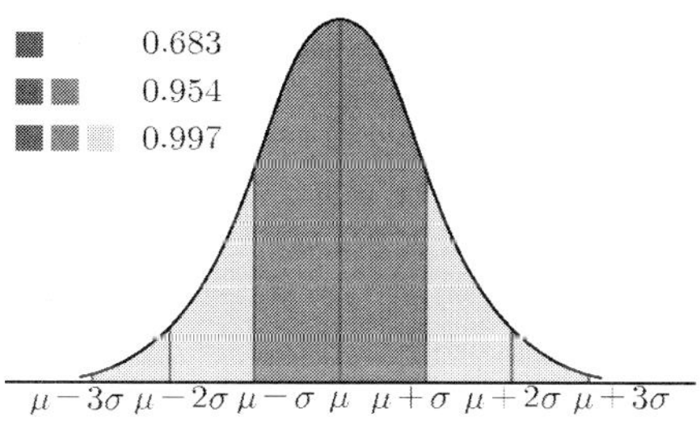


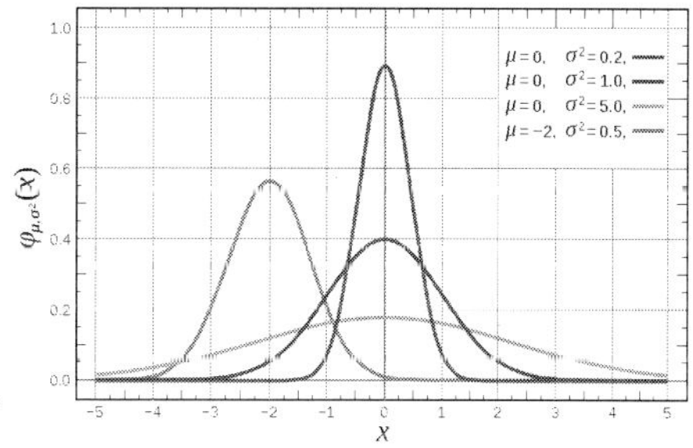


### 11.9 정리 (정규분포의 성질)

: $X \sim N(\mu, \sigma^2)$일 때 $aX+b \sim N(a\mu+b, a^2\sigma^2)$이다.

: $X_1 \sim N(\mu_1, \sigma_1^2), X_2 \sim N(\mu_2, \sigma_2^2)$이고 $X_1, X_2$가 서로 독립이면,

$X_1 + X_2 \sim N(\mu_1 + \mu_2, \sigma_1^2 + \sigma_2^2)$이다.

: 표준 정규 분포 : $N(0,1)$

: $f(x) = \frac{1}{\sqrt{2\pi}} e^{-\frac{x^2}{2}}, -\infty < x < \infty$

### 11.10 정리 (표준 정규분포로의 변환)

: $X \sim N(\mu, \sigma^2)$이면 $Z = \frac{X-\mu}{\sigma} \sim N(0,1)$이다.

: 따라서 정규분포를 따르는 확률변수 $X$의 확률을 다음과 같이 표준 정규분포를 이용하여 계산할 수 있다.

$$P[a < X \le b] = P[\frac{a-\mu}{\sigma} < \frac{X-\mu}{\sigma} \le \frac{b-\mu}{\sigma}]$$
$$= P[\frac{a-\mu}{\sigma} < Z \le \frac{b-\mu}{\sigma}]$$

$$P[X \le b] = P[\frac{X-\mu}{\sigma} \le \frac{b-\mu}{\sigma}] = P[Z \le \frac{b-\mu}{\sigma}]$$

**예** GW 대학교 컴퓨터공학과 인공지능 시험성적 $Ai$가 $Ai \sim N(80, 36)$을 따른다고 할 때, 70점 이상을 받은 사람의 비율을 구하시오.

**풀이** $P[Ai \ge 70] = P[\frac{Ai-\mu}{\sigma} \ge \frac{70-\mu}{\sigma}]$

$$= P[\frac{Ai-80}{6} \ge \frac{70-80}{6}]$$

$$= P[Z \ge -1.67] = P[Z \le 1.67] = 0.9525$$

### 11.11 정의 (감마분포)

: 확률밀도 함수, $f_{k,\theta}(x) = \frac{1}{\Gamma(k)\theta^k} x^{k-1} e^{-\frac{x}{\theta}}$, $x \ge 0$, $k, \theta > 0$

: $k$는 모양을 정하고 $\theta$는 축척을 정한다.

: $\mu = k\theta$, $\sigma^2 = k\theta^2$

: 누적 분포 함수 : $F(x) = \frac{1}{\Gamma(k)} \gamma(k, \frac{x}{\theta})$

### 11.12 정의 (지수분포)

: 확률밀도 함수 : $f_\lambda = \lambda e^{-\lambda x}$, $x \geq 0$

: $\mu = \dfrac{1}{\lambda}, \sigma^2 = \dfrac{1}{\lambda^2}$

: 누적 분포 함수 : $F(x) = 1 - e^{-\lambda x}$, $x \geq 0$

### 11.13 정의 (거듭제곱분포)

: $p(x) = cx^{-\alpha}$ 여기서 $c$, $\alpha(>0)$는 상수

: $x$는 순위를 나타낸다.

## ■ 중심극한정리

### 11.14 정의 (집합 확률변수)

: 확률변수 $X_i(\mu_i, \sigma_i^2)$가 $i \neq j \Rightarrow X_i, X_j$ 서로 독립인 경우 $X_i$의 일차결합을 집합 (aggregate) 확률변수 $AG$라 하고 $AG = \sum_i c_i X_i$의 평균과 분산은 다음과 같다.

: $\mu_{AG} = \sum_i c_i \mu_i$, $\sigma_{AG}^2 = \sum_i a_i^2 \sigma_i^2$

**예** 표본 평균과 표본 분산

: $n$개의 표본 데이터 $x_1, x_2, \cdots, x_n$ 각각은 $X_1, X_2, \cdots, X_n$ 이라는 확률변수의 사례들이고 여기서 $X_i$는 서로 독립이고 동일한 분포를 따르는(같은 모집단에 대한) 확률변수들이다. 이러한 $X_1, X_2, \cdots, X_n$을 확률표본이라 한다.

: (미지 모집단의 모평균에 대응하는) 표본 평균 $\overline{X}$는 확률변수로서 추출된 데이터에 따라 가능한 $\overline{X} = \overline{x}$ 를 사례로 취하게 된다. 즉, $X_1, X_2, \cdots, X_n$의 사례가 $x_1, x_2, \cdots, x_n$일 때 $\overline{X} = \dfrac{1}{n}\sum_i X_i = \dfrac{1}{n}\sum_i x_i$이다.

: $X = \sum_i c_i X_i$로 놓으면, 여기서 $\forall i$, $c_i = \dfrac{1}{n}$, $\mu_i = \mu_X$, $\sigma_i^2 = \sigma_X^2$이다.

: (동일한 분포를 따르는 모집단에서 독립적으로 표본을 추출한 경우) 따라서

$$\mu_{\overline{X}} = \sum_{i=1}^{n} \frac{1}{n}\mu_i = \frac{1}{n}n\mu_X = \mu_X$$

$$\sigma^2_{\overline{X}} = \sum_{i=1}^{n}\left(\frac{1}{n}\right)^2 \sigma_i^2 = \frac{1}{n^2}n\sigma_X^2 = \frac{1}{n}\sigma_X^2$$

**예** 동전던지기

한 개의 동전을 던지는 시행의 확률변수를 $X$라 하자. 평균과 분산은 다음과 같다.

$$\mu_X = E(X) = \sum x_i f(x_i) = 0\left(\frac{1}{2}\right) + 1\left(\frac{1}{2}\right) = \frac{1}{2}$$

$$\sigma_X^2 = E((X-\mu_X)^2) = \sum (x_i - \mu_X)^2 f(x_i) = \left(0 - \frac{1}{2}\right)^2 \frac{1}{2} + \left(1 - \frac{1}{2}\right)^2 \frac{1}{2} = \frac{1}{4}$$

동전을 $n$번 던지는 시행에서 새로운 확률변수를 $AG = \sum_{i=1}^{n} X_i$라 하자, 여기서 $X_i$는 $i$번째 동전을 던졌을 때 동전의 앞면(1로 가정) 여부를 나타내는 확률변수다. 즉, $AG$는 동전을 $n$번 던졌을 때 앞면이 나온 총 횟수가 된다. $\overline{X}$를 동전을 $n$번 던졌을 때 앞면이 나온 횟수에 대한 평균이라면 다음과 같다.

$$\overline{X} = \frac{1}{n}AG = \frac{1}{n}\sum_{i=1}^{n} X_i$$

이제 $\overline{X}$의 평균과 분산을 계산해 보자.

$$\mu_{\overline{X}} = E(\overline{X}) = E\left(\frac{1}{n}\sum_{i=1}^{n} X_i\right) = \frac{1}{n}\sum_{i=1}^{n} E(X_i) = \frac{1}{n}n\mu_X = \frac{1}{2}$$

$$\begin{aligned}
\sigma^2_{\overline{X}} &= E(\overline{X} - \mu_{\overline{X}})^2 = E\left(\frac{1}{n}\sum X_i - \mu_X\right)^2 = E\left(\frac{1}{n}\sum (X_i - \mu_X)\right)^2 \\
&= E\left(\frac{1}{n^2}\left(\sum (X_i - \mu_X)^2 + \sum\sum (X_i - \mu_X)(X_j - \mu_X)\right)\right) \\
&= E\left(\frac{1}{n^2}\sum (X_i - \mu_X)^2\right) + E\left(\sum\sum (X_i - \mu_X)(X_j - \mu_X)\right) \\
&= E\left(\frac{1}{n^2}\sum (X_i - \mu_X)^2\right) = \frac{1}{n^2}\sum E(X_i - \mu_X)^2 = \frac{1}{n^2}(n\sigma_X^2) = \frac{\sigma_X^2}{n}
\end{aligned}$$

### 11.15 정의 (중심극한정리 central limit theorem)

: 평균 $\mu$, 분산 $\sigma^2$인 모집단에서 크기 $n$의 표본을 추출한 경우 표본평균 $\overline{X}$ 는 충분

히 큰 $n$에 대하여 $\overline{X} \sim N\left(\mu, \frac{\sigma^2}{n}\right)$을 만족한다.

: $Z = \frac{\overline{X} - \mu}{\sigma / \sqrt{n}} \sim N(0,1)$

**예** GW 대학교 신입생의 토익 점수 평균이 600이고, 분산이 $100^2$이라하자. 100명의 신입생을 임의로 선택했을 때 그들의 점수 평균이 590~610일 확률을 계산하시오.

**풀이** $\mu = 600, \sigma^2 = 100^2, n = 100$이고, 중심극한 정리에 의하여 표본의 평균 $\overline{X}$는 $\overline{X} \sim N\left(\mu, \frac{\sigma^2}{n}\right) = N(600, 10^2)$이다.

$$P[590 \le \overline{X} \le 610] = P[\frac{590-600}{10} \le \frac{\overline{X}-600}{10} \le \frac{610-600}{10}]$$
$$= P[-1 \le Z \le 1] = P[Z \le 1] - P[-1 \le Z]$$
$$= 0.8413 - 0.1587 = 0.6826$$

약 70% 학생이 해당 점수대에 속한다.

### 11.16 정의 (이항분포의 표준 정규분포로 근사)

: 이항분포 $B(n,p)$는 충분히 큰 $n$에 대하여 다음으로 근사된다.

$B(n,p) \sim N(np, np(1-p))$

: $Z = \frac{X - np}{\sqrt{np(1-p)}} \sim N(0,1)$라면,

$P[a < X \le b] = P[\frac{a-np}{\sqrt{np(1-p)}} < Z \le \frac{b-np}{\sqrt{np(1-p)}}]$이다.

**예** 전 국민의 40%가 휴대폰을 바꾸려고 한다는 것이 알려져 있다. 1000명을 대상으로 휴대폰을 바꾸겠냐고 물었을 때

1) 400명 이상이 바꾸겠다고 응답할 확률을 구하시오.

2) 430명 이상이 바꾸겠다고 응답할 확률을 구하시오.

**풀이** $p = 0.4,\ n = 1000$인 이항분포에서

$P[X \ge x_i] = \sum_{x_i}^{1000} \binom{1000}{x_i} 0.4^{x_i} (1-0.4)^{1000-x_i}$을 계산하는 문제이다.

: 계산의 편의를 위하여 정규분포로 근사한다.

1) 400명 이상이 바꾸겠다고 응답할 확률

$np = 1000(0.4) = 400$, $\sqrt{1000(0.4)(0.6)} = 15.49$이므로

$$P[X \ge 400] = P[\frac{X-400}{15.49} \ge \frac{400-400}{15.49}] = P[Z \ge 0] = 0.5$$

: 1000명을 대상으로 여러 번 설문조사를 하면 50%의 경우 400명이상이 바꾸겠다고 응답한다는 의미

2) 430명 이상이 바꾸겠다고 응답할 확률

$$P[X \ge 430] = P[\frac{X-400}{15.49} \ge \frac{430-400}{15.49}]$$

$$= P[Z \ge 1.94] = 1 - P[Z \le 1.94] = 0.0262$$

: 1000명을 대상으로 여러 번 설문조사를 하면 430명 이상이 바꾸겠다고 응답하는 경우가 2%정도라는 의미

### 11.17 정의 (체비셰프 chebycheff 부등식)

: $\forall k > 0, P[|X-\mu| > k\sigma] < \frac{1}{k^2}$

: 즉, 임의의 양수 $k$에 대해서 확률변수 $X$가 자신의 평균 $\mu$와 $k\sigma$이상 벗어날 확률 $P[|X-\mu| > k\sigma]$은 $\frac{1}{k^2}$을 넘지 못한다.

: $\forall k > 0, P[\mu - k\sigma < X < \mu + k\sigma] > 1 - \frac{1}{k^2}$

: 즉, 임의의 양수 $k$에 대해서 확률변수 $X$가 자신의 평균 $\mu$와 $k\sigma$이내에 있을 확률 $P[\mu - k\sigma < X < \mu + k\sigma]$은 $1 - \frac{1}{k^2}$보다 크다.

**예** GW 대학교 신입생의 토익 점수 평균이 600이고, 분산이 $100^2$이라하자. 100명의 신입생을 임의로 선택했을 때 그들의 점수 평균이 585~615일 확률을 계산하시오.

**풀이** $\mu = 600, \sigma^2 = 100^2, n = 100$이고, 중심극한 정리에 의하여 표본의 평균 $\overline{X}$는

$\overline{X} \sim N\left(\mu, \frac{\sigma^2}{n}\right) = N(600, 10^2)$이다.

$k\sigma = 15$로 놓으면,

$$k = \frac{15}{10} = 1.5$$

$$P[600-15 < X < 600+15] > 1-\frac{1}{1.5^2} = 0.5556$$

: 약 55% 이상이 해당 점수에 속한다고 추측할 수 있다.

: 오차가 얼마인지를 알 수 없으나, 55%보다 작지는 않다고 확신 할 수 있다.

## ■ 랜덤워크

로봇개구리 꾀로로를 조종하는데, 동전을 던져 앞면이 나오면 (+)방향, 뒷면이면 (−)방향으로 이동시킨다고 하자. 아래 그림은 동전을 4번 던져 뒤뒤뒤앞이 나온 경우를 나타내는 것으로 시작점을 원점으로 하면 4회 조종 후 꾀로로는 (−2)에 위치한다.

랜덤워크(random walk)는 일정한 횟수의 조종 후 로봇의 위치에 대한 확률을 다루는 것이다. 즉, 물위에 떨어진 꽃가루와 같이 임의로 이동위치가 정해지는 물체가 일정 시간이 경과한 후 어디에 있을 것인가를 다루는 확률로 그 응용범위가 넓다.

### 11.18 노트 (한 번 시행의 확률)

: 로봇개구리 문제에서 한 번 시행의 확률변수를 $X$라면 $X$의 확률분포는 다음과 같다.

| $x_i$ | −1(뒤) | 1(앞) | 합 |
|---|---|---|---|
| $f(x_i)$ | 1/2 | 1/2 | 1 |
| $x_i f(x_i)$ | −1/2 | 1/2 | $0(=E(X))$ |
| $x_i^2 f(x_i)$ | 1/2 | 1/2 | $1(=E(X^2))$ |

: 확률변수 $X$의 평균과 분산은 다음과 같다.

$$\mu_X = E(X) = -1(1/2)+1(1/2) = 0$$

$$\sigma_X^2 = E(X^2)-(E(X))^2 = 1(1/2)+1(1/2) = 1$$

**11.19 정의 ($n$번 반복에서의 평균과 분산)**

: $RW = \sum_{i=1}^{n} X_i$로 놓으면, $\forall i, \mu_i = \mu_X, \sigma_i^2 = \sigma_X^2$ 이므로 집합확률분포 $RW$의 평균과 분산은 다음과 같다.

$\mu_{RW} = n\mu_X = 0$

$\sigma_{RW}^2 = n\sigma_X^2 = n$

: $RW$는 n번 시행 후 원점으로부터의 위치를 나타내는 확률변수다.

: 따라서 중심극한정리에 의하여 $Z = \dfrac{RW - \mu_{RW}}{\sigma_{RW}} = \dfrac{RW - 0}{\sqrt{n}}$ 이고

$P[RW \le d] = P\left[\dfrac{-d-0}{\sqrt{n}} \le RW \le \dfrac{d-0}{\sqrt{n}}\right]$ 이다.

**예** $n$회 시행에서 원점으로부터 $\sqrt{n}$, $2\sqrt{n}$, $3\sqrt{n}$ 이내에 위치할 확률을 구하시오.

**풀이** 정규분포를 따른다고 가정하면, 표준편차가 $\sqrt{n}$ 이므로 $n$회 시행에서 원점으로부터 $\sqrt{n}$, $2\sqrt{n}$, $3\sqrt{n}$ 이내에 위치할 확률은 각각 0.683, 0.954, 0.997이다.

## 연습문제

**1.** 남학생 3명 여학생 3명인 집단에서 임의로 2명을 뽑을 때 여학생의 수를 확률변수 $X$라고하자.

1) $N$, $m$, $n$은?

2) $P[X=0]$, $P[X=1]$, $P[X=2]$를 계산하시오.

**2.** $B(5,\ 0.7)$일 때,

1) $P[X=5]$, $P[X \ge 5]$, $P[X<5]$를 계산하시오.

2) 평균과 분산을 구하시오.

**3.** 어떤 사람이 조사를 해보니 스팸 문자가 1시간에 평균 1.2회 정도 온다고 한다. 앞으로 1시간 동안,

1) 2개의 스팸 문자가 올 확률을 구하시오.

2) 3개 이상의 스팸 문자가 올 확률을 계산하시오.

3) 별나게 스팸 문자를 하나도 받지 않을 확률을 구하시오.

**4.** 어떤 통신사에 하루 통화량이 90분이 넘는 고객이 2%를 차지한다고 하자. 이 통신사 고객 중에서 100명을 임의로 뽑았을 때 통화량이 90분이 넘는 고객의 수를 확률변수 $X$라 할 때 포와송분포로 근사하여 $P[X=5]$, $P[X>5]$을 계산하시오.

**5.** $N(100, 5^2)$일 때,

1) $P[X \ge 105]$, $P[X \ge 95]$을 계산하시오.

2) $P[X \le c] = 0.9332$인 $c$를 구하시오.

**6.** $N(\mu,\ 49)$이고 $P[X<75]=0.8315$일 때 평균 $\mu$를 구하시오.

**7.** 새 대통령의 정책에 대하여 전 국민의 80%가 찬성한다고 하자. 1000명을 임의로 뽑아서 이 정책에 대한 의견을 물었을 때 800명 미만이 찬성할 확률을 계산하시오. (힌트: 이항분포를 정규분포로 근사한다.)

# 제4부

# 수치해석

# Chapter 12 비선형방정식의 근사해

실세계의 많은 문제들은 비선형방정식으로 표현할 수 있다. 비선형방정식은 일반적으로 공식이 없어 그 해를 구하기가 어렵거나 해를 구하는 과정에 많은 시간이 소요된다. 이러한 경우 응용문제에 따라서는 정해진 시간의 범위에서 허용되는 오차범위의 근사해를 구할 수 있다. 여기서는 수치해석의 한 분야인 비선형방정식의 근사해를 계산하는 내용을 다룬다.

**12.1 정리 (중간값 정리)** :

함수 $f(x)$가 닫힌구간 $[a, b]$에서 연속이고, $f(a) < \alpha < f(b)$ 이면 $f(c) = \alpha$을 만족하는 해 $c$가 $(a, b)$에 적어도 하나 있다.

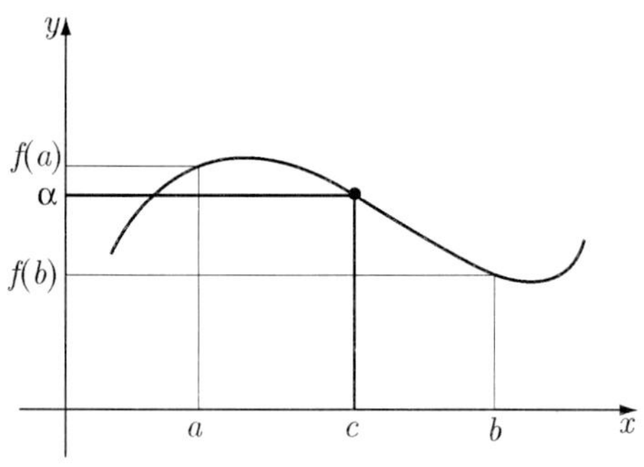


: 중간값의 정리는 해를 구하는 문제에서 초기 근사값을 정하는데 필요한 정리이다.

**12.2 따름정리 (중간값 정리의 다른 표현)** :

함수$f(x)$가 닫힌구간 $[a, b]$에서 연속이고 $f(a)f(b) < 0$ 이면 $f(x) = 0$을 만족하는

해가 $(a, b)$에 적어도 하나 있다.

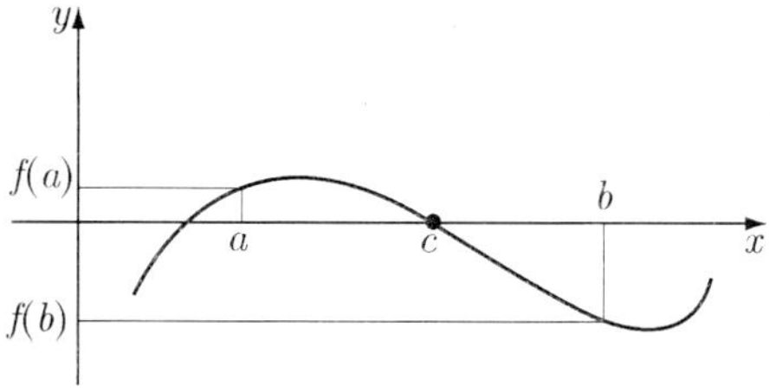


**예** $f(x) = x^3 - 9x + 1 = 0$의 해는 구간 $[2, 4]$에 존재한다.

**풀이** $f(x) = x^3 - 9x + 1 = 0$는 전 구간에서 연속함수이고, $f(2) = -9 < 0$, $f(4) = 29 > 0$ 이므로 $f(2)f(4) < 0$이다. 따라서 $f(x) = 0$을 만족하는 해가 구간 $(2, 4)$에 적어도 하나 있다.

**예** 함수 끝점에서의 값이 반대부호이라도 해가 존재하지 않는 경우를 예를 들어 설명하시오.

**풀이** $f(x) = \begin{cases} -1, & x < 0 \\ 1, & x \geq 0 \end{cases}$ 은 구간 $[-1, 1]$ 에서 $f(-1) = -1 < 0$, $f(1) = 1 > 0$ 이지만 해가 존재하지 않는다.

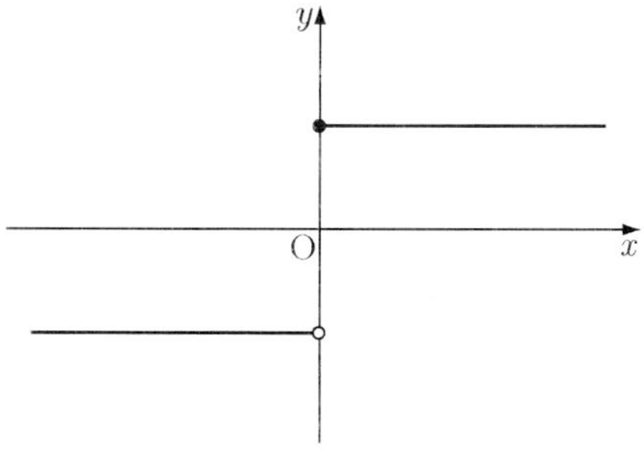


: 함수가 연속일 조건이 필요한 이유를 나타내는 예이다.

## ■ 이분법

### 12.3 알고리즘 (이분법 bisection method) :

① $f(a)f(b) < 0$ 를 만족하는 $a$와 $b$의 중점 $c$를 구한다.

② $f(c) = 0$이면 종료한다.

③ $f(a)f(c) < 0$이면 $b = c$로 놓고 $f(b)f(c) < 0$이면 $a = c$로 놓고 ①을 반복한다.

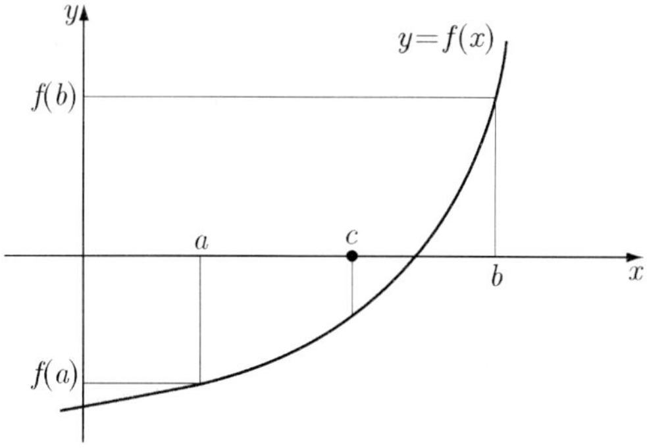


<table>
<tr><td>목적</td><td>방정식 $f(x) = 0$ 의 해 구하기</td></tr>
<tr><td>입력</td><td>$x_0, x_1, \epsilon, k_{\max}, f(x)$</td></tr>
<tr><td>처리단계</td><td>1. $compute\, f_0 = f(x_0)$ and $f_1 = f(x_1)$<br>2. $\text{if}\, f_0\ f_1 > 0\ then\, stop$<br>3. $For\, k = 1\ to\ k_{\max}$<br>3.1 $x_2 = \frac{1}{2}(x_0 + x_1),\ f_2 = f(x_2)$<br>3.2 $If\, |x_1 - x_0| \le \epsilon\ then\ go\ to\ 4$<br>$Else$<br>$If\, f_0 f_2 < 0\ then\ x_1 = x_2$ and $f_1 = f_2$<br>$Else$<br>$x_0 = x_2$ and $f_0 = f_2$<br>4. $print$ and $stop$</td></tr>
<tr><td>출력</td><td>$x_2$</td></tr>
</table>

**예** $x^2 - 9 = 0$의 근사해를 $[0, 5]$에서 이분법으로 구해보자.

**풀이** ① $f(x) = x^2 - 9 \quad a = 0, b = 5$

$f(0) = -9 < 0,\ f(5) = 16 > 0 \Rightarrow f(a)f(b) < 0$이므로 $f(c) = 0$을 만족하

는 해 $c$가 구간 $(0,5)$에 있다.

②

| | 근사해 | $f(0)<0,\ f(5)>0$ | $a=0,\ b=5$ |
|---|---|---|---|
| $c=\dfrac{5+0}{2}=2.5$ | $x_1=2.5$ | $f(c)=-2.75<0$ | $a=2.5,\ b=5$ |
| $c=\dfrac{2.5+5}{2}=3.75$ | $x_2=3.75$ | $f(c)=5.0625>0$ | $a=2.5,\ b=3.75$ |
| $c=\dfrac{2.5+3.75}{2}=3.125$ | $x_3=3.125$ | $f(c)=0.765625>0$ | $a=2.5,\ b=3.125$ |
| $c=\dfrac{2.5+3.125}{2}=2.8125$ | $x_4=2.8125$ | | |

### 12.4 노트 (이분법의 특징) :

: $n$번째 반복하여 구한 근사값의 오차 $E_n$은 다음 식을 만족한다.

$$E_n < \frac{|b-a|}{2^n}$$

: 장점: 반드시 수렴하며 오차의 범위가 분명하다.

: 단점: 수렴속도가 느리다.

**예** 이분법을 이용하여 구간 $[a,b]$에서 방정식 $f(x)=0$ 의 근사해를 구할 경우, 오차가 $\epsilon$보다 작으려면 적어도 몇 번 반복해야 할까?

**풀이** $\dfrac{|b-a|}{2^n}<\epsilon \Leftrightarrow \dfrac{|b-a|}{\epsilon}<2^n$이다. 이 식에 로그를 적용하여 $n$에 대하여 풀면,

$$n > \frac{\ln\dfrac{|b-a|}{\epsilon}}{\ln 2} \quad \text{또는} \quad n = \frac{\ln\dfrac{|b-a|}{\epsilon}}{\ln 2}+1\text{이다.}$$

## ■ 뉴턴법

### 12.5 알고리즘 (뉴턴법 newton method)

: $(x_0, f(x_0))$에서 함수 $f(x)$의 접선의 방정식은 $y=f'(x_0)(x-x_0)+f(x_0)$이다. 이 식으로부터 다음과 같이 반복하여 근사해 $x_n$을 구한다.

$$x_1 = x_0 - \frac{f(x_0)}{f'(x_0)},\ f'(x_0)\neq 0$$

$$\vdots$$

$$x_{n+1} = x_n - \frac{f(x_n)}{f'(x_n)}, \ f'(x_n) \neq 0$$

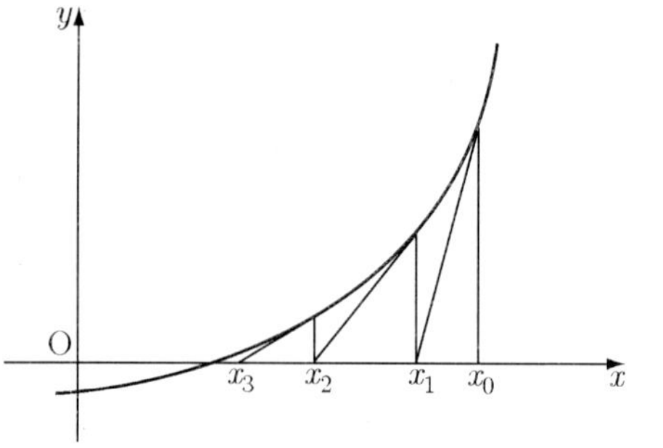


| 목적 | 방정식 $f(x)=0$ 의 해 구하기 |
|---|---|
| 입력 | $x_0, \epsilon_1, \epsilon_2, k_{\max}, f(x), f'(x)$ |
| 처리단계 | 1. $compute\ f_0 = f(x_0)$<br>2. $For\ k = 1\ to\ k_{\max}$<br>2.1 $Compute\ f_1 = f'(x_0)$ and $x_1 = x_0 - \frac{f_0}{f_1}$<br>2.2 $Compute\ f_0 = f(x_1)$<br>2.3 $If\ \lvert x_1 - x_0\rvert < \epsilon_1$ or $\lvert f_0\rvert < \epsilon_2$ $then\ go\ to\ 3$<br>$Else$<br>$x_0 = x_1$<br>3. $print$ and $stop$ |
| 출력 | $x_1,\ f_0$ |

**예** $x^2 - 9 = 0$의 근사해를 $x_0 = 5$로 하여 뉴턴법으로 구해보자.

**풀이** $f(x) = x^2 - 9,\ f'(x) = 2x$

| | 근사해 |
|---|---|
| | $x_0 = 5$ |
| $x_1 = x_0 - \frac{f(x_0)}{f'(x_0)} = 5 - \frac{16}{10} = 3.4$ | $x_1 = 3.4$ |
| $x_2 = x_1 - \frac{f(x_1)}{f'(x_1)} = 3.4 - \frac{2.56}{6.8} = 3.02353$ | $x_2 = 3.02353$ |
| $x_3 = x_2 - \frac{f(x_2)}{f'(x_2)} = 3.02353 - \frac{0.141734}{6.04706} = 3.000$ | $x_3 = 3.000$ |

## 12.6 노트 (뉴턴법의 특징)

: 근사해 $x_n$이 수렴하면 그 극한값은 $f(x)=0$ 의 해가 된다.

: $f'$이 연속이고, $f(\alpha)=0, f'(\alpha)\neq 0$이라 하자. $x_n$이 $\alpha$로 수렴하면 다음 식을 만족한다.

$$\lim_{n\to\infty}\frac{\alpha - x_{n+1}}{(\alpha - x_n)^2} = c$$

: 장점: 일단 수렴하면 수렴속도가 빠르다.

예 $|E_n| = 10^{-2} \quad \Rightarrow \quad |E_{n+1}| = 10^{-4}$

: 단점 : 미분 값에 대한 정보를 필요로 하며, 초기 값에 민감하다.

: 다음은 뉴턴법을 사용하는 경우 해에 수렴하지 않고 발산하는 사례들을 나타낸다.

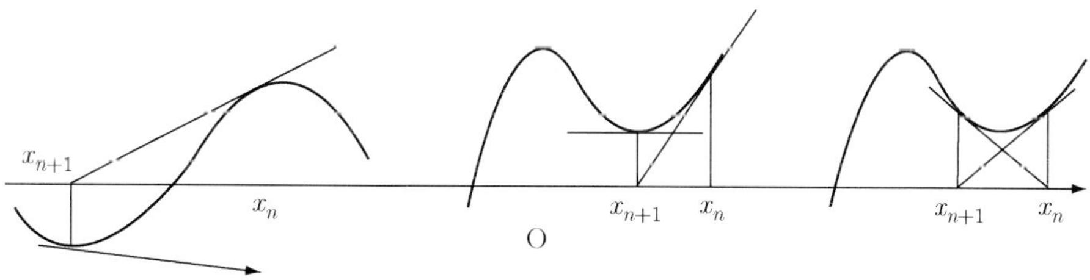


## ■ 가위치법

### 12.7 알고리즘 (가위치법regular-falsi method)

① 함수 $f(x)$에서 $f(a)f(b)<0$ 인 두 점$(a, f(a)), (b, f(b))$를 지나는 직선의 해 $c$를 구한다.

② $f(c)=0$이면 종료한다.

③ $f(a)f(c)<0$이면 $b=c$로 놓고 $f(b)f(c)<0$이면 $a=c$로 놓는다. 다음으로 $f(a)f(c)<0$ 이면 $a$를 고정, $f(b)f(c)>0$ 이면 $b$를 고정하고 ①을 반복하여 $c$를 계산한다.

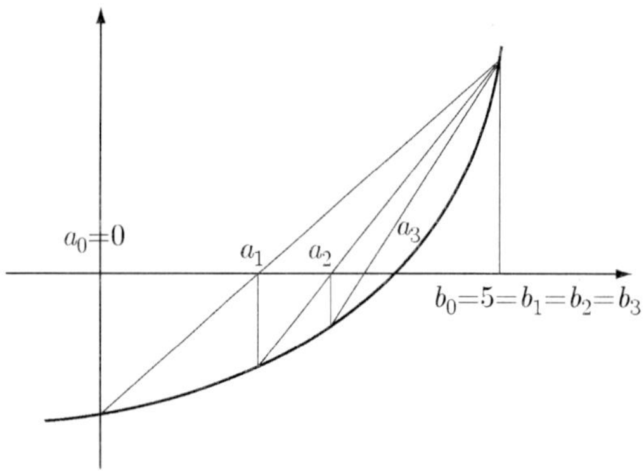


| 목적 | 방정식 $f(x)=0$ 의 해 구하기 |
|---|---|
| 입력 | $x_0, x_1, \epsilon_1, \epsilon_2, k_{\max}, f(x)$ |
| 처리단계 | 1. *compute* $f_0 = f(x_0)$ and $f_1 = f(x_1)$<br>2. $x_2 = x_1 - f_1 * \dfrac{x_1 - x_0}{f_1 - f_0}$<br>3. *If* $f_0 * f_2 < 0$ *then* $x_p = x_0$<br>*Else*<br>$x_p = x_1$<br>4. *For* $k = 1$ *to* $k_{\max}$<br>4.1 $x_2 = x_p - f_p * \dfrac{x_p - x_2}{f_p - f_2}$<br>4.2 *If* $(\lvert x_2 - x_1\rvert < \epsilon_1$ or $\lvert f_2\rvert < \epsilon_2)$ *then go to* 5<br>5. *print* and *stop* |
| 출력 | $x_2$ |

**예** $x^2-9=0$의 근사해를 $[0,5]$에서 regular-falsi 방법으로 구해보자.

**풀이** ① $f(x)=x^2-9 \quad a=0,\ b=5$

$f(0)=-9<0,\ f(5)=16>0 \Rightarrow f(a)f(b)<0$이므로 $f(c)=0$을 만족하는 해 $c$가 구간 $(0,5)$에 있다.

②

| | 근사해 | | |
|---|---|---|---|
| 소수점 셋째자리에서 반올림 | | $f(0)<0,\ f(5)>0$ | $a=0$,<br>$b=5$ |
| $c=\dfrac{0f(5)-5f(0)}{f(5)-f(0)}=1.8$ | $x_1=1.8$ | $f(c)=-5.76<0$ | $a=1.8$,<br>$b=5$<br>$*b$를 고정 |
| $c=\dfrac{1.8f(5)-5f(1.8)}{f(5)-f(1.8)}=2.65$ | $x_2=2.65$ | | $a=2.65$,<br>$b=5$ |
| $c=\dfrac{2.65f(5)-5f(2.65)}{f(5)-f(2.65)}=2.91$ | $x_3=2.91$ | | $a=2.91$,<br>$b=5$ |
| $c=\dfrac{2.91f(5)-5f(2.91)}{f(5)-f(2.91)}=2.9772$ | $x_4=2.9772$ | | |

## ■ 할선법

### 12.8 알고리즘 (할선법 secant method)

: 두 점$(x_{n-1},\ f(x_{n-1}))$, $(x_n,\ f(x_n))$을 지나는 직선(할선)은 다음과 같다.

$$y=\frac{f(x_n)-f(x_{n-1})}{x_n-x_{n-1}}(x-x_n)+f(x_n)$$

: 이 식으로부터 다음과 같이 반복하여 근사해 $x_n$을 구한다.

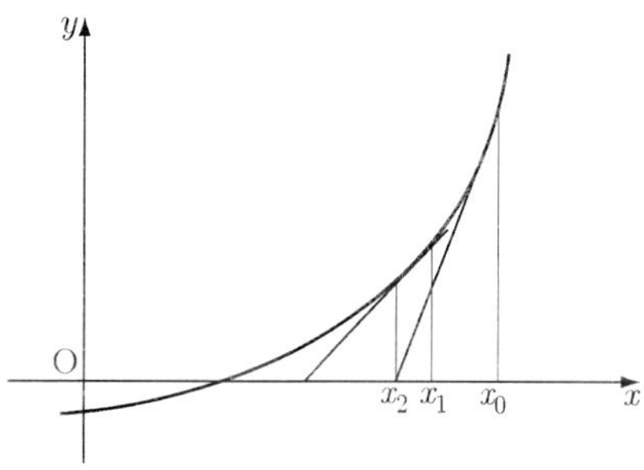


$$x_{n+1}=x_n-f(x_n)\frac{x_n-x_{n-1}}{f(x_n)-f(x_{n-1})}$$

| 목적 | 방정식 $f(x)=0$의 해 구하기 |
|---|---|
| 입력 | $x_0,\ x_1,\ \epsilon_1,\ \epsilon_2,\ k_{\max},\ f(x)$ |
| 처리단계 | 1. *compute* $f_0=f(x_0)$ and $f_1=f(x_1)$<br>2. *For* $k=1$ *to* $k_{\max}$<br>2.1 $x_2=x_1-f_1\dfrac{(x_1-x_0)}{f_1-f_0}$<br>2.2 $f_2=f(x_2)$<br>2.3 *If* $(\lvert x_2-x_1\rvert<\epsilon_1$ or $\lvert f_2\rvert<\epsilon_2)$ *then go to* 3<br>*Else*<br>$x_0=x_1$ and $f_0=f_1$<br>$x_1=x_2$ and $f_1=f_2$<br>3. *print* and *stop* |
| 출력 | $x_2,\ f_2$ |

**예** $x^2 - 9 = 0$의 근사해를 $[0,5]$에서 할선법으로 구해보자.

**풀이** $f(x) = x^2 - 9,\ x_0 = 0,\ x_1 = 5$

| | | 근사해 |
|---|---|---|
| | | $x_0 = 0,\ x_1 = 5$ |
| $x_2 = \dfrac{0f(5) - 5f(0)}{f(5) - f(0)}$ $= 1.8$ | $x_2 = x_1 - f(x_1)\dfrac{x_1 - x_0}{f(x_1) - f(x_0)}$ $= 1.8$ | $x_2 = 1.8$ |
| $x_3 = \dfrac{5f(1.8) - 1.8f(5)}{f(1.8) - f(5)}$ $= 2.912$ | $x_3 = x_2 - f(x_2)\dfrac{x_2 - x_1}{f(x_2) - f(x_1)}$ $= 2.912$ | $x_3 = 2.912$ |
| $x_4 = \dfrac{1.8f(2.912) - 2.912f(1}{f(2.912) - f(1.8)}$ $= 3.0224$ | $x_4 = x_3 - f(x_3)\dfrac{x_3 - x_2}{f(x_3) - f(x_2)}$ $= 3.0224$ | $x_4 = 3.0224$ |

### 12.9 노트 (할선법의 특징)

: 뉴턴방법이나 가위치법과 유사하다.

: 뉴턴방법과는 다르게 $f'(x_n)$ 대신 두 점 $(x_n, f(x_n))$, $(x_{n-1}, f(x_{n-1}))$ 의 기울기를 이용한다.

: 가위치법과는 다르게 두 점 $a, b$를 $x_0, x_1$으로 하여 반복적으로 구한 $x_{n-2}, x_{n-1}$에 대응하는 점 $(x_{n-2}, f(x_{n-2}))$, $(x_{n-1}, f(x_{n-1}))$ 을 지나는 직선을 사용한다.

: 초기값 a, b가 $f(a)f(b) < 0$ 을 만족할 필요가 없다.

: 장점: 일단 수렴하면 수렴속도가 빠르다. 수렴속도는 다음과 같은 초 선형이다.

$$\lim_{n\to\infty} \frac{|x_{n+1} - \alpha|}{|x_n - \alpha|^{(1+\sqrt{5})/2}} = c$$

: 단점: 뉴턴방법과 마찬가지로 초기 값에 민감하다.

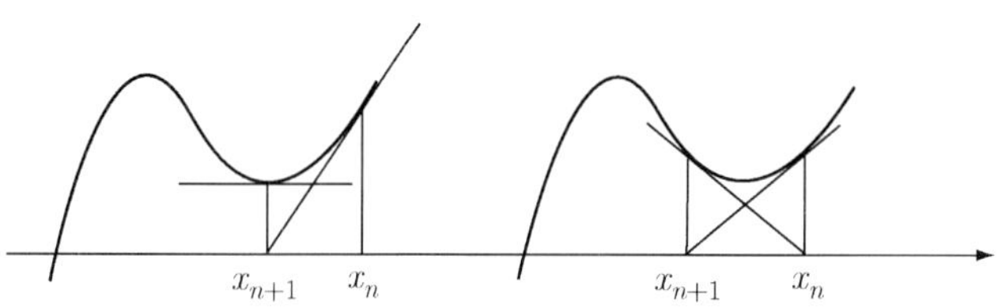

## 12.10 노트 (할선법과 가위치법의 차이)

| 차이 \ 방식 / 공식 | Secant법(할선법) | Regular-Falsi법(가위치법) |
|---|---|---|
| 공식 | $x_2 = x_1 - f_1 \dfrac{x_1 - x_0}{f_1 - f_0} = \dfrac{x_0 f_1 - x_1 f_0}{f_1 - f_0}$ | $x_2 = x_1 - f_1 \dfrac{x_1 - x_0}{f_1 - f_0} = \dfrac{x_0 f_1 - x_1 f_0}{f_1 - f_0}$ |
| 근 $\alpha$와 구간 $(x_0, x_1)$의 관계 | $\alpha \in (x_0, x_1)$ 와 무관 or $\alpha \notin (x_0, x_1)$ | 반드시 $\alpha \in (x_0, x_1)$ |
| 제 2 근사값을 구하는 조건 | 조건 없이<br>$x_0 \leftarrow x_1,\ x_1 \leftarrow x_2$<br>$f_0 \leftarrow f_1,\ f_1 \leftarrow f_2$ | 조건에 따라<br>$\alpha \in (x_0, x_2) \Rightarrow x_1 \leftarrow x_2, f_1 \leftarrow f_2$ ; $x_0$ 고정<br>$\alpha \in (x_1, x_2) \Rightarrow x_2 \leftarrow x_0, f_2 \leftarrow f_0$ ; $x_1$ 고정 |
| 수렴판정 기준 | $\lvert x_2 - x_1 \rvert < \epsilon_1$ or $\lvert f_2 \rvert < \epsilon_2$ | $\lvert x_2 - x_1 \rvert < \epsilon_1$ or $\lvert f_2 \rvert < \epsilon_2$ |
| 수렴차수 | $\dfrac{1+\sqrt{5}}{2} = 1.618$ | 1차 수렴 |

**예** 비선형방정식 $\cos x - x = 0$의 근사해를 $[0, 2]$에서 구해보자.

$f(x) = \cos x - x$, 허용오차 = 0.00001, 반복회수=20

| | 이분법 | 뉴턴 | 가위치 | 할선법 |
|---|---|---|---|---|
| $n$ | $a=0, b=2$<br>$f(0)<0, f(2)>0$ | $x_0=0$ | $a=0, b=2$<br>$f(0)<0, f(2)>0$ | $x_0=0, x_1=2$<br>$f(x_0)=1000000$ |
| 1 | $c=1.00000$,<br>$f(c)=-0.459698$ | $c=0.000000$,<br>$f(c)=1.000000$ | $c=0.717135$,<br>$f(c)=0.036557$ | $c=2.000000$,<br>$f(c)=-2.416147$ |
| 2 | $c=0.50000$,<br>$f(c)=0.377583$ | $c=1.000000$,<br>$f(c)=-0.459698$ | $c=0.736256$,<br>$f(c)=0.004732$ | $c=0.585455$,<br>$f(c)=0.248006$ |
| 3 | $c=0.75000$,<br>$f(c)=-0.018311$ | $c=0.717135$,<br>$f(c)=-0.036557$ | $c=0.738726$,<br>$f(c)=0.000601$ | $c=0.585455$,<br>$f(c)=0.248006$ |
| 4 | $c=0.62500$,<br>$f(c)=0.015963$ | $c=0.739113$,<br>$f(c)=-0.000046$ | $c=0.739040$,<br>$f(c)=0.000076$ | $c=0.739901$,<br>$f(c)=-0.001365$ |
| 5 | $c=0.687500$,<br>$f(c)=0.085335$ | $c=0.739085$,<br>$f(c)=-0.000000$ | $c=0.739079$,<br>$f(c)=0.000010$ | $c=0.739081$,<br>$f(c)=0.000007$ |
| 6 | $c-0.718750$,<br>$f(c)=0.033879$ | | $c=0.739084$,<br>$f(c)=0.000001$ | $c=0.739085$,<br>$f(c)=0.000000$ |
| 7 | $c=0.734375$,<br>$f(c)=0.007875$ | | $c=0.739085$,<br>$f(c)=0.000000$ | |
| | … | | | |
| 16 | $c=0.739105$,<br>$f(c)=-0.000034$ | | | |
| 17 | $c=0.739090$,<br>$f(c)=-0.000008$ | | | |
| | $c=0.739090$ | $c=0.739085$ | $c=0.739085$ | $c=0.739085$ |

## 연습문제

**1.** $f(x) = x^2 - 12x + 35 = 0$의 해가 존재하는 구간을 구하시오.

**2.** $f(x) = x^2 - 12x + 35 = 0$의 해를 다음을 방법으로 계산하시오.

1) 이분법
2) 뉴턴법
3) 가위치법
4) 할선법

**3.** 뉴턴법으로 다음 방정식의 근을 계산하시오.

1) $f(x) = x^3 - x - 2 = 0$
2) $f(x) = x - \sin(x) = 0$
3) $f(x) = e^x - 4x^2 = 0$
4) $f(x) = \log(x) - \sin(x) = 0$

**4.** $\sqrt[3]{32}$ 의 근사값을 비선형방정식의 해법으로 구하시오.
(힌트, $f(x) = x^3 - 32 = 0$)

**5.** $f(x) = x^2 - 12x + 35 = 0$의 해를 비선형방정식의 해법으로 계산하는 프로그램을 작성하시오.

# Chapter 13 보간법

실험 등으로 얻어낸 데이터를 이용하여 이 데이터의 함수 관계를 만족하는 연속인 다항식을 구하는 것을 보간(interpolating)이라 한다. 이 다항식을 보간다항식이라 한다. 보간다항식을 구하면 이것을 이용하여 데이터에 포함되지 않은 값에 대한 근삿값을 구할 수 있다.

## ■ Lagrange 보간다항식

### 13.1 정리 (보간다항식의 존재)

: 서로 다른 $n+1$개의 점 $\{(x_k, y_k) \mid k=0,1,2,\cdots,n\}$ 을 지나는 $n$차 다항식은 항상 존재하며 유일하다.

서로 다른 $n+1$개의 점 $\{(x_k, y_k) \mid k=0,1,2,\cdots,n\}$ 을 지나는 $n$차 보간다항식 $P_n(x)$을 구하기 위해서 우선 두 점 $\{(x_0, y_0), (x_1, y_1)\}$을 지나는 직선의 방정식(즉, 1차 보간다항식)은 다음과 같다.

$$P_1(x) = y_0 + m(x - x_0), \quad m = \frac{y_1 - y_0}{x_1 - x_0}$$

이 식은 다음과 같이 정리할 수 있다.

$$\begin{aligned} P_1(x) &= y_0 + \frac{y_1 - y_0}{x_1 - x_0}(x - x_0) \\ &= y_0 \frac{x_1 - x_0}{x_1 - x_0} + y_1 \frac{x - x_0}{x_1 - x_0} - y_0 \frac{x - x_0}{x_1 - x_0} \end{aligned}$$

$$= y_0 \frac{x_1 - x}{x_1 - x_0} + y_1 \frac{x - x_0}{x_1 - x_0}$$
$$= y_0 \frac{x - x_1}{x_0 - x_1} + y_1 \frac{x - x_0}{x_1 - x_0}$$

$L_0(x) = \dfrac{x - x_1}{x_0 - x_1}$, $L_1(x) = \dfrac{x - x_0}{x_1 - x_0}$ 로 놓으면 $P_1(x) = y_0 L_0(x) + y_1 L_1(x)$이다.

같은 방식으로 세 점 $\{(x_0, y_0), (x_1, y_1), (x_2, y_2)\}$ 에 대한 2차 보간다항식은 다음과 같이 나타낼 수 있다.

$P_2(x) = y_0 L_0(x) + y_1 L_1(x) + y_2 L_2(x)$ , 여기서

$$L_0(x) = \frac{(x - x_1)(x - x_2)}{(x_0 - x_1)(x_0 - x_2)},$$
$$L_1(x) = \frac{(x - x_0)(x - x_2)}{(x_1 - x_0)(x_1 - x_2)},$$
$$L_2(x) = \frac{(x - x_0)(x - x_1)}{(x_2 - x_0)(x_2 - x_1)}$$

### 13.2 정의 (Lagrange 보간다항식)

: 서로 다른 $n+1$개의 점$\{(x_k, y_k) \mid k = 0, 1, 2, \cdots, n\}$ 을 지나는 $n$차 보간다항식 $P_n(x)$은 다음과 같다.

$P_n(x) = y_0 L_0(x) + y_1 L_1(x) + \cdots + y_n L_n(x)$ , 여기서

$$L_k(x) = \frac{(x - x_0)(x - x_1) \cdots (x - x_{k-1})(x - x_{k+1}) \cdots (x - x_n)}{(x_k - x_0)(x_k - x_1) \cdots (x_k - x_{k-1})(x_k - x_{k+1}) \cdots (x_k - x_n)} \text{ 이다.}$$

: $P_n(x)$: Lagrange 보간다항식, $L_k(x)$: Lagrange 다항식이라 한다.

| | |
|---|---|
| 목적 | 데이터 $(x_k, y_k)$ $k = 0, 1, \cdots, n$가 주어질 때, 보간다항식 $P_n(x)$과 보간값 구하기 |
| 입력 | $n, x, x_k, y_k (k = 0, 1, 2, \cdots, n)$ |
| 처리단계 | 1. $Sum = 0$<br>2. $For\ k = 0$ to $n$ do<br>2.1 $Term = y_k$ $\quad (Term = y_k * \prod_{j \neq k}^{n} \frac{x - x_k}{x_j - x_k})$<br>2.2 $For\ j = 0$ to $n$ do<br>If $j \neq k$ then<br>$Term = Term * \frac{x - x_j}{x_k - x_j}$<br>2.3 $Sum = Sum + Term$<br>3. print and stop |
| 출력 | $P_n(x), Sum$ |

## 13.3 노트 (Lagrange 보간다항식의 특징)

: 구간 $[a, b]$에서 $f^{n+1}(x)$가 연속일 때, $f(x)$의 Lagrange 보간다항식 $P_n(x)$ 및 오차 $E_n$은 다음 식을 만족한다.

$$
\begin{aligned}
E_n &= |f(x) - P_n(x)| \\
&\le \left| \frac{f^{n+1}(\xi)}{(n+1)!}(x-x_0)(x-x_1)\cdots(x-x_n) \right| \\
&\le \frac{M_n}{(n+1)!} |(x-x_0)(x-x_1)\cdots(x-x_n)|
\end{aligned}
$$

: $f^{n+1}(x)$이 구간 $[a, b]$에서 연속이라면 $|f^{n+1}(x)| \le M_n$을 만족하는 상수 $M_n$이 존재한다.

: 단점: 한 점이 추가되면 전체를 다시 계산해야 한다.

: 차수가 높은 다항식의 경우 오차 $E_n$이 커질 수 있다.

: 차수와 오차의 관계는 다음과 같다.

| | |
|---|---|
| $f(x)$ | 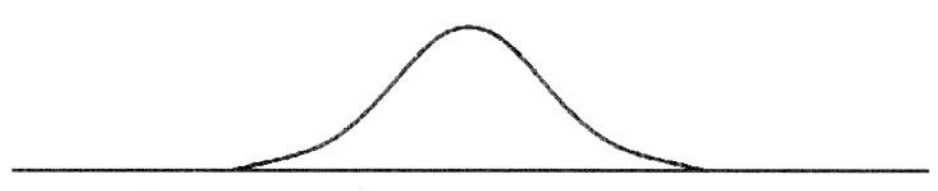 |
| $P_2(x)$ |  |
| $P_4(x)$ | 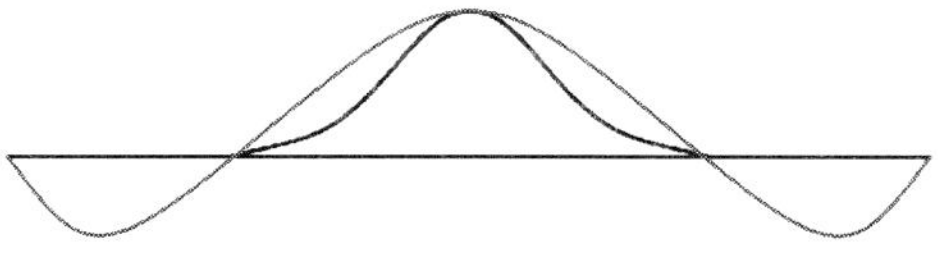 |
| $P_6(x)$ | 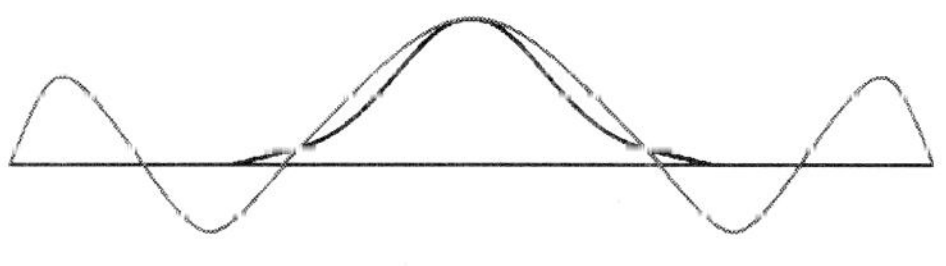 |
| $P_8(x)$ | 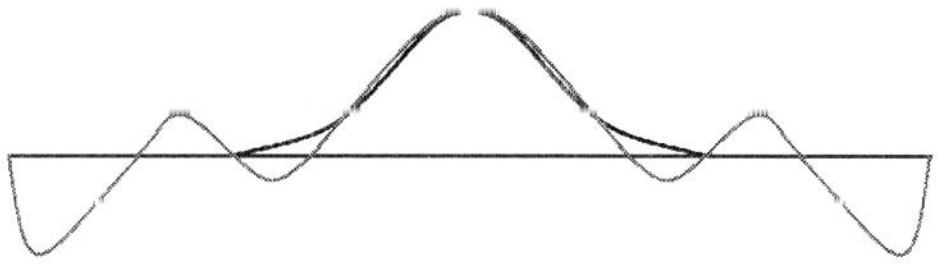 |

**예** (1) 다음 자료에 대한 Lagrange 보간다항식 $P_3(x)$을 구하시오.

| $x_k$ | 1 | 3 | 4 | 6 |
|---|---|---|---|---|
| $f(x_k)=y_k$ | 5 | 1 | 0.5 | -0.5 |

(2) $\bar{x}=2.5$의 보간값을 구해보자.

**풀이** (1) Lagrange 보간다항식 $P_3(x)$

$$P_3(x)= y_0 L_0(x)+y_1 L_1(x)+y_2 L_2(x)+y_3 L_3(x)$$
$$= 5 L_0(x)+ L_1(x)+0.5 L_2(x)-0.5 L_3(x)$$

여기서 Lagrange 다항식은 다음과 같다.

$$L_0(x)= \frac{(x-x_1)(x-x_2)(x-x_3)}{(x_0-x_1)(x_0-x_2)(x_0-x_3)}$$
$$= \frac{(x-3)(x-4)(x-6)}{(1-3)(1-4)(1-6)}=-\frac{1}{30}(x-3)(x-4)(x-6)$$
$$L_1(x)= \frac{(x-x_0)(x-x_2)(x-x_3)}{(x_1-x_0)(x_1-x_2)(x_1-x_3)}$$
$$= \frac{(x-1)(x-4)(x-6)}{(3-1)(3-4)(3-6)}= \frac{1}{6}(x-1)(x-4)(x-6)$$
$$L_2(x)= \frac{(x-x_0)(x-x_1)(x-x_3)}{(x_2-x_0)(x_2-x_1)(x_2-x_3)}$$
$$= \frac{(x-1)(x-3)(x-6)}{(4-1)(4-3)(4-6)}=-\frac{1}{6}(x-1)(x-3)(x-6)$$
$$L_3(x)= \frac{(x-x_0)(x-x_1)(x-x_2)}{(x_3-x_0)(x_3-x_1)(x_3-x_2)}$$
$$= \frac{(x-1)(x-3)(x-4)}{(6-1)(6-3)(6-4)}= \frac{1}{30}(x-1)(x-3)(x-4)$$

(2) $\bar{x}=2.5$의 보간값

$$P_3(2.5)= 5 L_0(2.5)+ L_1(2.5)+0.5 L_2(2.5)-0.5 L_3(2.5)$$
$$= 1.5125$$

## ■ 뉴턴 보간다항식

### 13.4 정의 (분할 차분, 분할 차분표)

: 주어진 자료$\{(x_k, y_k) \mid k = 0, 1, 2, \cdots, n\}$ 에 대한 분할차분(divided difference)은 다음과 같이 정의한다.

제1분할차분 $f[x_0, x_1] = \dfrac{f[x_1] - f[x_0]}{x_1 - x_0} = \dfrac{f(x_1) - f(x_0)}{x_1 - x_0}$

제2분할차분 $f[x_0, x_1, x_2] = \dfrac{f[x_1,\ x_2] - f[x_0,\ x_1]}{x_2 - x_0}$

제$k$분할차분 $f[x_0, x_1, \cdots, x_k] = \dfrac{f[x_1, x_2, \cdots, x_k] - f[x_0, x_1, \cdots, x_{k-1}]}{x_k - x_0}$

| $x_i$ | $f(x_i) = f[x_i]$ | $f[x_i, x_{i+1}]$ | $f[x_i, x_{i+1}, x_{i+2}]$ | $f[x_i, x_{i+1}, x_{i+2}, x_{i+3}]$ |
|---|---|---|---|---|
| $x_0$ | $f(x_0) = f[x_0]$ | | | |
| | | $f[x_0, x_1]$ | | |
| $x_1$ | $f(x_1) = f[x_1]$ | | $f[x_0, x_1, x_2]$ | |
| | | $f[x_1, x_2]$ | | $f[x_0, x_1, x_2, x_3]$ |
| $x_2$ | $f(x_2) = f[x_2]$ | | $f[x_1, x_2, x_3]$ | |
| | | $f[x_2, x_3]$ | | |
| $x_3$ | $f(x_3) = f[x_3]$ | | | |

**예** 다음 자료에 대한 분할차분표를 완성하시오.

| $x_i$ | 1 | 3 | 6 | 5 |
|---|---|---|---|---|
| $f(x_i)$ | 3 | 11 | 8 | 6 |

**풀이**

| $x_k$ | $f[x_k]$ | $f[\ ,\ ]$ | $f[\ ,\ ,\ ]$ | $f[\ ,\ ,\ ,\ ]$ |
|---|---|---|---|---|
| 1 | 3 | | | |
| | | $f[1, 3] = 4$ | | |
| 3 | 11 | | $f[1, 3, 6] = -1$ | |
| | | $f[3, 6] = -1$ | | $f[1, 3, 6, 5] = \dfrac{5}{8}$ |
| 6 | 8 | | $f[3, 6, 5] = \dfrac{3}{2}$ | |
| | | $f[6, 5] = 2$ | | |
| 5 | 6 | | | |

$$f[1, 3] = \frac{11-3}{3-1} = 4$$

$$f[3, 6] = \frac{8-11}{6-3} = -1$$

$$f[6,5]=\frac{6-8}{5-6}=2$$

$$f[1,3,6]=\frac{f[3,6]-f[1,3]}{6-1}=\frac{-1-4}{5}=-1$$

$$f[3,6,5]=\frac{f[6,5]-f[3,6]}{5-3}=\frac{2+1}{2}=\frac{3}{2}$$

$$f[1,3,6,5]=\frac{f[3,6,5]-f[1,3,6]}{5-1}=\frac{\frac{3}{2}+1}{4}=\frac{5}{8}$$

### 13.5 알고리즘 (분할차분) :

| | |
|---|---|
| 목적 | 데이터 $(x_k, y_k)$ $k=0,1,\cdots,n$ 가 주어질 때,<br>분할차분 $a_j$, $j=0,1,\cdots,n-1$ 구하기 |
| 입력 | $n$, $x_k$, $y_k(k=0,1,2,\cdots,n)$ |
| 처리단계 | 1. $For\, k=0$ $to$ $n$<br>$D(k,0)=y_k$<br>2. $For\, j=1$ $to$ $n$<br>$For\, k=0$ $to$ $n-j$<br>$D(k,j)=\dfrac{D(k+1,j-1)-D(k,j)}{x_{k+j}-x_k}$<br>3. $a_j=D(0,j)$<br>4. $print$ and $stop$ |
| 출력 | $D(k,j), a_j$ $j=1,2,\cdots,n; k=1,2,\cdots,n-j$ |

### 13.6 노트 (분할차분의 특징)

: 분할차분 $f[\ ,\ ,\ ]$에서 두 수 $x_i, x_j$를 바꾸어도 분할차분은 변하지 않는다.

$$f[x_0,x_1]=f[x_1,x_0]$$

$$f[x_0,x_1,x_2]=f[x_1,x_0,x_2]$$

### 13.7 정의 (뉴턴 보간다항식) :

서로 다른 $n+1$개의 점$\{(x_k,y_k)|\ k=0,1,2,\cdots,n\}$을 지나는 $n$차 보간다항식을 다음과 같이 놓는다.

$$P_n(x)=a_0+a_1(x-x_0)+a_2(x-x_0)(x-x_1)$$
$$+\cdots+a_n(x-x_0)(x-x_1)(x-x_0)\cdots(x-x_{n-1})$$

: $P_n(x)$을 뉴턴 보간다항식이라 한다.

여기서 $P_n(x_i) = y_i = f(x_i)$ 이며 다음 식을 만족한다.

$$\begin{aligned}
x = x_0; \quad & P_n(x_0) = a_0 && = f(x_0) \\
x = x_1; \quad & P_n(x_1) = a_0 + a_1(x_1 - x_0) && = f(x_1) \\
x = x_2; \quad & P_n(x_2) = a_0 + a_1(x_2 - x_0) + a_2(x_2 - x_0)(x_2 - x_1) && \\
& \vdots && \\
x = x_n; \quad & P_n(x_n) = a_0 + a_1(x_n - x_0) + a_2(x_n - x_0)(x_n - x_1) + && \\
& \qquad \cdots + a_n(x_n - x_0)(x_n - x_1)\cdots(x_n - x_{n-1}) && = f(x_n)
\end{aligned}$$

이때 구해야 할 계수 $a_i$가 분할차분이다.

### 13.8 노트 (뉴턴 보간다항식의 유도과정) :

($n = 1$ 인 경우)

두 점 $\{(x_0, y_0), (x_1, y_1)\}$ 을 지나는 1차 보간다항식(직선)은 다음과 같다.

$P_1(x) = a_0 + a_1(x - x_0)$

여기서 $a_0 = f(x_0)$이고, $P_1(x_1) = a_0 + a_1(x_1 - x_0) = f(x_0) + a_1(x_1 - x_0) = f(x_1)$

이므로 $a_1 = \dfrac{f(x_1) - f(x_0)}{x_1 - x_0} = f[x_0, x_1]$ 이다.

($n = 2$ 인 경우)

$P_2(x)$의 계수 $a_0, a_1, a_2$를 구하기 위해서 위와 같은 방식으로 전개해 나간다.

세 점 $\{(x_0, y_0), (x_1, y_1), (x_2, y_2)\}$ 을 지나는 2차 보간다항식은 다음과 같다.

$P_2(x) = a_0 + a_1(x - x_0) + a_2(x - x_0)(x - x_1)$

여기서 $a_0 = f(x_0)$ 이고, $P_2(x_1) = a_0 + a_1(x_1 - x_0) = f(x_0) + a_1(x_1 - x_0) = f(x_1)$

이므로 다음과 같다.

$$\begin{aligned}
P_2(x_2) &= a_0 + a_1(x_2 - x_0) + a_2(x_2 - x_0)(x_2 - x_1) \\
&= f(x_0) + \frac{f(x_1) - f(x_0)}{x_1 - x_0}(x_1 - x_0) + a_2(x_2 - x_0)(x_2 - x_1) \\
&= f(x_2)
\end{aligned}$$

$$a_2 = \frac{1}{(x_2 - x_0)(x_2 - x_1)}[f(x_2) - f(x_0) - \frac{f(x_1) - f(x_0)}{x_1 - x_0}(x_2 - x_0)]$$

$$= \frac{1}{(x_2 - x_1)}[\frac{f(x_2) - f(x_0)}{x_2 - x_0} - \frac{f(x_1) - f(x_0)}{x_1 - x_0}]$$

$$= \frac{1}{(x_2 - x_1)}([f[x_0, x_2] - f[x_0, x_1])$$

$$= f[x_0, x_1, x_2]$$

따라서 서로 다른 $n+1$개의 점$\{(x_k, y_k) \mid k = 0, 1, 2, \cdots, n\}$ 을 지나는 $n$차 보간다항식 $P_n(x)$의 계수 $a_i$를 분할차분으로 표시하면 다음과 같다.

$$P_n(x) = f[x_0] + f[x_0, x_1](x - x_0) + f[x_0, x_1, x_2](x - x_0)(x - x_1)$$

$$+ \cdots + f[x_0, x_1, \cdots, x_n](x - x_0)(x - x_1)(x - x_0) \cdots (x - x_{n-1})$$

**13.9 노트 (뉴턴 보간다항식의 회귀관계식 표현) :**

예를 들어 $n = 3$에 대하여 뉴턴 보간다항식을 다음과 같이 변형할 수 있다.

$$P_3(x) = a_0 + a_1(x - x_0) + a_2(x - x_0)(x - x_1) + a_3(x - x_0)(x - x_1)(x - x_2)$$

$$= a_0 + (x - x_0)(a_1 + (x - x_1)(a_2 + (x - x_2)a_3))$$

$$= ((a_3(x - x_2) + a_2)(x - x_1) + a_1)(x - x_0) + a_0$$

이 식은 다음과 같이 회귀관계 식으로 나타낼 수 있다.

$$s_3 = a_3$$

$$s_2 = s_3(x - x_2) + a_2$$

$$s_1 = s_2(x - x_1) + a_1$$

$$s_0 = s_1(x - x_0) + a_0$$

이를 일반적으로 나타내면 다음과 같다.

$$s_n = a_n$$

$$s_k = s_{k+1}(x - x_k) + a_k \quad (k = n-1, \cdots, 2, 1, 0)$$

### 13.10 알고리즘 (뉴턴 분할차분 보간다항식 및 보간법 알고리즘) :

| | |
|---|---|
| 목적 | 데이터 $(x_k, y_k)$ $k = 0, 1, \cdots, n$ 과 분할차분 $a_k$, $k = 0, 1, \cdots, n-1$ 이 주어질 때, 보간다항식 $P_n(x)$과 보간값 $P_n(\overline{x})$구하기 |
| 입력 | $n, a_k, a_n, x_k (k = 0, 1, 2, \cdots, n-1), \overline{x}$ |
| 처리단계 | 1. $Sum = a_n$<br>2. $For\,k - n - 1$ $down$ $to$ $0$ $do$<br>$Sum = Sum * (x - x_k) + a_k$<br>3. $P_n(x) = Sum$<br>4. $print$ and $stop$ |
| 출력 | $P_n(x), P_n(\overline{x})$ |

### 13.11 노트 (뉴턴 보간다항식의 특징)

: 분할차분표를 이용한다.

: 한 점이 추가되면 전체를 다시 계산할 필요 없이 마지막 계수만 구하여 추가하므로 계산량이 적다.

**예** 다음 자료에 대한 분할차분표를 완성하고, 2차 및 3차 뉴턴 보간다항식을 구하시오.

| $x_k$ | 1 | 3 | 6 | 5 | -1 |
|---|---|---|---|---|---|
| $f(x_k)$ | 3 | 11 | 8 | 6 | 3 |

**풀이** 앞서 분할차분에서 나온 예제에 데이터$(-1, 3)$이 추가된 것이다. 따라서 앞에서 계산한 분할차분표에 새로운 데이터를 추가하여 다음과 같이 분할차분표를 완성한다.

| $x_i$ | $f[x_i]$ | $f[\ ,\ ]$ | $f[\ ,\ ,\ ]$ | $f[\ ,\ ,\ ,\ ]$ | $f[\ ,\ ,\ ,\ ,\ ]$ |
|---|---|---|---|---|---|
| 1 | 3 | $f[1,3] = 4$ | $f[1,3,6] = 1$ | $f[1,3,6,5] = \frac{5}{8}$ | $f[1,3,6,5,\ \ 1] = \frac{17}{112}$ |
| 3 | 11 | $f[3,6] = -1$ | $f[3,6,5] = \frac{3}{2}$ | $f[3,6,5,\ \ 1] - \frac{9}{28}$ | |
| 6 | 8 | $f[6,5] - 2$ | $f[6,5,-1] = \frac{3}{14}$ | | |
| 5 | 6 | $f[5,-1] = \frac{1}{2}$ | | | |
| -1 | 3 | | | | |

여기서 추가된 계산은 다음과 같다.

$$f[5,-1]=\frac{3-6}{-1-5}=\frac{1}{2}$$

$$f[6,5,-1]=\frac{f[5,-1]-f[6,5]}{-1-6}=\frac{\frac{1}{2}-2}{-7}=\frac{3}{14}$$

$$f[3,6,5,-1]=\frac{f[6,5,-1]-f[3,6,-1]}{-1-3}=\frac{\frac{3}{14}-\frac{3}{2}}{-4}=\frac{9}{28}$$

$$f[1,3,6,5,-1]=\frac{f[3,6,5,-1]-f[1,3,6,5]}{-1-1}=\frac{\frac{9}{28}-\frac{5}{8}}{-2}=\frac{17}{112}$$

따라서 3차 및 4차 뉴턴 보간다항식 $P_3(x)$, $P_4(x)$은 다음과 같다.

: 3차 뉴턴 보간다항식

| $x_k$ | 1 | 3 | 6 | 5 |
|---|---|---|---|---|
| $f(x_k)$ | 3 | 11 | 8 | 6 |

$$P_3(x)=3+4(x-1)-1(x-1)(x-3)+\frac{5}{8}(x-1)(x-3)(x-6)$$

: 4차 뉴턴 보간다항식

| $x_k$ | 1 | 3 | 6 | 5 | -1 |
|---|---|---|---|---|---|
| $f(x_k)$ | 3 | 11 | 8 | 6 | 3 |

$$P_4(x)=3+4(x-1)-1(x-1)(x-3)+\frac{5}{8}(x-1)(x-3)(x-6)+\frac{17}{112}(x-1)(x-3)(x-6)(x-5)$$

: 두 보간다항식을 비교해 보면 $P_3(x)$의 마지막 항이 $P_2(x)$에서 추가 됐음을 알 수 있다. 따라서 Lagrange 보간 다항식과 달리 한 점이 추가되어도 다시 계산할 필요가 없음을 알 수 있다.

**예** (1) 다음 자료에 대한 분할차분표를 완성하시오.

| $x_i$ | 1 | 3 | 4 | 6 |
|---|---|---|---|---|
| $f(x_i)$ | 5 | 1 | 0.5 | -0.5 |

(2) 뉴턴 보간다항식 $P_3(x)$을 구하시오.

(3) $\bar{x}=2.5$의 보간값을 구하시오.

**풀이** (1) 분할차분표

| $x_i$ | $f[x_i]$ | $f[\ ,\ ]$ | $f[\ ,\ ,\ ]$ | $f[\ ,\ ,\ ,\ ]$ |
|---|---|---|---|---|
| 1 | 5 | $f[1,3]=-2$ | $f[1,3,4]=0.5$ | $f[1,3,4,6]=-0.1$ |
| 3 | 1 | $f[3,4]=-0.5$ | $f[3,4,6]=0$ | |
| 4 | 0.5 | $f[4,6]=-0.5$ | | |
| 6 | -0.5 | | | |

(2) 뉴턴 보간다항식 $P_3(x)$

$$P_3(x)=5-2(x-1)+0.5(x-1)(x-3)-0.1(x-1)(x-3)(x-4)$$

(3) $\bar{x}=2.5$의 보간값

$$\begin{aligned}P_3(2.5)&=5-2(2.5-1)\\&\quad+0.5(2.5-1)(2.5-3)\\&\quad-0.1(2.5-1)(2.5-3)(2.5-4)\\&=1.5125\end{aligned}$$

**예** 같은 데이터에 대한 Lagrange 보간다항식 $P_3(x)$를 이용하여 $\bar{x}=2.5$의 보간값을 계산한 결과와 비교하시오.

**풀이** $P_3(2.5)=5L_0(2.5)+L_1(2.5)+0.5L_2(2.5)-0.5L_3(2.5)=1.5125$

## 연습문제

1. 다음 점들에 대한 Lagrange 다항식을 구하시오.

1) 5, 7
2) 6, 8, 11
3) 10, 15, 20, 25
4) 1, 1.5, 2, 2.5, 3

2. 세점 2, 5, 7에 대한 2차 Lagrange 다항식 $L_0(x), L_1(x), L_2(x)$를 구하시오.

3. $f(2)=7.39$, $f(2.5)=12.18$, $f(2.7)=14.88$일 때 2차 Lagrange 보간다항식을 구하고 $f(2.3)$, $f(2.6)$을 계산하시오.

**4.** 문제 2-3에 대하여 $f(2.8) = 16.45$를 추가하여 3차 Lagrange 보간다항식을 구하시오.

**5.** 데이터가 10, 15, 20, 25개 일 때의 처리속도가 각각 0.5, 0.7, 0.9, 0.6인 프로그램이 있다. 데이터가 12개, 22개 일 때의 처리속도를 Lagrange 보간법으로 계산하시오.

**6.** $p(x)$가 차수가 $n$ 이하인 보간다항식이라 하자. 만일 서로 다른 $n+1$개의 점을 사용하여 만든 보간다항식을 $p'(x)$라고하면 $p(x) = p'(x)$ 임을 증명하시오. (힌트, 16장의 유일성 증명 참조)

**7.** Lagrange 다항식에 대하여 다음이 성립함을 보이시오.

$$\sum_{i=0}^{n} L_i(x) = 1$$

**8.** $f(2) = 7.39$, $f(2.5) = 12.18$, $f(2.7) = 14.88$일 때 분할차분표를 구하시오.

**9.** 문제 8을 이용하여 2차 뉴턴 보간다항식을 구하고 $f(2.3)$, $f(2.6)$을 계산하시오.

**10.** 문제 8-9에 대하여 $f(2.8) = 16.45$을 추가하여 3차 뉴턴 보간다항식을 구하시오.

**11.** 문제 10의 결과를 이용하여 Lagrange 보간법과 뉴턴 보간법을 비교하시오.

**12.** 다음은 $x = 1,\ 1.5,\ 2,\ 2.5,\ 3$에서의 $\log(x)$에 대한 함수값을 나타낸다.

| $x$ | $\log(x)$ |
|---|---|
| 1 | 0 |
| 1.5 | 0.1761 |
| 2 | 0.3010 |
| 2.5 | 0.3980 |
| 3 | 0.4771 |

1) 분할차분표를 구하시오.

2) 4차 뉴턴 보간다항식을 구하시오.

3) $\log(1.567)$, $\log(2.689)$를 계산하시오.

4) 스마트폰 계산기 앱이 log값을 계산하는 원리를 설명하시오.

**13.** 지수함수 $e^x$에 대한 1, 1.5, 2, 2.5, 3에서의 4차 보간다항식을 $p_4(x)$라고하자. $e^{0.8}$의 근사값으로 $p_4(0.8)$을 사용할 때, 오차의 한계를 구하시오.

Chapter
# 14 수치미분과 적분

파도모양 주름진 판은 사인(sine)곡선 모형의 틀에 알루미늄 판을 넣고 압착하여 만든다. 예를 들어 길이가 36인 사인곡선 모양의 판을 만든다고 하자. 주름잡기 전 판의 길이는 얼마이어야 할까? 이 문제는 함수 $f(x)=\sin x$에 대하여 $[0, 36]$에서 곡선의 길이를 구하는 문제와 같다.

$$l=\int_0^{36}\sqrt{1+f'(x)^2}\,dx=\int_0^{36}\sqrt{1+\cos^2 x}\,dx$$

대수함수와 삼각함수, 지수함수, 로그함수 같은 초월함수의 적분을 항상 쉽게 구할 수 있는 것은 아니다. 예를 들어 다음과 같은 정적분 값은 정확하게 계산할 수 없다.

$$\int_0^2 \cos x^2\,dx$$

이와 같은 문제는 수치미분과 수치적분으로 근사값을 구한다.

서로 다른 $n+1$개의 점$\{(x_k, y_k) \mid k=0,1,2,\cdots,n\}$을 지나는 $n$차 보간다항식은 유일하게 결정되고, 다항식은 미분과 적분을 쉽게 할 수 있기 때문에 함수의 수치미분, 수치 적분은 보간다항식을 주로 사용한다.

## ■ 수치미분

### 14.1 노트 (Taylor 정리) :

함수 $f(x)$ 및 그 처음 $n$개의 도함수가 $x=a$를 중심으로 연속이면, $\xi\in(a, x)$인 $\xi$이 존재하여 다음 등식을 만족한다.

$$f(x)=f(a)+(x-a)f'(a)+\frac{(x-a)^2}{2!}f''(a)+$$
$$\cdots+\frac{(x-a)^{(n-1)}}{(n-1)!}f^{(n-1)}(a)+\frac{(x-a)^n}{n!}f^{(n)}(\xi)$$

: $f(x)$를 $n$차 Taylor 전개식이라고 한다.

: $\frac{(x-a)^n}{n!}f^{(n)}(\xi)$를 Lagrange의 나머지식(Lagrange's remainder)이라고 한다.

: 여기서 $f(x)$의 근사값으로 $n$차 Taylor 전개식을 택하면 절단오차 $E_T$는 다음과 같이 $O$로 나타낸다.

$$E_T=\frac{(x-a)^n}{n!}f^{(n)}(\xi)=O((x-a)^n)$$

: $O$의 의미는 예를 들어 $f(x)=g(x)+O(x) \Leftrightarrow \lim_{x\to 0}\frac{f(x)-g(x)}{x}=c$ , $c$는 상수이다. 즉, $x$가 0으로 수렴하는 정도가 비슷함을 말한다.

## 14.2 노트 (수치미분 2점 공식)

: $f'(x_0)=\lim_{h\to 0}\frac{f(x_0+h)-f(x_0)}{h}$ 이므로 $f'(x_0)\approx\frac{f(x_0+h)-f(x_0)}{h}$ 을 근사값으로 한다.

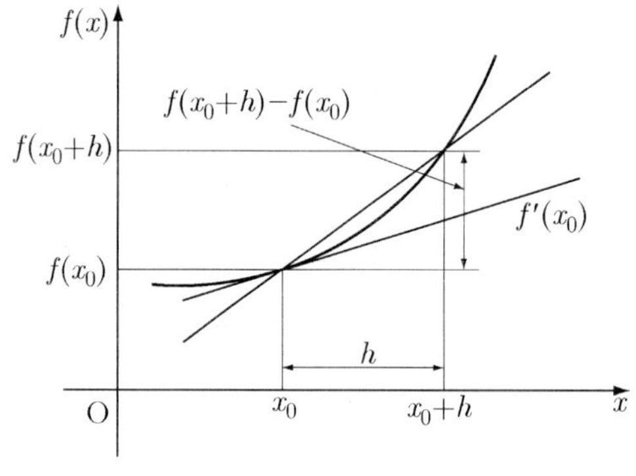


Taylor 정리에서 $a=x_0$, $x=x_0+kh$로 놓고 $x_k=x_0+kh$, $k\sim(\cdots,-1,0,1,\cdots)$로 놓으면 다음과 같다.

$$f_k=f(x_k)=f(x_0+kh)$$
$$=f(x_0)+khf'(x_0)+\frac{(kh)^2}{2!}f''(x_0)+\frac{(kh)^3}{3!}f'''(x_0)+\cdots$$

$k=1$의 경우

$$f_1 = f(x_0) + hf'(x_0) + \frac{(h)^2}{2!}f''(x_0) + \frac{(h)^3}{3!}f'''(x_0) + \cdots$$
$$= f_0 + hf_0{}' + \frac{h^2}{2}f_0{}'' + \frac{h^3}{6}f_0{}''' + \cdots$$

$k=-1$의 경우

$$f_{-1} = f_0 - hf_0{}' + \frac{h^2}{2}f_0{}'' - \frac{h^3}{6}f_0{}''' + \cdots$$

### 14.3 정의 (전향 수치미분)

: $f_0{}' = \frac{1}{h}(f_1 - f_0) - (\frac{h}{2}f_0{}'' + \frac{h^2}{6}f_0{}''' + \cdots)$에서 다음을 유도할 수 있다.

$$f_0{}' \approx \frac{1}{h}(f_1 - f_0)$$
$$E_T = -(\frac{h}{2}f_0{}'' + \frac{h^2}{6}f_0{}''' + \cdots) \approx -\frac{h}{2}f_0{}'' = O(h)$$

### 14.4 정의 (후향 수치미분)

: $f_0{}' = \frac{1}{h}(f_0 - f_{-1}) + (\frac{h}{2}f_0{}'' - \frac{h^2}{6}f_0{}''' + \cdots)$에서 다음을 유도할 수 있다.

$$f_0{}' \approx \frac{1}{h}(f_0 - f_{-1})$$
$$E_T = \frac{h}{2}f_0{}'' - \frac{h^2}{6}f_0{}''' + \cdots \approx \frac{h}{2}f_0{}'' = O(h)$$

### 14.5 정의 (중심 수치미분)

: $f_1 - f_{-1} = 2hf_0{}' + \frac{h^3}{3}f_0{}''' + \cdots$ 이고 $f_0{}' = \frac{1}{2h}(f_1 - f_{-1}) - \frac{h^2}{6}f_0{}''' - \cdots$ 에서 다음을 유도할 수 있다.

$$f_0{}' \approx \frac{1}{2h}(f_1 - f_{-1})$$
$$E_T \approx -\frac{h^2}{6}f_0{}''' = O(h^2)$$

: 중앙 수치미분으로 구한 근사값의 오차는 $E_T = O(h^2)$이고, 전향 수치미분, 후향 수치미분으로 구한 근사값의 오차는 $E_T = O(h)$이므로 중앙 수치미분으로 구한

근사값이 훨씬 빨리 참값에 다가간다.

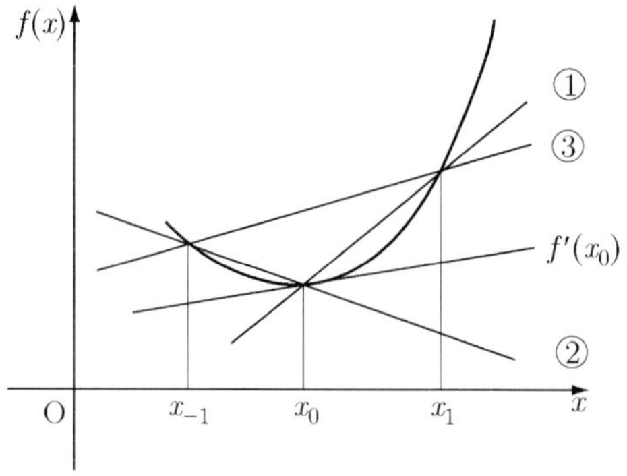


### 14.6 노트 (수치미분 3점 공식)

$$f_0{}' = \frac{1}{2h}(-3f_0 + 4f_1 - f_2) + \frac{h^2}{3}f'''(\xi),\ h \neq 0,\ \xi \in (x_0, x_0 + 2h)$$

$$f_0{}' = \frac{1}{2h}(-f_{-1} + f_1) - \frac{h^2}{6}f'''(\xi),\ h \neq 0,\ \xi \in (x_0 - h, x_0 + h)$$

: $f'(x)$의 근사값을 구하는 수치적 미분은 $h$값이 작은 경우 더 큰 오차가 발생할 수 있으므로 안정적이지 못하다. 하지만 여기서 유도된 식들은 미분방정식의 근사값을 구하는데 응용된다.

## ■ 수치적분

다음과 같은 정적분은 역도함수가 존재하지 않아서 값을 계산할 수 없다.

$$\int_0^2 \cos x^2\, dx$$

다음과 같은 예는 역도함수는 존재하지만 쉽게 값을 계산할 수 없다. 이런 경우, 근사값을 계산하는 것이 효과적일 수 있다.

$$\int_0^3 \sqrt{1 + \cos^2 x}\, dx$$

이때 구한 근사값을 주어진 정적분의 수치적분이라고 하며 이를 수치적분법이라고 한다.

### 14.7 노트 (수치구적법) :

$\int_a^b f(x)\,dx$ 의 근사값을 구하는 방법을 **수치구적법**(numerical quardrature)이라고 하며 그 값은 다음과 같은 형태이다.

$$Q(f) = \sum_{k=0}^{n} a_k f(x_k)$$

Lagrange 보간다항식에 기초한 구적법은 서로 다른 $(n+1)$개의 점을 지나는 $n$차 보간다항식 $P_n(x) = \sum_{k=0}^{n} f(x_k)\,L_k(x)$ 의 각항을 적분해서 다음과 같이 계산한다.

$$I(P_n) = \int_a^b \sum_{k=0}^{n} f(x_k)\,L_k(x)\,dx = \sum_{k=0}^{n} a_k f(x_k) = Q(f)$$

계수 $a_k = \int_a^b L_k(x)dx$, $k = 0, 1, \cdots, n$ 이고 오차는 $E(f) = \int_a^b f(x)\,dx - Q(f)$이다.

: 다음의 두 조건을 만족하는 $n$을 $Q(f)$의 정밀도라고 한다.

조건1: $k \le n$ 인 모든 다항식 $P_k(x)$에 대해서 $E(P_k) = 0$

조건2: 어떤 $n+1$에 대해서 $E(P_{n+1}) \neq 0$

### 14.8 정의 (사다리꼴 공식 : $n = 1$인 경우)

$x_0 = a, x_1 = b, h = b - a$ 이므로 $P_1(x) = \dfrac{x - x_1}{x_0 - x_1} f(x_0) + \dfrac{x - x_0}{x_1 - x_0} f(x_1)$이다. 따라서

$$\begin{aligned}\int_a^b P_1(x)dx &= \int_{x_0}^{x_1} \left( \frac{x - x_1}{x_0 - x_1} f(x_0) + \frac{x - x_0}{x_1 - x_0} f(x_1) \right) dx \\ &= \frac{x_1 - x_0}{2} (f(x_0) + f(x_1)) \\ &= \frac{h}{2} (f_0 + f_1)\end{aligned}$$

: 사다리꼴 공식(trapezoidal rule), $I(P_1) = T(f) = \dfrac{h}{2}(f_0 + f_1)$

### 14.9 정의 (심프슨 공식 : $n = 2$인 경우)

: 심프슨 공식(Simpson's rule), $I(P_2) = S(f) = \dfrac{h}{3}(f_0 + 4f_1 + f_2)$

### 14.10 정의 (심프슨 $\frac{3}{8}$ 공식 : $n=3$ 인 경우)

: 심프슨의 $\frac{3}{8}$ 공식 (Simpson's $\frac{3}{8}$ rule), $I(P_3)=S3(f)=\frac{3h}{8}(f_0+3f_1+3f_2+f_3)$

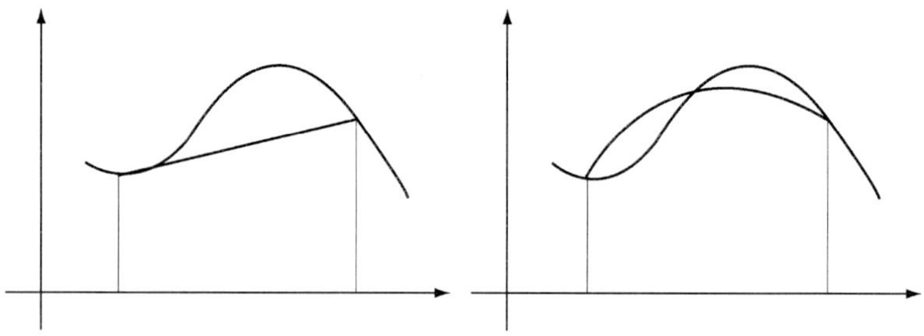

### 14.11 정의 ($(n+1)$점 사다리꼴 공식)

: 구간 $[a,b]$ 위에서 정의된 함수 $f(x)$ 에 대하여 다음과 같이 균등 분할하여 사다리꼴 공식을 각 구간별로 적용하면 다음과 같다.

$$a=x_0<x_1<\cdots<x_n=b,\ x_k=a+kh,\ h=\frac{b-a}{n}$$

$$\int_a^b f(x)\,dx \approx T_n(f)=S_1+S_2+\cdots+S_n$$
$$=\frac{h}{2}[(f_0+f_1)+(f_1+f_2)+\cdots+(f_{n-1}+f_n)]$$
$$=\frac{h}{2}[f_0+2(f_1+f_2+\cdots+f_{n-1})+f_n]$$

: $T_n(f)$ 를 $(n+1)$점 사다리꼴 공식이라고 한다.

**예** 다음의 적분값을 $n=1,2,4$ 인 사다리꼴 공식을 적용하여 구하시오.

$$\int_0^2 e^{-x^2}\,dx$$

**풀이** (1) $n=1 \Rightarrow h=\frac{2-0}{1}=2$

$$\int_0^2 e^{-x^2}dx = T_1(f) \approx \frac{2}{2}(f_0+f_1)=e^0+e^{-4}\approx 1+0.0183=1.0183$$

(2) $n=2 \Rightarrow h=\frac{2-0}{2}=1$

$$\int_0^2 e^{-x^2}dx \approx T_2(f)=\frac{1}{2}(f_0+2f_1+f_2)=\frac{1}{2}(e^0+2e^{-1}+e^{-4})\approx 0.8771$$

(3) $n=4 \Rightarrow h=\frac{2-0}{4}=\frac{1}{2}$

$$\int_0^2 e^{-x^2}dx \approx T_4(f)=\frac{1}{2}\frac{1}{2}(f_0+2(f_1+f_2+f_3)+f_4)$$

$$=\frac{1}{4}(e^0+2(e^{-\frac{1}{4}}+e^{-1}+e^{-\frac{9}{4}})+e^{-4})=0.8806$$

### 14.12 정의 ($(n+1)$점 심프슨 공식)

: 구간 $[a,b]$ 위에서 정의된 함수 $f(x)$ 에 대하여 다음과 같이 균등 분할하여 각 구간 별로 심프슨 공식을 적용하면 다음과 같다.

$$a=x_0< x_1<\cdots < x_n=b, x_k=a+kh, h=\frac{b-a}{n}$$

$$\int_a^b f(x)dx \approx S_n(f)=S_1+S_2+\cdots+S_{2/n}$$

$$=\frac{h}{3}[(f_0+4f_1+f_2)+(f_2+4f_3+f_4)+\cdots+(f_{n-2}+4f_{n-1}+f_n)]$$

$$=\frac{h}{3}[f_0+4f_1+2f_2+4f_3+2f_4+\cdots+4f_{n-1}+f_n]$$

: $S_n(f)$를 $(n+1)$점 심프슨 공식이라고 한다. 여기서 $n$은 짝수이다.

**예** 다음의 적분의 근사값을 수치적분법으로 구하시오.

$$\int_0^1 3x^2dx$$

(1) $n=4, 8, 16$에 대하여 사다리꼴 공식을 적용하시오.

(2) $n=4$에 대하여 심프슨 공식을 적용하시오.

**풀이** (1) 사다리꼴 공식을 이용하면

$n=4$

$$\int_0^1 3x^2dx \approx T_4(f)$$

$$=\frac{1}{2}\frac{1-0}{4}[f(0)+2f(\frac{1}{4})+2f(\frac{1}{2})+2f(\frac{3}{4})+f(1)]$$

$$=\frac{1}{8}(0+\frac{3}{8}+\frac{12}{8}+\frac{27}{8}+3)$$

$$=\frac{66}{64}=1.03125$$

$$n = 8$$

$$\int_0^1 3x^2\,dx \approx T_8(f) = 1.0078125$$

$$n = 16$$

$$\int_0^1 3x^2\,dx \approx T_{16}(f) = 1.00195313$$

(2) 심프슨 공식을 이용하면

$$\int_0^1 3x^2\,dx \approx S_4(f)$$

$$= \frac{1}{3}\frac{1-0}{4}[f(0)+4f(\frac{1}{4})+2f(\frac{1}{2})+4f(\frac{3}{4})+f(1)] = 1$$

: 위의 예에서 $3x^2$은 이차함수(포물선) 아래의 넓이를 계산하므로 심프슨 공식으로 수치적분을 하면 정확한 넓이가 되는 것은 당연하다. 또한 사다리꼴 공식보다 정확한 수치적분을 구할 수 있음을 알 수 있다.

### 14.13 정의 ($(n+1)$점 심프슨의 $\frac{3}{8}$ 공식)

: 심프슨 공식은 2차함수(포물선)으로 근사시켜 넓이를 구하는 방법이고 심프슨의 $\frac{3}{8}$ 공식은 3차함수선(3차곡선)으로 근사시켜 넓이를 구하는 방법이다.

: 구간 $[a, b]$ 위에서 정의된 함수 $f(x)$에 대하여 다음과 같이 균등 분할하여 각 구간별로 심프슨의 $\frac{3}{8}$ 공식을 적용하면 다음과 같다.

$$a = x_0 < x_1 < \cdots < x_n = b,\ x_k = a + kh,\ h = \frac{b-a}{n}$$

$$\int_a^b f(x)\,dx \approx S3_n(f) = S_1 + S_2 + \cdots + S_n$$

$$= \frac{3h}{8}[(f_0 + 3f_1 + 3f_2 + f_3) + (f_3 + 3f_4 + 3f_5 + f_6) + \cdots + (f_{n-3} + 3f_{n-2} + 3f_{n-1} + f_n)]$$

$$= \frac{3h}{8}[f_0 + 3\sum_{k=1}^{\frac{n}{3}} f_{3k-2} + 3\sum_{k=1}^{\frac{n}{3}} f_{3k-1} + 2\sum_{k=1}^{\frac{n}{3}} f_{3k} + f_n]$$

: $S3_n(f)$를 $(n+1)$점 심프슨 $\frac{3}{8}$ 공식이라고 한다. 여기서 $n$은 3의 배수이다.

**예** 다음의 적분의 근사값을 심프슨 공식을 $n=3, 6$으로 적용해 보자.

$$\int_0^1 x^2\,dx$$

**풀이** $n=3 \Rightarrow h=\dfrac{1-0}{3}=\dfrac{1}{3}$

$$\begin{aligned}\int_0^1 x^2\,dx &\approx S3_3(f)\\ &= \frac{3}{8}\frac{1}{3}[f(0)+3f(\frac{1}{3})+3f(\frac{2}{3})+f(1)]\\ &= \frac{1}{8}(0+3*\frac{1}{9}+3*\frac{4}{9}+1)\\ &= \frac{1}{3}\end{aligned}$$

$n=6 \Rightarrow h=\dfrac{1-0}{6}=\dfrac{1}{6}$

$$\int_0^1 x^2\,dx \approx S3_6(f)$$

$$=\frac{3}{8}\frac{1}{6}[f(0)+3(f(\frac{1}{6})+f(\frac{4}{6}))+3(f(\frac{2}{6})+f(\frac{5}{6}))+2f(\frac{3}{6})+f(\frac{6}{6})]$$

$$=\frac{1}{16}(0+3*(\frac{1}{36}+\frac{4}{9})+3*(\frac{1}{9}+\frac{25}{36})+2*\frac{1}{4}+1)$$

$$=\frac{1}{3}$$

: 위의 예에서 $x^2$의 정확한 적분값은 $\frac{1}{3}$이다. 심프슨 $\frac{3}{8}$공식으로 수치적분을 계산한 결과와 일치한다. 심프슨 공식에 대한 오차는 $E_S=-\dfrac{h^5}{90}f^{(4)}(\xi)$ 이고 심프슨의 $\frac{3}{8}$ 공식에 대한 오차는 $E_{S3}=-\dfrac{3h^5}{80}f^{(4)}(\xi)$ 이다. 모두 $O(h^5)$이므로 두 공식에 의한 근사값이 비슷한 빠르기로 참값에 다가감을 알 수 있다. 오차 공식은 다음 정리에서 유도한다.

### 14.14 정리 (수치적분 오차정리)

: 구간 $[a,b]$에서 $f(x)$가 연속일 때, $f(x)$의 Lagrange 다항식 $P_n(x)$의 오차 $E_n$은 다음 식을 만족한다. 여기서 $f^{n+1}(x)$이 구간 $[a,b]$에서 연속이라면 $|f^{n+1}(x)| \le M_n$

을 만족하는 상수 $M_n$이 존재한다.

$$E_n = |f(x) - P_n(x)| \le |\frac{f^{n+1}(\xi)}{(n+1)!}(x-x_0)(x-x_1)\cdots(x-x_n)|$$

$n=1$일 때의 오차공식은 $f(x)$의 보간다항식 $P_1(x)$에 대하여 다음을 만족한다.

$$f(x) = P_1(x) + \frac{f''(\xi)}{2}(x-x_0)(x-x_1),\ \xi \in (x_0, x_1) = (a, b)$$

양변을 적분하고, 중간값 정리를 적용한다.

$$\int_a^b f(x)\,dx = \int_a^b P_1(x)\,dx + \int_a^b \frac{f''(\xi)}{2}(x-a)(x-b)\,dx$$

$$\begin{aligned} E_T &= \int_a^b f(x)\,dx - \int_a^b P_1(x)\,dx \\ &= \frac{f''(\xi)}{2}\int_a^b (x-a)(x-b)\,dx \\ &= \frac{f''(\xi)}{2}[-\frac{1}{6}(b-a)^3] \\ &= -\frac{h^3}{12}f''(\xi),\ h = b-a \end{aligned}$$

같은 방법으로 $n=2, n=3$인 경우에도 오차공식을 유도할 수 있다.

: 사다리꼴 공식($n=1$) 오차, $E_T = -\frac{h^3}{12}f''(\xi)$

: 심프슨 공식($n=2$) 오차, $E_S = -\frac{h^5}{90}f^{(4)}(\xi)$

: 심프슨의 $\frac{3}{8}$공식($n=3$) 오차, $E_{S3} = -\frac{3h^5}{80}f^{(4)}(\xi)$

### 14.15 알고리즘 (사다리꼴 공식 알고리즘) :

| 목적 | $\int_a^b f(x)\,dx$ 의 수치적분 구하기 |
|---|---|
| 입력 | $a, b, n, f(x)$ |
| 처리단계 | 1. $h = \frac{b-a}{n}$, $T=0$<br>2. $For\, k=1$ $to$ $n-1$ $do$<br>  2.1 $x = a + kh$<br>  2.2 $T = T + f(x)$<br>3. $T = \frac{h}{2}[f(a) + f(b) + 2T]$<br>4. *print* and *stop* |
| 출력 | $T$ |

## 14.16 알고리즘 (심프슨 공식 알고리즘) :

| | |
|---|---|
| 목적 | $\int_a^b f(x)\,dx$ 의 수치적분 구하기 |
| 입력 | $a, b, n, f(x)$ |
| 처리단계 | 1. $h = \frac{b-a}{2n}$<br>2. $S_0 = f(a) + f(b)$<br>  2.1 $S_1 = 0$ $(sum\,of\,f(x_{2k-1}))$<br>  2.2 $S_2 = 0$ $(sum\,of\,f(x_{2k}))$<br>3. $For\,k = 1$ $to$ $2n-1$ $do$<br>  3.1 $x = a + kh$<br>  3.2 $If\,k: even$<br>      $S_2 = S_2 + f(x)$<br>    $Else$ $S_1 = S_1 + f(x)$<br>4. $S = \frac{h}{3}[S_0 + 4 * S_1 + 2 * S_2]$<br>5. $print$ and $stop$ |
| 출력 | $S$ |

## 14.17 알고리즘 (심프슨 $\frac{3}{8}$ 공식 알고리즘)

| | |
|---|---|
| 목적 | $\int_a^b f(x)\,dx$ 의 수치적분값 구하기 |
| 입력 | $a, b, n, f(x)$ |
| 처리단계 | 1. $h = \frac{b-a}{n}$<br>2. $S_0 = f(a) + f(b)$<br>  2.1 $S_1 = 0$ $(sum\,of\,f(x_{3k-1}))$<br>  2.2 $S_2 = 0$ $(sum\,of\,f(x_{3k-2}))$<br>  2.3 $S_3 = 0$ $(Sum\,of\,f(x_{3k}))$<br>3. $For\,k = 1$ $to$ $n$ $do$<br>  3.1 $x = a + kh$<br>  3.2 $If$ $k \equiv 1 \pmod{3}$<br>      $S_1 - S_1 + f(x)$<br>    $Else$ $If$ $k \equiv 2 \pmod{3}$<br>        $S_2 = S_2 + f(x)$<br>      $Else$ $S_3 - S_3 + f(x)$<br>4. $S = \frac{3h}{8}[S_0 + 3 * S_1 + 3 * S_2 + 2 * S_3]$<br>5. $print$ and $stop$ |
| 출력 | $S$ |

## 연습문제

**1.** 다음 데이터를 만족하는 함수 $f(x)$에 대하여 $f'(2.0)$의 값을 세 가지 2점 공식으로 계산하시오.

| $x$ | 1.8 | 1.9 | 2.0 | 2.1 | 2.2 |
|---|---|---|---|---|---|
| $f(x)$ | 3.24 | 3.61 | 4.0 | 4.41 | 4.84 |

**2.** 1의 데이터에 대하여 $f'(2.0)$의 값을 두 가지 3점 공식으로 계산하시오.

**3.** 중심 수치미분의 오차는 $E_T \approx -\dfrac{h^2}{6} f_0'''$ 이다. 함수 $f(x) = \sqrt{x}$ 에 대하여, $h = 0.01$ 일 때 $f'(2.5)$의 근사값을 중심 수치미분법으로 계산했을 때 계산 오차의 한계를 구하시오.

**4.** $\displaystyle\int_0^1 e^{-x^2} dx$ 의 값을 사다리꼴 공식으로 계산하시오. 단, 구간은 2개로 균등하게 분할한다.

**5.** 4에서 구간을 4개로 하여 계산하고 결과를 비교하시오.

**6.** $\displaystyle\int_0^1 \sqrt{1-x^2}\, dx$ 의 값을 심프슨의 공식으로 계산하시오. 단, 구간은 4개로 균등하게 분할한다.

**7.** $\displaystyle\int_0^1 x^3 dx$ 의 값을 심프슨의 $\dfrac{3}{8}$ 공식으로 계산하시오. 단, 구간은 3개로 균등하게 분할한다.

**8.** 다음 데이터를 만족하는 함수 $f(x)$에 대하여 물음에 답하시오.

| $x$ | 0 | 1 | 2 | 3 | 4 | 5 | 6 |
|---|---|---|---|---|---|---|---|
| $f(x)$ | 2 | 1 | 3 | 5 | 8 | 6 | 7 |

1) 데이터를 이용하여 함수 $f(x)$의 점 그래프를 그리시오.

2) 정적분 $\int_0^6 f(x)dx$ 의 근사값을 1) $(6+1)$점 사다리꼴 공식, 2) $(6+1)$점 심프슨 공식으로 계산하시오.

**9.** $\int_0^1 (x^2+1)dx$ 의 근사값을 1) 사다리꼴 공식과 2) 심프슨 공식으로 계산하시오. 단 구간은 4개로 균등하게 분할한다.

**10.** 정적분 $\int_5^7 e^x dx$를 사다리꼴 공식으로 계산하려고 한다. 계산오차가 $5\times10^{-4}$보다 작도록 하는 구간의 길이 $h$를 구하시오.

# Chapter 15 미분방정식

미분방정식은 변화, 운동, 성장 등의 효과를 식으로 만들 때 나타난다. 즉 운동하는 점, 변화하는 시장 상황, 전자회로에서 주기적으로 변하는 전압, 화학반응에서 변화하는 농도 그리고 시장경제에서 유동자원 등과 같이 역동적인 현상을 연구할 때 미분방정식이 사용된다. 여기서 두 가지 미분방정식 모델과 1계 미분방정식의 해법을 다룬다.

## ■ 상미분방정식

**15.1 정의 (상미분방정식, 편미분방정식) :**

미분방정식은 함수의 독립변수 개수에 따라 상미분방정식과 편미분방정식으로 구분한다. 상미분방정식은 독립변수가 1개인 함수 $y=f(x)$들의 집합에 관한 미분방정식이고 독립변수가 2개 이상인 함수 $z=f(x,y)$들의 집합에 관한 미분방정식을 편미분방정식이라 한다.

**예** $y''(x)+y(x)=0$ 상미분방정식

$u_{xx}(x,y)+u_{yy}(x,y)=0$ 편미분방정식

**15.2 정의 (계수, 차수) :**

미분방정식에 나타난 도함수의 계수 중 가장 높은 계수를 미분방정식의 **계수**(order)라고 한다. 미분방정식의 최고계 도함수를 포함하는 항의 차수를 그 미분방정식의

차수(degree)라고 한다.

**예** $\frac{dy}{dx} = 3y$ 1계

$x''(t) - 2x'(t) + x(t) = \cos t$ 2계

$(y^{(4)})^{2/3} - 3y'' = \sin x$ 4계

### 15.3 정의 (선형미분방정식) :

다음과 같은 $n$계 미분방정식을 선형미분방정식이라고 한다.

$$\frac{d^n y}{dx^n} + a_{n-1}(x)\frac{d^{n-1}y}{dx^{n-1}} + \cdots + a_1(x)\frac{dy}{dx} + a_0(x)y = f(x)$$

: 1계 선형미분방정식은 다음과 같다.

$$\frac{dy}{dx} + a(x)y = f(x)$$

: 2계 선형미분방정식은 다음과 같다.

$$\frac{d^2y}{dx^2} + a(x)\frac{dy}{dx} + b(x)y = f(x)$$

: 선형이 아닌 미분방정식을 비선형미분방정식이라고 한다.

### 15.4 정의 (미분방정식의 해)

: 미분방정식을 만족하는 함수를 미분방정식의 해(solution)라고 한다.

: 미분방정식 계수만큼의 상수를 갖는 해를 **일반해**(general solution)라고 한다.

: 일반해의 상수자리에 특정한 실수를 대입하여 얻어지는 해를 **특수해**(particular solution)라고 한다.

: 일반해도, 특수해도 아닌 해를 **특이해**(singular solution)라고 한다.

: 미분방정식의 일반해를 구하는 것을 "미분방정식을 푼다"라고 한다.

### 15.5 노트 (미분방정식 해의 존재)

: 모든 미분방정식이 해를 갖는 것은 아니다.

: 미분방정식 $(\frac{dy}{dx})^2 + 1 = 0$은 $(\frac{dy}{dx})^2 + 1 \geq 1$이므로 실수해를 갖지 않는다.

: 미분방정식 $(\frac{dy}{dx})^2 + y^2 = 0$은 유일한 실수해 $y = 0$을 갖는다.

: 미분방정식 $\frac{dy}{dx} + y = 0$은 무한개의 해 $y = ce^{-x}$ ($c$=상수)를 갖는다.

**예** 미분방정식 $\frac{d^2y}{dx^2} + y = 0$ 에 대하여 일반해, 특수해를 구하시오.

**풀이** 일반해 : $y = c_1 \cos x + c_2 \sin x$

특수해 : $y = 2\cos x + 3\sin x$

**예** 미분방정식 $(\frac{dy}{dx})^2 - x\frac{dy}{dx} + y = 0$의 일반해, 특이해를 구하시오.

**풀이** 일반해 : $y = cx - c^2$

특이해 : $y = \frac{1}{4}x^2$

## ■ 모델링

### 15.6 노트 (미분방정식 모델 – 박테리아 증식)

: 박테리아의 증식에 있어서 박테리아 수가 늘어나는 비율은 현재 박테리아 수에 비례한다. $y(t)$를 시간 $t$일 때 박테리아 수라고 하면 박테리아 수의 증식은 다음과 같은 미분방정식으로 표현된다.

$y'(t) = ky(t)$, 여기서 $y(t)$가 개체수를 나타내므로 $y(t) > 0$이다.

: 양변을 적분하여 이 미분방정식을 푸는 과정은 다음과 같다.

$$\int \frac{y'(t)}{y(t)} dt = \int k\,dt \ \Rightarrow \ \ln y(t) = kt + c$$

$$\Rightarrow \ y(t) = e^{kt+c}$$

$$\Rightarrow \ y(t) = Ae^{kt}$$ 여기서 $c$는 적분상수, $A = e^c$ 이다.

: 즉, 박테리아 증식의 일반해는 $y(t) = Ae^{kt}$이다.

**예** 박테리아 배양기에 있는 개체가 두 배로 증가할 때 4시간이 걸린다고 하자. 처음 개체수가 100이라 할 때 시간 $t$에 대한 방정식과 개체수가 6000이 될 때까지 걸리는 시간을 구하시오.

**풀이** 배양기에 있는 박테리아가 늘어나는 비율은 현재 박테리아의 수 $y(t)$에 비례하므로 $y'(t) = ky(t)$이고 일반해는 $y(t) = Ae^{kt}$이다. $t=0$일 때 개체수가 100이고 4시간 후 개체수가 200으로 증가되므로 $y(0) = A = 100$, $y(4) = 100e^{4k} = 200$이다. 양변을 100으로 나눈 후 로그를 취하면 $k = \frac{1}{4}\ln 2$을 얻을 수 있다. 이제 구한 값들을 $y(t) = Ae^{kt}$에 대입하여 개체수를 시간 $t$로 나타내면 $y(t) = 100e^{(\frac{1}{4}\ln 2)t}$이다.

: 개체수가 6000이 될 때까지 걸리는 시간은 $y(t) = 100e^{(\frac{1}{4}\ln 2)t} = 6000$이다. 양변을 100으로 나누면 $e^{(\frac{1}{4}\ln 2)t} = 60$이고 양변에 로그를 취하면 $(\frac{1}{4}\ln 2)t = \ln 60$ 이므로 $t = \frac{4\ln 60}{\ln 2} \approx 23.6276$ 시간을 얻는다.

### 15.7 노트 (미분방정식 모델 - 방사능 붕괴)

: 방사능 물질의 감소 비율은 현재의 양에 비례한다. 시간 $t$일 때 방사능 원소의 양을 $y(t)$라고 하면 $y'(t) = ky(t)$이고 박테리아 증식과 마찬가지로 일반해는 $y(t) = Ae^{kt}$이다. 여기서 $k$를 감소상수(decay constant) 또는 비례상수라고 한다. 방사능 물질에 따라 감소상수 $k$는 다른 값을 갖는다.

: 반감기란 방사성 물질의 양이 절반으로 줄어드는데 걸리는 시간으로, 방사성 물질의 경우 원자가 방사선을 내놓으면서 새로운 원자로 바뀌게 될 때 원자 중에 붕괴되지 않고 살아남은 원자 개수가 처음의 반이 될 때까지 걸리는 시간을 나타낸다.

**예** 화석의 나이를 계산하는 과학자들이 화석에 남아있는 탄소14($^{14}C$)의 양이 처음 양의 20%라고 추측하였다. $^{14}C$의 반감기가 5730년일 때 이 화석의 나이를 계산하시오.

**풀이** $y(t)$를 화석 속에 남아있는 $^{14}C$의 현재 질량이라고 하자. $^{14}C$는 질량에 비례하여 감소하므로 $y'(t) = ky(t)$이고 $k$는 감소상수이다. 따라서 일반해는 $y(t) = Ae^{kt}$이다. $t=0$일 때, $y(0) = y_0$이고, $t=5730$일 때, $y(5730) = \frac{1}{2}y_0$ 이므로 다음을 얻는다.

$$\frac{1}{2}y_0 = y_0 e^{5730k}, \quad e^{5730k} = \frac{1}{2}$$

$$5730k = \ln\frac{1}{2}, \quad k = \frac{1}{5730}\ln\frac{1}{2}$$

$$y(t) = y_0 e^{(-\frac{1}{5730}\ln 2)t} = y_0 2^{-\frac{t}{5730}}$$

현재($t$년)의 질량은 $y(t) = 0.2y_0$이므로 $0.2y_0 = y_0 2^{-\frac{t}{5730}}$이다. 양변을 $y_0$로 나누고 로그를 취하면 다음과 같다.

$$\ln(0.2) = \ln(\frac{1}{5}) = -\frac{t}{5730}\ln 2, \quad t = \frac{5730\ln 5}{\ln 2}$$

따라서 이 화석의 나이는 $t = \dfrac{5730\ln 5}{\ln 2} \simeq 13304$ 년이다.

## 15.8 노트 (미분방정식 모델 - 뉴턴의 냉각법칙)

: 뜨겁거나 차가운 물체를 차갑거나 뜨거운 물체와 섞는다면 물체가 차가워지거나 뜨거워지는 비율은 물체의 온도와 비례하지 않고, 물체와 그 주변 물체와의 온도차에 비례한다.

따라서, $y(t)$ : 시간 $t$ 일 때 물체의 온도,

$T_a$ : 주변 물체의 온도

라고 하면 다음과 같은 미분방정식을 얻을 수 있다.

$$y'(t) = k(y(t) - T_a)$$

여기서 물체의 온도가 주변 물체의 온도보다 큰 냉각의 경우 $y(t) > T_a$ 이므로 다음과 같이 일반해를 얻는다.

$$\int \frac{y'(t)}{y(t) - T_a}dt = \int k\,dt \Rightarrow \ln(y(t) - T_a) = kt + c$$

$$\Rightarrow y(t) - T_a = e^{kt+c}$$

$$\Rightarrow y(t) = T_a + Ae^{kt}$$

**예** 텔라로사에서 갓 뽑아낸 커피의 온도가 $200°F$이다. 온도가 $70°F$인 방 안에서 1분후 커피의 온도는 $180°F$가 되었다. 1) 임의의 시간 $t$일 때 커피의 온도를 구하고 2) 커피의 온도가 $120°F$가 될 때까지의 시간을 구하시오.

**풀이** $y(t)$를 시간 $t$일 때 물체의 온도라고 하면,

$y'(t) = k(y(t)-70)$

$$\int \frac{y'(t)}{y(t)-70}dt = \int k\,dt \Rightarrow \ln|y(t)-70| = kt + c$$

$\Rightarrow y(t) = Ae^{kt} + 70$

1) $y(0) = A + 70 = 200 \Rightarrow A = 130$

$y(1) = 130e^{k} + 70 = 180 \Rightarrow 130e^{k} = 110 \Rightarrow k = \ln\frac{11}{13}$

따라서 시간 $t$일 때 커피의 온도는 $y(t) = 130e^{(\ln\frac{11}{13})t} + 70$이다.

2) $y(t) = 130e^{(\ln\frac{11}{13})t} + 70 = 120$

$130e^{(\ln\frac{11}{13})t} = 50 \Rightarrow e^{(\ln\frac{11}{13})t} = \frac{5}{13} \Rightarrow (\ln\frac{11}{13})t = \ln\frac{5}{13}$

따라서 $t = \dfrac{\ln\frac{5}{13}}{\ln\frac{11}{13}} \approx 5.7198$분 경과 후 커피의 온도가 $120°F$가 된다.

## ■ 1계 미분방정식의 해법

### 15.9 노트 (변수분리형) :

변수분리형은 독립변수와 종속변수를 각각 방정식의 서로 다른 변에 놓고 풀이하는 방법이다. 미분방정식 $\frac{dy}{dx} = f(x,y)$에서 $f(x,y)$가 $f(x,y) = g(x)h(y)$로 인수분해된다면 변수분리형으로 풀 수 있다.

$f(x,y) = g(x)h(y)$이면 $\frac{dy}{dx} = g(x)h(y)$ 이므로 변수변환으로 다음을 얻을 수 있다.

$$\frac{1}{h(y)}\frac{dy}{dx} = g(x) \Rightarrow \int \frac{1}{h(y)}\frac{dy}{dx}dx = \int g(x)dx + c$$

여기서 양변이 적분가능하다면 미분방정식 $\frac{dy}{dx} = f(x,y)$의 해를 구할 수 있다

### 15.10 노트 (변수분리 조건)

: $f(x,y) = g(x)h(y)$이고 $g, h$가 미분 가능한 함수할 때, 다음을 만족하면 $f(x,y)$는

변수분리가 가능하다.

$$f(x, y)f_{xy}(x, y) = f_x(x, y)f_y(x, y)$$

**예** $f(x, y) = 2x^2 + y - x^2y + xy - 2x - 2$이면

$f_x(x, y) = 4x - 2xy + y - 2$

$f_y(x, y) = 1 - x^2 + x$

$f_{xy}(x, y) = -2x + 1$

이므로 $f(x, y)f_{xy}(x, y) = f_x(x, y)f_y(x, y)$을 만족한다. 따라서 $f(x, y)$는 변수분리 가능하다.

**예** $f(x, y) = xy + 1$이면

$f_x(x, y) = y$

$f_y(x, y) = x$

$f_{xy}(x, y) = 1$

이므로 $f(x, y)f_{xy}(x, y) \neq f_x(x, y)f_y(x, y)$이다. 따라서 $f(x, y)$는 변수분리 불가능하다.

**예** 미분방정식 $3yy' + 2x = 0$의 일반해를 구하시오.

**풀이** 변수분리를 하면

$2x\,dx + 3y\,dy = 0$

$\int 2x\,dx + \int 3y\,dy = c$

$x^2 + \frac{3}{2}y^2 = c$

따라서 일반해는 타원이다.

**15.11 정의 (초기값 문제 initial value problem) :**

1계 미분방정식의 일반해는 적분상수를 포함한다. 이 때 일반해가 $y(x_0) = y_0$를 만족하면, 미분방정식은 유일한 해를 갖는다. 이 조건을 초기조건이라고 하고, 초기조건을 갖고 있는 미분방정식을 초기값 문제라고 한다.

**예** 다음 초기값 문제의 해를 구하시오.

1) $\dfrac{dx}{dt} = -2x,\ x(0)=5, t \ge 0$

2) $3yy' + 2x = 0,\ y(0)=1$

**풀이** 1) 변수분리를 하면

$$\frac{1}{-2x}dx = dt$$

$$\int \frac{1}{-2x}dx = \int dt$$

$$-\frac{1}{2}\ln x = t + c$$

$$\ln x = -2t + c$$

따라서 일반해는 $x = Ae^{-2t}$이다. 여기서 초기조건이 $x(0) = 5 = A$이므로 특수해는 $x(t) = 5e^{-2t}$이다.

2) 변수분리를 하면

$$2x\,dx + 3y\,dy = 0$$

$$\int 2x\,dx + \int 3y\,dy = c$$

$$x^2 + \frac{3}{2}y^2 = c$$

따라서 일반해는 타원이다. 여기서 초기조건이 $y(0) = 1$ 즉, $x_0 = 0,\ y_0 = 1$ 이므로 특수해는 $y(0) = 1$를 지나는 타원이다.

$$\frac{x^2}{(\sqrt{\frac{3}{2}})^2} + y^2 = 1$$

## 15.12 정의 (동차형)

: 두 변수 $x, y$에 대하여 $H(x, y)$가 임의의 실수 $k$, 양의 정수 $n$에 대하여 다음을 만족하면 $H(x, y)$를 $n$차 동차식이라고 한다.

$$H(kx, ky) = k^n H(x, y)$$

**예** 동차식

$F(x,y) = x + 4y \quad G(x,y) = x^2 + xy - y^2$ 　　동차식

$F(x,y) = x^2 + 4y \quad G(x,y) = x^2 + xy^2 - y^2$ 동차식이 아니다.

### 15.13 노트 (동차 미분방정식)

다음의 1계 미분방정식에서 $M(x, y), N(x, y)$가 $n$차 동차식일 때 그 미분방정식을 **동차 미분방정식** 또는 동차형이라고 한다.

$M(x, y)dx + N(x, y)dy = 0$

**예** $(x^2 - y^2)\,dx + 2xy\,dy = 0$ 은 동차 미분방정식이다.

### 15.14 노트 (동차 미분방정식 해법)

동차 미분방정식 $M(x, y)dx + N(x, y)dy = 0$은 변수 $y$를 다음과 같이 치환하여 해를 구한다.

$y = ux$ 또는 $u = \dfrac{y}{x}$, $dy = x\,du + u\,dx$

**예** 동차 미분방정식 $(x^2 + y^2)\,dx - 2xy\,dy = 0$ 의 해를 구하시오

**풀이** $(x^2 + y^2)\,dx - 2xy\,dy = 0$

$$(1 + (\frac{y}{x})^2)dx - 2\frac{y}{x}dy = 0$$

$y = ux$ 이면 $dy = x\,du + u\,dx$ 이므로 $(1 + u^2)dx - 2u(x\,du + u\,dx) = 0$ 이다.

변수분리에 의해서

$$\int \frac{1}{x}dx = \int \frac{2u}{1 - u^2}du$$

$$\ln|x| = \ln|1 - u^2| + c_1$$

$$\ln x\,(\frac{x^2 - y^2}{x^2}) = c_1$$

$$\frac{x^2 - y^2}{x} = e^{c_1} = c$$

따라서 일반해는 $x^2 - y^2 = cx$ 이다.

## 연습문제

**1.** 탄소14($^{14}C$)의 반감기는 5730년으로 알려져 있다. 지금 $^{14}C$를 $50g$을 갖고 있을 때 100년 후에 남아있는 양을 계산하시오.

**2.** 어떤 박테리아의 개체 수가 지수적으로 감소하고 있다고 하자. 실험 결과 다음과 같은 데이터가 수집되었다.

| 시간 | 박테리아의 수 |
|---|---|
| 3 | 5969 |
| 6 | 3563 |
| 12 | 1269 |

1) 최초의 박테리아 수는 얼마인가?
2) 일주일 후 남아 있는 박테리아의 수는 얼마인가?
3) 언제 박테리아가 모두 없어지는가?

**3.** 방사성 베릴륨은 깊은 바다 속에 침전되어 있는 화석의 연대를 측정하는데 이용된다. 베릴륨의 붕괴방정식이 다음과 같을 때 베릴륨의 반감기는 얼마인가?

$$\frac{dA}{dt} = -aA \ (a = 1.5 \times 10^{-7})$$

**4.** 데블리너스에서 커피 한 잔을 주문하면 10분이 걸리고, 주문한 사람에게 배달되었을 때의 온도는 $160°F$이다. 2분 후 온도는 $158°F$로 떨어진다. 방의 온도가 $68°F$라고 하면 주방에서 커피가 나왔을 때의 정확한 온도는 얼마인가?

**5.** 다음 초기값 문제의 해를 구하시오.

1) $y' = 4y, \ y(0) = 2$
2) $y' = -3y, \ y(0) = 5$
3) $y' = 2y, \ y(1) = 2$
4) $y' = -3y, \ y(1) = 3$

**6.** 다음 중 변수분리형 미분방정식은?

1) $y\,dx - x\,dy = 0$ 2) $y' = xy^2 - 2xy$

3) $y' = x^2y^2 - 2x^2y$

**7.** 다음 1계미분방정식을 변수분리법을 이용하여 일반해를 구하시오. 초기조건이 주어지면 특수해를 구하시오.

1) $\dfrac{dy}{dx} = \dfrac{e^x}{2y}$ 2) $\dfrac{dy}{dx} = \dfrac{e^y x}{e^y + x^2 e^y}$

3) $y' = 3(x+1)^2 y,\ y(0) = 1$ 4) $y' = \dfrac{4x^2}{y},\ y(0) = 2$

5) $y' = \dfrac{4x}{\cos y},\ y(0) = 0$

**8.** 다음 1차 동차미분방정식의 일반해를 구하시오.

1) $x\,dy = (x+y)\,dx$ 2) $y\,dx = (3x - 2y)\,dy$

3) $y' = \dfrac{x-y}{x+y}$ 4) $y' = \dfrac{3x+2y}{2x-3y}$

# Chapter 16 여러 가지 증명법

수학적 증명은 증명하려는 정리(theorem)를 마지막으로 하는 문장열로 각 문장은 공리이거나 이전에 연역된 것이다. 공리는 증명없이 받아들이는 참인 명제들이다. 수학적 증명을 엄밀하게 논하는 것은 이 책의 목적이 아니므로 우리가 직관적으로 알고 있는 정도로 이해하면 된다. 여기서는 여러 가지 증명방법을 예와 함께 소개하여 증명의 감각을 익히도록 한다.

### 16.1 정의 (직접증명 direct proof)

: 대부분의 정리는 $p \rightarrow q$ 또는 $p \leftrightarrow q$의 형태이다. 후자의 경우는 $p \rightarrow q$와 $q \rightarrow p$를 차례로 증명한다.

: 직접증명은 문장 $p$에서 시작하여 $q$를 얻는 방법이다.

**예** 두 짝수 $x,y$의 합 $x+y$는 짝수다.

**증명** $x,y$를 짝수라 하자

그러면, $x=2k,\ y=2l,\ k,l \in Z$로 놓을 수 있고,

$x+y=2k+2l=2(k+l),\ k+l \in Z$ 이므로 $x+y$는 짝수다. ☑

### 16.2 정의 (대우법 contrapositive)

: $p \rightarrow q$ 와 $\sim q \rightarrow \sim p$ 가 동치임을 이용하여 증명한다.

**예** $x^2-12x+35<0$ 이면 $x>0$이다.

증명 증명하려는 정리의 대우는 다음과 같다.

$x \le 0$ 이면 $x^2 - 12x + 35 \ge 0$이다.

$x \le 0$라고 가정하면, $x-5 \le 0$, $x-7 \le 0$이고

따라서, $x^2 - 12x + 35 = (x-5)(x-7) \ge 0$이다.

$p \to q \Leftrightarrow \sim q \to \sim p$이므로,

$x^2 - 12x + 35 < 0$이면 $x > 0$이다. ☑

## 16.3 정의 (귀류법 contradiction)

: 주어진 가정과 결론의 부정에서 출발하여 모순을 이끌어내어 결론의 부정이 거짓이므로 결론이 참임을 증명하는 방법

: $p \to q$의 증명을 위해 $p$, $\sim q$가 참인 것으로 가정하여 모순을 유도한다.

예 $x^2 - 12x + 35 < 0$ 이면 $x > 0$이다.

증명 $x^2 - 12x + 35 < 0$이고, $x \le 0$이라 하자.

$x^2 < 12x - 35$이고, $x \le 0$이므로 $x^2 < 12x - 35 \le -35 < 0$

이것은 모순이므로 $x^2 - 12x + 35 < 0$이면 $x > 0$이다. ☑

: 즉, $x^2 < 0$이라는 모순된 결과가 나온 것은 결론을 부정한 것이 원인이므로 $x \le 0$일 수 없고 $x > 0$이어야 한다.

예 $\sqrt{2}$가 무리수임을 증명하시오.

증명 $\sqrt{2}$가 유리수라 가정하자.

임의의 유리수는 $\frac{p}{q}$ ($p, q$는 서로소)로 표현되므로 $\sqrt{2} = \frac{p}{q}$라 하면,

$(\sqrt{2})^2 = \left(\frac{p}{q}\right)^2 \Rightarrow 2 = \frac{p^2}{q^2}$을 얻는다.

그러면, $p^2 = 2q^2$으로부터 $p = 2k, k \in Z$를 얻는다.

이제 $p = 2k$를 $p^2 = 2q^2$에 넣으면

$(2k)^2 = 2q^2 \Rightarrow 4k^2 = 2q^2 \Rightarrow 2k^2 = q^2$에서 $q = 2k', k' \in Z$을 얻는다. 즉, $p, q$가 모두 2의 배수가 되고 이는 가정과 모순된다. 따라서

$\sqrt{2}$는 무리수이다. ☑

**예** $\log_2 9$가 무리수임을 증명하시오.

**증명** $\log_2 9$가 유리수라 가정하자.

임의의 유리수는 $\frac{p}{q}$ ($p, q$는 서로소) 로 표현되므로 $\log_2 9 = \frac{p}{q}$ 라 하면, 로그의 정의에 의하여 $2^{\frac{p}{q}} = 9 \Rightarrow 2^p = 9^q$를 얻는다. 그런데 $2^p = 2k, k \in Z$이고, $9^q = 2k' + 1, k' \in Z$이므로 모순이다. 따라서, $\log_2 9$는 무리수이다. ☑

### 16.4 정의 (귀납법 induction)

: 자연수에 대한 공리에 근거를 둔 것으로 그 내용은 다음과 같다.

$n \in N$, $P(n)$ : $n$에 대한 문장일 때 만약

1) $P(1)$ 이 참이고,

2) $k \in N, P(k) \Rightarrow P(k+1)$이 참이면,

$\forall n \in N$, $P(n)$은 참이다.

**예** $1 + 2 + \cdots + n = \frac{n(n+1)}{2}$를 증명하시오.

**증명** $S_n = 1 + 2 + \cdots + n$으로 놓으면,

$P(n) : S_n = \frac{n(n+1)}{2}$이 된다.

1) $S_1 = 1 = \frac{1(1+1)}{2}$이므로 $P(1)$이 참

2) $P(k)$가 참이라고 가정하면(즉, $S_k = \frac{k(k+1)}{2}$)

$$S_{k+1} = S_k + (k+1) = \frac{k(k+1)}{2} + \frac{2(k+1)}{2} = \frac{(k+1)(k+2)}{2}$$

이므로 $P(k+1)$도 참이다.

따라서, 1), 2)에 의하여 $P(n)$은 $\forall n \in N$에 대하여 참이다. ☑

### 16.5 정의 (존재 증명 existence proof)

: 조건을 충족하는 무엇이 있음을 보이는 것으로 실제로 무엇을 제시하지 않고 있음을 보이는 비 구성적(non constructive)방법과 실제로 무엇을 제시하는 구성적(constructive) 방법으로 나뉜다.

**예** $x^y \in Q$을 만족하는 $x, y \in Q^c$가 존재함을 증명하시오.

**증명** $x = y = \sqrt{2}$ 라 하자, 만일 $x^y = \sqrt{2}^{\sqrt{2}} \in Q$이면 증명 끝.

아니라면, 즉 $\sqrt{2}^{\sqrt{2}} \in Q^c$ 라면,

$x = \sqrt{2}^{\sqrt{2}}, y = \sqrt{2}$ 로 놓으면, $x^y = \left(\sqrt{2}^{\sqrt{2}}\right)^{\sqrt{2}} = \sqrt{2}^2 = 2 \in Q$

따라서 $x^y \in Q$을 만족하는 $x, y \in Q^c$가 존재한다. ☑

: $\sqrt{2} \in Q^c$임을 알고 있다.

: $\sqrt{2}^{\sqrt{2}}$가 유리수인지 아닌지와 관계없이 증명했으므로 비 구성적 증명이다.

: 이 문제에 대한 구성적 증명은 다음과 같다.

**예** $x^y \in Q$을 만족하는 $x, y \in Q^c$가 존재함을 증명하시오.

**증명** $x = \sqrt{2}, y = \log_2 9$ 이면 $x^y = \sqrt{2}^{\log_2 9} = 3$ 이므로 $x^y \in Q$을 만족하는 $x, y \in Q^c$가 존재한다. ☑

### 16.6 정의 (부존재 증명 nonexistence proof)

: 존재하지 않음을 증명하는 것도 중요한 의미를 갖는다.

**예** 5차 이상의 방정식은 근의 공식이 없음이 증명되었다.

### 16.7 정의 (반례 counter example)

: 정리를 부정하는 부정 사례를 제시하는 증명법, 주로 "모든 ~에 대해서 ~이다."를 부정하는데 사용된다.

**예** 다음 정리가 참이면 증명하고 거짓이면 반례를 드시오.

**정리** 모든 학생은 게으르다

**증명** 나는 학생이지만 부지런하므로 위 정리는 거짓이다. ☑

**예** 다음 정리가 참이면 증명하고 거짓이면 반례를 드시오.

**정리** 모든 소수(prime)는 홀수이다.

증명 2는 소수이지만 짝수이므로 정리는 거짓이다. ☑

예 $\lim_{n\to\infty} a_n b_n = 0$이면 $\lim_{n\to\infty} a_n = 0$ 또는 $\lim_{n\to\infty} b_n = 0$이다.

증명 $(a_n) = n\%2$, $(b_n) = (n+1)\%2$로 놓으면(여기서 %는 나머지 연산자),

$(a_n) = 0, 1, 0, 1, \cdots, (b_n) = 1, 0, 1, 0, \cdots$이므로 $\lim_{n\to\infty} a_n b_n = 0$이지만 $\lim_{n\to\infty} a_n \neq 0$

이고 $\lim_{n\to\infty} b_n \neq 0$ 따라서 명제는 성립하지 않는다. ☑

### 16.8 정의 (유일성 uniqueness 증명)

: 어떤 조건이나 성질을 만족하는 것이 오직 하나임을 보이는 경우로 대부분 2개로 가정하고 그것이 같은 것임을 보인다.

예 항등원, 역원의 유일성

정리 임의의 연산에 대하여 항등원이나 역원은 존재한다면 유일하다.

증명 1) 항등원

임의의 연산에 있어서 항등원이란 $\forall x, x * e = e * x = x$인 $e$이다.

만일 $e_1, e_2$이 항등원이라면 $e_1 = e_1 * e_2 = e_2 * e_1 = e_2$이므로 $e_1 = e_2$이고 항등원은 유일하다. ☑

2) 역원

임의의 연산에 있어서 어떤 원소 $x$의 역원이란 $x * x^{-1} = x^{-1} * x = e$인 $x^{-1}$이다. 만일 $\chi_1, \chi_2$을 $x$의 역원이라면,

$x * \chi_1 = \chi_1 * x = e$, $x * \chi_2 = \chi_2 * x = e$이므로

$\chi_1 = \chi_1 * e = \chi_1 * (x * \chi_2) = (\chi_1 * x) * \chi_2 = e * \chi_2 = \chi_2$

따라서 $\chi_1 = \chi_2$ 이므로 역원은 유일하다. ☑

### 16.9 정의 (적어도 하나는 ~)

: 확률의 증명에 주로 사용되는 것으로 사건 $A$에 대한 확률 $p(A)$를 계산하는 대신 $p(A^C)$를 구한 후 $p(A) = 1 - P(A^C)$를 이용하여 $p(A)$를 계산한다.

: 확률 문제가 아닌 경우 귀류법이나 대우법을 사용한다.

**예** 생일 문제

1.29에서 다룬 생일문제는 "적어도 하나는 ~" 증명의 대표적 사례다.

**예** 두 방정식 $x^2+bx+c=0$ , $x^2+b'x+c'=0$ 에 대하여 일차항 계수의 곱이 상수항 합의 2배와 같다면 적어도 하나는 실근을 가짐을 증명하시오.

**증명** 두 방정식 모두 허근을 가진다고 가정하고 모순을 유도하기로 하자.

두 방정식이 허근을 갖는다면, $b^2-4c<0, b'^2-4c'<0$을 얻는다. 또한, 문제로부터 $bb'=2(c+c')$을 얻는다. 이 식들로부터

$b^2+b'^2-4c-4c'<0 \Rightarrow b^2+b'^2<4(c+c')=2bb'$

$\Rightarrow b^2+b'^2-2bb'<0$

즉, $(b-b')^2<0$라는 모순이 유도되었다.

따라서 두 방정식 중 적어도 하나는 실근을 갖는다. ☑

### 16.10 정의 (비둘기집 원리 pigeonhole principle)

: $n>m$인 경우 $n$마리의 비둘기를 $m$개의 집에 넣으면 적어도 한 집에는 2마리 이상이 들어간다.

**예** 검은색, 흰색, 파란색 양말이 각각 다섯 켤레 있다고 하자. 무작위로 꺼내서 짝이 맞는 것이 적어도 한 켤레 이상 있기 위해서는 최소 몇 개를 꺼내야하나?

**풀이** 검은색, 흰색, 파란색 상자에 꺼낸 양말을 넣는다고 생각하면 4개의 양말을 꺼낸다면 최악의 경우라도 한 상자에는 두 개가 들어가야 하므로 4개이다.

**예** 원주에는 머리카락의 개수가 같은 사람이 적어도 한 쌍은 있음을 증명하시오.

**증명** 사람의 머리카락은 15만개를 넘지 않는다. 원주에는 30만 명 이상의 사람이 살고 있으므로 비둘기집 원리에 의하여 머리카락의 개수가 같은 사람이 적어도 한 쌍은 있다. ☑

## 연습문제

**1.** 다음을 직접증명법으로 증명하시오.

1) $x^n = 2k+1 \Leftrightarrow x = 2k'+1$

2) $x^n = 2k \Leftrightarrow x = 2k'$

**2.** 다음을 대우법으로 증명하시오.

1) $3n+2 = 2k+1 \Rightarrow n = 2k'+1$

2) $x^n = 2k \Leftrightarrow x = 2k'$

**3.** 인접한 두 정수는 서로소 즉, 1이외의 공약수를 갖지 않음을 귀류법으로 증명하시오.

**4.** 다음 두 가지 성질을 만족하는 집합 $S \subseteq R$에 대하여 $x \in S$이면 $\frac{1}{x} \in S$임을 귀류법으로 증명하시오.

: 임의의 실수 $x$는 배타적으로 $x \in S$이거나 $x = 0$이거나 $-x \in S$ 이다.

: $x \in S$, $y \in S$이면 $xy \in S$이다.

**5.** 1보다 큰 모든 양의 정수는 유한개 소수의 곱으로 표현된다. 어떤 정수 $n$이 $n = p_1 p_2 p_3 \cdots p_k$로 소인수분해 되었을 때, 각 인수들의 자리바꿈을 제외한다면 유일함을 귀류법으로 증명하시오.

**6.** Lagrange 보간다항식의 유일성을 증명하시오.

**7.** $\frac{1}{x} + \frac{1}{y} + \frac{1}{z} = \frac{1}{x+y+z}$ 일 때 $x$, $y$, $z$ 중 어떤 두 수의 합이 0인 것이 적어도 하나는 존재함을 증명하시오

**8.** 다음을 수학적 귀납법으로 증명하시오.

1) $1+3+5+7+\cdots+(2n-1)=n^2,\ n=1,\ 2,\ \cdots$

2) $1+2+2^2+2^3+\cdots+2^n = \dfrac{2^{n+1}-1}{2-1},\ n=1,\ 2,\ \cdots$

3) $n! \geqq 2^{n-1},\ n=1,\ 2,\ \cdots$

4) $2^n > n,\ n=1,\ 2,\ \cdots$

5) $n=1,\ 2,\ \cdots$에 대하여 $n^3-n$은 3으로 나누어떨어진다.

**9.** $|S|=n$이면 $|2^S|=2^n$임을 수학적 귀납법으로 증명하시오.

**10.** 파티에 6명이 모였다. 3명이 파티가 있기 전부터 알던 사람들이거나 아니면 3명은 전혀 알지 못하던 사람임을 비둘기집 원리로 증명하시오.

**11.** 파티에 100명이 모였다. 생일이 같은 달인 사람이 적어도 몇 명이 되는가를 비둘기집 원리로 구하시오.

**12.** 카드 한 벌(52장)이 있다. 적어도 3장이 같은 무늬이기 위해서는 카드를 최소 몇 장을 골라야 하는가?

# 연습문제 풀이

## 제1장 기초대수

**1.1**

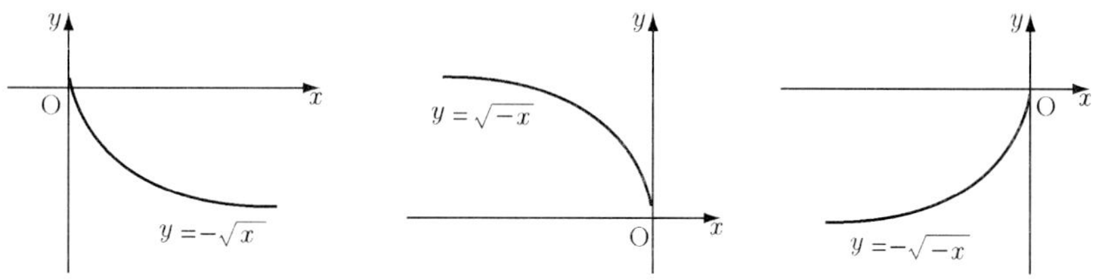


**1.2** $<Z, \times>$는 군이 아니고 나머지는 모두 군이다.

**1.3** 덧셈에 대한 영원소 즉, 항등원은 $0+0\sqrt{2}$이고, $a+b\sqrt{2}$에 대한 음원소 즉, 역원은 $-a+(-b)\sqrt{2}$이다.

**1.4** 짝수 집합이 덧셈에 대해 군임을 보이고, 나머지 세 공리가 만족됨을 보인다. 예를 들어 공리 [R4]는 다음과 같이 증명한다.
$2k, 2k' \in E$ 이면 $2k+2k'=2(k+k')=2(k'+k)=2k'+2k$이므로 성립.
여기서 $2k+2k'=2(k+k')$는 공리 [R6]에 의한 것이 아님을 이해해야 한다.

**1.5** 1) $(x+y)^2=x^2+2xy+y^2$ 2) $(x-y)^2=x^2-2xy+y^2$
3) $(x+y)^3=x^3+3x^2y+3xy^2+y^3$ 4) $(x+y+z)^2=x^2+y^2+z^3+2xy+2yz+2zx$
5) $(ax+b)(cx+d)=acx^2+(ad+bc)x+bd$ 6) $(x+y)(x-y)=x^2-y^2$

**1.6** $3x(x+y)^2$

**1.7** $x=\frac{1}{2}(z+z^*)$, $x=\frac{1}{2i}(z-z^*)$

**1.9** 1) $\frac{3}{x}-\frac{4}{(x-1)}+\frac{2}{(x-2)}$ 2) $-\frac{1}{(x-2)}+\frac{2x+3}{(x^2+7)}$

**1.10** $\frac{1}{s^2+w^2}=-\frac{1}{2iw}\frac{1}{s+iw}+\frac{1}{2iw}\frac{1}{s-iw}$

**1.11** 1) 5 2) -8 3) $\pi$ 4) 3 5) log2

**1.12** 1) x=2.4286 2) x=8 3) x=5 또는 x-7 4) x-4 5) x-2.3946

## 제2장 도형, 삼각법

**2.1** ④ **2.2** $25\pi(cm^2)$ **2.3** $\frac{2\pi}{7}$ **2.4** $\frac{7}{5}$

**2.5** $h=10.5$ **2.6** $h=5.8$

**2.7** $\gamma = \sin^{-1} 0.9962 = 85° \text{ or } 95°$

1) $\gamma = 85°$ 인 경우 $S = \frac{1}{2} \times 29.5 \times 50 \times \sin 59° = 632.2$

2) $\gamma = 95°$ 인 경우 $S = \frac{1}{2} \times 29.5 \times 50 \times \sin 49° = 556.6$

**2.8** $c = 49.2 \quad S = 958.8$

**2.9** 1) $\frac{1+\tan\alpha}{1+\cot\alpha} = \frac{1+\frac{\sin\alpha}{\cos\alpha}}{1+\frac{\cos\alpha}{\sin\alpha}} = \frac{\frac{\cos\alpha+\sin\alpha}{\cos\alpha}}{\frac{\sin\alpha+\cos\alpha}{\sin\alpha}} = \frac{\sin\alpha}{\cos\alpha} = \tan\alpha$

**2.11** $\sin(\alpha-\beta) = \sin\alpha\cos\beta - \cos\alpha\sin\beta$ 이므로

$I_0 \sin(wt-\delta) = I_0(\sin wt\cos\delta - \cos wt\sin\delta)$ 이고

원래의 식에서 $\cos wt, \sin wt$의 계수로부터 다음을 얻는다.

$-I_0 \sin\delta = -\frac{E_0 S}{S^2+R^2}, \; I_0 \cos\delta = \frac{E_0 R}{S^2+R^2}$

두 식의 비로부터 $\frac{\sin\delta}{\cos\delta} = \tan\delta = \frac{E_0 S}{E_0 R} = \frac{S}{R}$을 얻는다.

또한, 두 식의 제곱 합으로부터 $I_0 = \frac{E_0}{\sqrt{S^2+R^2}}$를 얻을 수 있다.

## 제3장 삼각함수와 삼각방정식

**3.1** $x=0$을 제외한 구간에서 $x > \sin(x)$이므로 $x > 0$인 모든 $x$에 대하여 $f(x) > 0$이다.

**3.2** $x_1 + x_2 = 180°$ 이므로 $f(x_1 + x_2) = 0$이다.

**3.3** 1) 228.59° 또는 311.41° 2) 60° 또는 120° 또는 240° 또는 300°

3) 0° 또는 60° 또는 300° 또는 360°

**3.4** 3) $\sin\alpha = \frac{1}{2i}(e^{i\alpha} - e^{-i\alpha})$이므로 $\sinh i\alpha = \frac{1}{2}(e^{i\alpha} - e^{-i\alpha}) = i\sin\alpha$

**3.5** 1) $\sinh(-x) = \frac{e^{-x} - e^{-(-x)}}{2} = \frac{e^{-x} - e^{x}}{2} = -\frac{(e^{x} - e^{-x})}{2} = -\sinh x$

## 제4장 급수

**4.2** $i = k-1 = 2$이므로, $\binom{4}{2}(2)^{4-2}(x)^2 = 16x^2$

**4.3** $10(3a)^3(-2b)^2 = 1080a^3b^2$ 따라서 계수는 1080

**4.4** 일반항이 $\binom{8}{i}x^{8-i}(-\frac{1}{x})^i$이므로 $i=1$일 때 $\binom{8}{1}x^{8-1}(-\frac{1}{x})^1 = -8x^6$이다. $x^6$의 계수는 -8

**4.5** $\cos 2x = 1 - \frac{(2x)^2}{2!} + \frac{(2x)^4}{4!} - \frac{(2x)^6}{6!} + \cdots$

**4.6** $1+\frac{3}{2}x+\frac{9}{8}x^2+\frac{9}{16}x^3+\cdots$ **4.9** 300m

**4.10** 수렴구간에서는 본래의 함수값과 급수로 계산한 근사값이 잘 일치한다. 하지만 수렴 구간 외에서는 오차가 크기 때문에 주의해야 한다.

## 제5장 행렬

**5.1** $\begin{pmatrix} 12 & 12 \\ 12 & 12 \end{pmatrix}$ **5.2** 1) $\begin{pmatrix} 1 & na \\ 0 & 1 \end{pmatrix}$ 2) $\begin{pmatrix} a^n & na^{n-1} \\ 0 & a^n \end{pmatrix}$

**5.3** $\begin{pmatrix} 1 & n(n+1) \\ 0 & 1 \end{pmatrix}$ **5.4** $A^{-1}=\frac{1}{D}\begin{pmatrix} d & -b \\ -c & a \end{pmatrix}, D=ad-bc\neq 0$를 이용할 것.

**5.5** 1) $\begin{pmatrix} 3 & -1 \\ -5 & 2 \end{pmatrix}$ 2) $\begin{pmatrix} \cos\theta & -\sin\theta \\ \sin\theta & \cos\theta \end{pmatrix}$

**5.6** $|cA|=c^n|A|, c\neq 0$이므로 $2^n(-1)^{n+1}(n-1)$

**5.8** 1) $abc$ 2) $(x-y)(x-z)(y-z)$ 3) $a^3+b^3+c^3-3abc$ 4) $2abc$

**5.9** (2, -1, 1) **5.10** (1,3,2) **5.11** (1,3,2)

**5.12** $\left(\frac{23}{4}, \frac{9}{2}, \frac{9}{4}\right)$ **5.13** $\left(\frac{26}{7}, \frac{3}{7}, \frac{19}{7}\right)$ **5.14** 1) $\begin{pmatrix} 2 & 0 & 0 \\ 0 & -4 & 0.75 \\ 0 & 0 & -1.5 \end{pmatrix}$, 2) $\begin{pmatrix} 1 & 0 & 0 \\ -1 & 1 & 0 \\ -1 & 2 & 1 \end{pmatrix}$

**5.15** (3,-4,2)

## 제6장 공간벡터

**6.1** $a=\frac{23}{21}, b=\frac{26}{21}$ **6.2** 그렇다.

**6.3** 1) $|A|=\sqrt{1^2+2^2+(-1)^2}=\sqrt{6}$, $|B|=\sqrt{2^2+2^2+1^2}=3$

2) $U_A=\frac{1}{\sqrt{6}}(1,2,-1)$, $U_B=\frac{1}{3}(2,2,1)$이다.

3) $A\cdot B=(1,2,-1)\cdot(2,2,1)=2+4-1=5$

4) $\cos\alpha=\frac{A\cdot B}{|A||B|}=\frac{5}{3\sqrt{6}}$

**6.4** $x=0$ 또는 $x=1$

**6.5** 1) $A\times B=(1,-5,-1)$, $B\times A=(-1,5,1)$

2) $(A\times C)\cdot B=(5,-1,3)\cdot(3,1,-2)=8$

3) $\overrightarrow{AB}\times\overrightarrow{AC}=(1,0,1)\times(-3,0,5)=(0,-8,0)$, $\frac{1}{2}|\overrightarrow{AB}\times\overrightarrow{AC}|=\frac{1}{2}|(0,-8,0)|=4$

**6.7** 1) 체적$=\begin{vmatrix} 0 & 0 & 0 \\ 0 & 1 & 0 \\ 0 & 1 & 1 \end{vmatrix}=0$ 2) 체적$=\begin{vmatrix} -1 & 0 & 2 \\ 0 & 2 & 5 \\ 1 & 3 & 0 \end{vmatrix}=11$

## 제7장 벡터공간

**7.1** 부분공간인 것은 1), 3), 5), 7) **7.2** $\{a+bx\,|\,a,b\in R\}$ **7.3** $x=5$

**7.4** 1차독립인 것은 1) **7.5** $\{(1,0,0),(0,1,0),(0,0,1)\}$

**7.6** 다음 중에서 $R^3$의 기저는? 1), 3), 4)

**7.7** 1), 2), 3) **7.10** (2,0,0) **7.11** 선형사상 1), 3), 5), 7), 8), 9)

**7.12** (1,1,−1) **7.13** $\begin{pmatrix} -1 & 0 & 0 \\ 0 & 1 & 0 \\ 0 & 0 & -1 \end{pmatrix}$ **7.14** 1) $\begin{pmatrix} 0 & 1 & 1 \\ 1 & 0 & 1 \\ 1 & 1 & 0 \end{pmatrix}$ 2) $\begin{pmatrix} 2 & 0 & 0 \\ 0 & -1 & 0 \\ 0 & 0 & -1 \end{pmatrix}$

**7.15** $\lambda_A=0,\quad \lambda_B=\pm 10$

**7.16** 1) $\begin{pmatrix} 1 & 2 & 0 \\ 0 & 2 & 0 \\ 0 & 0 & 1 \end{pmatrix}$ 2) $f(\lambda)=(1-\lambda)^2(2-\lambda)=0$ 3) $\lambda=1,2$ 4) $\{\{2,1,0\},\{0,0,1\},\{1,0,0\}\}$

**7.17** $A^{-1}=A=\begin{pmatrix} 0 & -i \\ i & 0 \end{pmatrix}$

## 제8장 선형변환

**8.1** 1) $x$축에 대한 반사 2) 원점에 대한 반사 3) $y=x$에 대한 반사 4) $y=-x$에 대한 반사

**8.2** 원점을 기준으로 $x$축으로 2배 확대 **8.3** $\begin{pmatrix} \cos 70^\circ & -\sin 70^\circ & 0 \\ \sin 70^\circ & \cos 70^\circ & 0 \\ 0 & 0 & 1 \end{pmatrix}\begin{pmatrix} 1 & 0 & 0 \\ 0 & 2 & 0 \\ 0 & 0 & 1 \end{pmatrix}\begin{pmatrix} 1 & 0 & 5 \\ 0 & 1 & 0 \\ 0 & 0 & 1 \end{pmatrix}$

**8.4** 5) $\begin{pmatrix} 0.5 & 0 & 0 \\ 0 & 2 & 0 \\ 0 & 0 & 1 \end{pmatrix}\begin{pmatrix} \cos 45^\circ & -\sin 45^\circ & 0 \\ \sin 45^\circ & \cos 45^\circ & 0 \\ 0 & 0 & 1 \end{pmatrix}\begin{pmatrix} 1 & 0 & 1 \\ 0 & 1 & 1 \\ 0 & 0 & 1 \end{pmatrix}$

## 제9장 확률

**9.1** $1-\frac{1}{36}=\frac{35}{36}$ **9.2** $\frac{21}{36}$

**9.3** $p(b_2|b_1)=\frac{1}{4}$ $p(w_2|b_1)=\frac{3}{4}$ $p(b_2|w_1)=\frac{1}{2}$ $p(w_2|w_1)=\frac{1}{2}$

**9.4** $p(b_2|b_1)=\frac{1}{4}$ $p(w_2|b_1)=\frac{3}{4}$ $p(b_2|w_1)=\frac{1}{2}$ $p(w_2|w_1)=\frac{1}{2}$

**9.5** 1) $p(b_2)=p(b_1)p(b_2|b_1)+p(w_1)p(b_2|w_1)=\frac{2}{5}$

2) $p(w_2)=p(b_1)p(w_2|b_1)+p(w_1)p(w_2|w_1)=\frac{3}{5}$

3) $p(b_1|b_2)=\frac{p(b_1)p(b_2|b_1)}{p(b_2)}=\frac{1}{4}$

4) $p(w_1|b_2)=\frac{p(w_1)p(b_2|w_1)}{p(b_2)}=\frac{3}{4}$

**9.6** 1) $p(j)=\sum_{i=1}^{4}p(p_i)p(j|p_i)$

$=0.4(0.05)+0.25(0.1)+0.25(0.15)+0.1(0.9)=0.1725$

2) 4번 프린터

**9.7** 1) $p(j)=\sum_{i=1}^{4}p(m_i)p(\mu|m_i)$

$=0.1(0.35)+0.2(0.2)+0.3(0.3)+0.4(0.15)=0.225$

2) 커피점 $m_3$

## 제10장 확률변수

**10.1**

| 0 | 1 | 2 | 3 |
|---|---|---|---|
| $\binom{17}{5}\binom{3}{0}/\binom{20}{5}$ | $\binom{17}{4}\binom{3}{1}/\binom{20}{5}$ | $\binom{17}{3}\binom{3}{2}/\binom{20}{5}$ | $\binom{17}{2}\binom{3}{3}/\binom{20}{5}$ |

**10.2** 1) $E(X)=3.2$, $Var(X)=E(X^2)-E(X)^2=119.72$ 2) 0.9

**10.3** $P[3\le X\le 4]=\int_3^4 e^{-x}dx=e^{-3}-e^{-4}=0.0315$

**10.4** $E(X)=\int_0^2\frac{x}{2}dx=1$, $E(X^2)=\int_0^2\frac{x^2}{2}dx=\frac{4}{3}$

$Var(X)=E(X^2)-E(X)^2=\frac{1}{3}$

**10.5** 1) $\int_5^7\alpha(x-5)(x-7)dx=\frac{-\alpha 4}{3}=1$이므로 $\alpha=\frac{-3}{4}$ 2) $\frac{2}{3}$

**10.6** 1) $\int_0^2\alpha x dx=2\alpha=1$이므로 $\alpha=\frac{1}{2}$

2) $\int_0^{\frac{1}{2}}\frac{x}{2}dx=\frac{1}{16}$

3) $E(X)=\int_0^2\frac{x^2}{2}dx=\frac{8}{6}$, $E(X^2)=\int_0^2\frac{x^3}{2}dx=2$

$Var(X)=E(X^2)-E(X)^2=\frac{2}{3}$

**10.7** 1) 0.0667 2) 625 3) 0.0667

**10.8** 1) 0.6

$E(X)=1.17$, $E(X^2)=1.91$, $E(Y)=2.12$, $E(Y^2)=5.16$

$Var(X)=0.5411$, $Sd(X)=0.7356$, $Var(Y)=0.6656$, $Sd(Y)=0.8158$

$E(XY)=1\times 0.08+2\times 0.15+3\times 0.2+2\times 0.2+4\times 0.12+6\times 0.05=2.16$

2) $Cov(X,Y)=E(XY)-E(X)E(Y)=-0.3204$

3) $Corr(X, Y) = \dfrac{Cov(X, Y)}{Sd(X)Sd(Y)} = -0.5339$, 음으로 상관, 상관계수의 절댓값이 0.5이상 이면 두 변수는 종속관계로 볼 수 있다.

## 제11장 확률분포

**11.1** 1) 6, 3, 2인 초기하분포

2) $P[X=0] = \dfrac{\binom{3}{0}\binom{3}{2}}{\binom{6}{2}} = \dfrac{1}{5}$, $P[X=1] = \dfrac{\binom{3}{1}\binom{3}{1}}{\binom{6}{2}} = \dfrac{3}{5}$, $P[X=2] = \dfrac{\binom{3}{2}\binom{3}{0}}{\binom{6}{2}} = \dfrac{1}{5}$

**11.2** 1) $P[X=5] = \binom{5}{5}0.7^5(1-0.7)^0 = 0.1681$, 1, 0.8319

2) 3.5, 1.05

**11.3** 1) 0.2169 2) $P[X \geq 3] = 1 - P[X \leq 2] = 1 - \sum_{k=0}^{2} \dfrac{e^{-1.2}1.2^k}{k!}$ 3) 0.3012

**11.4** $m = np = 100 \times 0.02 = 2$

$P[X=5] = \dfrac{e^{-2}2^5}{5!} = 0.0361$

$P[X > 5] = 1 - P[X \leq 5] = 1 - \sum_{k=0}^{5} \dfrac{e^{-2}2^k}{k!}$

**11.5** 1) $P[X \geq 105] = P[\dfrac{X-100}{5} \geq \dfrac{105-100}{5}]$

$= P[Z \geq \dfrac{105-100}{5}]$

$= P[Z \geq 1] = 1 - P[Z \leq 1] = 0.1587$

$P[X \geq 95] = 0.8413$

2) $c = 107.5$

**11.6** $\dfrac{75-\mu}{7} = 0.96$이므로 $\mu = 68.28$

**11.7** $B(1000, 0.8) \sim N(800, 160)$이므로

$P[X \leq 800] = P[Z \leq \dfrac{800-800}{\sqrt{160}}] = P[Z \leq 0] = 0.5$

## 제12장 비선형방정식의 근사해

**12.1** $x = 5$ 또는 7

**12.3** 1) $x = 1.52138$, 다른 2개는 허근 2) $x = 0$ 3) $x = -0.4, 0.7, 4.3$ 근처 4) $x = 2.6962$

**12.4** $x = 3.1748$

## 제13장 보간법

**13.2** $l_0(x)=\dfrac{(x-5)(x-7)}{(2-5)(2-7)},\ l_1(x)=\dfrac{(x-2)(x-7)}{(5-2)(5-7)},\ l_2(x)=\dfrac{(x-2)(x-5)}{(7-2)(7-5)}$

**13.3** $l_0(x)=\dfrac{(x-2.5)(x-2.7)}{0.35},\ l_1(x)=-\dfrac{(x-2)(x-2.7)}{0.1},\ l_2(x)=\dfrac{(x-2)(x-2.7)}{0.14}$

1) $P_2(2.3)=7.39\cdot l_0(2.3)+12.18\cdot l_1(2.3)+14.88\cdot l_2(2.3)=30.7657$

2) $P_2(2.6)=7.39\cdot l_0(2.6)+12.18\cdot l_1(2.6)+14.88\cdot l_2(2.6)=13.4847$

**13.4** $l_0(x)=\dfrac{(x-2.5)(x-2.7)(x-2.8)}{(2-2.5)(2-2.7)(2-2.8)},\ l_1(x)=\dfrac{(x-2)(x-2.7)(x-2.8)}{(2.5-2)(2.5-2.7)(2.5-2.8)},$

$l_2(x)=\dfrac{(x-2)(x-2.5)(x-2.8)}{(2.7-2)(2.7-2.5)(2.7-2.8)},\ l_3(x)=\dfrac{(x-2)(x-2.5)(x-2.7)}{(2.8-2)(2.8-2.5)(2.8-2.7)}$

$P_3(x)=7.39\cdot l_0(x)+12.18\cdot l_1(x)+14.88\cdot l_2(x)+16.45\cdot l_3(x)$

**13.5** $l_0(x)=\dfrac{(x-15)(x-20)(x-25)}{(10-15)(10-20)(10-25)},\ l_1(x)=\dfrac{(x-10)(x-20)(x-25)}{(15-10)(15-20)(15-25)},$

$l_2(x)=\dfrac{(x-10)(x-15)(x-25)}{(20-10)(20-15)(20-25)},\ l_3(x)=\dfrac{(x-10)(x-15)(x-20)}{(25-10)(25-15)(25-20)}$

$P_3(12)=0.5\cdot l_0(12)+0.7\cdot l_1(12)+0.9\cdot l_2(12)+0.6\cdot l_3(12)$

$P_3(22)=0.5\cdot l_0(22)+0.7\cdot l_1(22)+0.9\cdot l_2(22)+0.6\cdot l_3(22)$

**13.8**

| $x_k$ | $f[x_k]$ | $f[\ ,\ ]$ | $f[\ ,\ ,\ ]$ |
|---|---|---|---|
| 2 | 7.39 | | |
| | | 9.58 | |
| 2.5 | 12.18 | | 5.6 |
| | | 13.5 | |
| 2.7 | 14.88 | | |

**13.9** $P_2(x)=7.39+9.58(x-2)+5.6(x-2)(x-2.5)$

$f(2.3)=P_2(2.3)=9.928$

$f(2.6)=P_2(2.6)=13.474$

**13.10**

| $x_k$ | $f[x_k]$ | $f[\ ,\ ]$ | $f[\ ,\ ,\ ]$ | $f[\ ,\ ,\ ,\ ]$ |
|---|---|---|---|---|
| 2 | 7.39 | | | |
| | | 9.58 | | |
| 2.5 | 12.18 | | 5.6 | |
| | | 13.5 | | 2.16 |
| 2.7 | 14.88 | | 7.33 | |
| | | 15.7 | | |
| 2.8 | 16.45 | | | |

$P_3(x)=7.39+9.58(x-2)+5.6(x-2)(x-2.5)+2.16(x-2)(x-2.5)(x-2.7)$

**13.12** 1)

| $x_i$ | $f[x_i]$ | $f[\ ,\ ]$ | $f[\ ,\ ,\ ]$ | $f[\ ,\ ,\ ,\ ]$ | $f[\ ,\ ,\ ,\ ,\ ]$ |
|---|---|---|---|---|---|
| 1 | 0 | | | | |
| | | 0.3522 | | | |
| 1.5 | 0.1761 | | -0.1024 | | |
| | | 0.2498 | | 0.0311 | |
| 2 | 0.3010 | | -0.0558 | | -0.0089 |
| | | 0.1940 | | 0.0133 | |
| 2.5 | 0.3980 | | -0.0358 | | |
| | | 0.1582 | | | |
| 3 | 0.4771 | | | | |

2) $P_4(x) = 0 + 0.3522(x-1) + 0.1024(x-1)(x-1.5)$
$\quad + 0.0311(x-1)(x-1.5)(x-2) - 0.0089(x-1)(x-1.5)(x-2)(x-2.5)$

3) $\log(1.567) = P_4(1.567) = 0.1952,\ \log(2.689) = P_4(2.689) = 0.8412$

**13.13** $|e_4(0.8)| = \left| \frac{f^{(5)}(\xi)}{5!}(0.8-1)(0.8-1.5)(0.8-2)(0.8-2.5)(0.8-3) \right|$

$$= \frac{0.6283}{120} e^{\xi}, 1 < \xi < 3$$

$e^{\xi} < e^3 < 20.1$ 이므로, $|e_4(0.8)| \le 0.1052$

## 제14장 수치미분과 적분

**14.1** ${}_f f'(2.0) = 4.1,\ {}_b f(2.0) = 3.9,\ {}_c f(2.0) = 4.0$

**14.2** ${}_f f'(2.0) = 4.0, {}_b f'(2.0) = 4.0$

**14.3** $|E_T| = \left| -\frac{h^2}{6} f_0{}''' \right| \le \frac{h^2 \frac{3}{8} (\frac{1}{\sqrt{\xi}})^5}{6} \le 0.00000064$

**14.4** $h = 0.5,\ \int_0^1 e^{-x^2} dx \simeq \frac{0.5}{2}(e^0 + 2e^{-0.5^2} + e^{-1}) = 0.7314$

**14.5** $h = 0.25, \int_0^1 e^{-x^2} dx \simeq \frac{0.25}{2}(e^0 + 2(e^{-0.25^2} + e^{-0.5^2} + e^{-0.75^2}) + e^{-1}) = 0.7430$

**14.6** $y = \sqrt{1-x^2}, h = 0.25,\ \int_0^1 \sqrt{1-x^2}\, dx = \frac{h}{3}(y_0 + 4(y_1 + y_3) + 2y_2 + y_4) = 0.7717$

**14.7** $y = x^3, h = \frac{1}{3},\ \int_0^1 x^3 dx = \frac{3h}{8}(y_0 + 3y_1 + 3y_2 + y_3) = 0.25$

**14.8** 1) $T_6 = \frac{h}{2}(y_0 + 2(y_1 + y_2 + y_3 + y_4 + y_5) + y_6) = 27.5$

2) $S_6 = \frac{h}{3}(y_0 + 4(y_1 + y_3 + y_5) + 2(y_2 + y_4) + y_6) = 26.33$

**14.9** 1) $y=x^2+1, h=0.25$, $\int_0^1 (x^2+1)dx = \frac{h}{2}(y_0+2(y_1+y_2+y_3)+y_4)=1.3438$

2) $y=x^2+1, h=0.25$, $\int_0^1 (x^2+1)dx = \frac{h}{3}(y_0+4(y_1+y_3)+2y_2+y_4)=1.3333$

**14.10** $|e_T| \le \left|\frac{-(7-5)h^2e^7}{12}\right| \simeq 183h^2$, $h=\frac{7-5}{n}$이고, $183(\frac{2}{n})^2 \le 5\cdot 10^{-4}$를 만족하는 가장 작은 $n$은 $n=1211$이다.

## 제15장 미분방정식

**15.1** $y(100)=50e^{\frac{-\ln 2}{5730}100}=49.398g$

**15.2** 1) $Ae^{3k}=5969$, $Ae^{6k}=3563$에서 $e^{3k}=\frac{3563}{5969}$이고, $k=\frac{1}{3}\ln\frac{3563}{5969}$이므로,

$A=9999.708$

2) $y(168)-9999.708e^{\frac{1}{3}\ln\frac{3563}{5969}168} \approx 0$

3) $y(t)=9999.708e^{\frac{1}{3}\ln\frac{3563}{5969}t}<1$를 만족하는 가장 작은 $t=54$이므로 54시간 후

**15.3** $\frac{dA}{A}=-a\,dt \to \int\frac{dA}{A}=\int -a\,dt \to \ln A=-at+c \to A=ce^{-at}$

$\frac{A}{2}=Ae^{-at}$인 $t$를 구하면 $t=\frac{\ln 2}{a}=4{,}620{,}981$년

**15.4** $y(t)=T_a+Ae^{kt}$, $y(10)=68+Ae^{10k}=160$, $y(12)=68+Ae^{12k}=158$

$\to e^{2k}=\frac{90}{92} \to k=\frac{1}{2}\ln\frac{45}{46}$, $A=92e^{-10\cdot\frac{1}{2}\ln\frac{45}{46}}=92\cdot\left(\frac{45}{46}\right)^{-5}$

$\to y(0)=68+A=68+92\cdot\left(\frac{45}{46}\right)^{-5}\approx 171^\circ F \approx 77.2^\circ C$

**15.5** 1) $y'=4y,\ y(0)=2$

$\frac{y'}{y}=4 \to \ln y=4t+c \to y=Ae^{4t},\ y(0)=A=2\ \therefore\ y(t)=2e^{4t}$

2) $y'=3y,\ y(0)=5$

$\frac{y'}{y}=-3 \to \ln y=3t+c \to y=Ae^{-3t},\ y(0)=A=5\ \therefore\ y(t)=5e^{-3t}$

3) $y'=2y,\ y(1)=2$

$\frac{y'}{y}=2 \to \ln y=2t+c \to y=Ae^{2t},\ y(1)=Ae^2=2\ \therefore\ y(t)=2e^{-2}e^{2t}=2e^{2(t-1)}$

4) $y'=-3y,\ y(1)=3$

$\frac{y'}{y}=-3 \to \ln y=-3t+c \to y=Ae^{-3t},\ y(1)=Ae^{-3}=3\ \therefore\ y(t)=3e^3e^{-3t}=3e^{3(1-t)}$

**15.6** 1) $\int \frac{dx}{x} = \int \frac{dy}{y} \rightarrow \ln|x| = \ln|y| + c \rightarrow \ln\left|\frac{y}{x}\right| = c \rightarrow \frac{y}{x} = e^c \rightarrow y = e^c x$

2) $\frac{dy}{y^2-2y} = xdx \rightarrow \int \frac{1}{2}(\frac{1}{y-2} - \frac{1}{y})dy = \int xdx$

$\rightarrow \frac{1}{2}(\ln|y-2| - \ln|y|) = \frac{1}{2}x^2 + \bar{c} \rightarrow \ln\left|\frac{y-2}{y}\right| = x^2 + 2\bar{c} = x^2 + c$

$\rightarrow \frac{y-2}{y} = Ae^{x^2}, A = e^c \rightarrow y = \frac{2}{1-Ae^{x^2}}$

3) $\frac{dy}{y^2-2y} = x^2dx \rightarrow \int \frac{1}{2}(\frac{1}{y-2} - \frac{1}{y})dy = \int x^2dx$

$\rightarrow \frac{1}{2}(\ln|y-2| - \ln|y|) = \frac{1}{3}x^3 + \bar{c} \rightarrow \ln\left|\frac{y-2}{y}\right| = \frac{2}{3}x^3 + 2\bar{c} = \frac{2}{3}x^3 + c$

$\rightarrow \frac{y-2}{y} = Ae^{\frac{2}{3}x^3}, A = e^c \rightarrow y = \frac{2}{1-Ae^{x^2}} \rightarrow y = 2(1-Ae^{\frac{2}{3}x^3})$

**15.7** 1) $\frac{dy}{dx} = \frac{e^x}{2y} \rightarrow 2ydy = e^x dx \rightarrow y^2 = e^x + c$

2) $\frac{dy}{dx} = \frac{x}{1+x^2} \rightarrow dy = \frac{1}{2}\frac{2x}{1+x^2}dx \rightarrow y = \frac{1}{2}\ln|1+x^2| + c \rightarrow y = \ln\sqrt{1+x^2} + c3)$

$\frac{y'}{y} = 3(x+1)^2 \rightarrow \ln y = (x+1)^3 + c \rightarrow y = Ae^{(x+1)^3} \rightarrow y(0) = Ae = 1$이므로,

$y = e^{(x+1)^3 - 1}$

4) $ydy = 4x^2dx \rightarrow \frac{1}{2}y^2 = \frac{4}{3}x^3 + c \rightarrow y(0) = 2$이므로 $c = 2 \rightarrow 8x^3 - 3y^2 = -12$

5) $\cos y\, dy = 4x\, dx \rightarrow \sin y = 2x^2 + c \rightarrow y(0) = 0$이므로 $c = 0 \rightarrow \sin y = 2x^2$

**15.8** 1) $y = ux$로 놓으면, $dy = udx + xdu$

$x(udx + xdu) = (x + ux)dx \rightarrow \frac{1}{x}dx - du = 0 \rightarrow y = x\ln x + cx$

2) $y = ux,\ dy = udx + xdu$

$uxdx = (3x - 2ux)(udx + xdu) \rightarrow 2xudx - 2u^2xdx = 2ux^2du - 3x^2du$

$\rightarrow \frac{2x}{x^2}dx = \frac{2u-3}{u-u^2}du \rightarrow \ln x^2 = \int \frac{2u-3}{u(1-u)} = \int (\frac{1}{u-1} - \frac{3}{u})du = \ln|\frac{u-1}{u^3}| + c$

$\rightarrow \ln x^2 = \ln\left|\frac{\frac{y}{x} - 1}{\frac{y^3}{x^3}}\right| + c \rightarrow x^2y^3 = c(x^2y - x^3) \rightarrow y^3 = c(y - x)$

3) $y = ux,\ dy = udx + xdu$

$(xdu + udx)(x + ux) = (x - ux)dx \rightarrow -\frac{dx}{x} = \frac{1}{2}\frac{2(1+u)}{u^2+2u-1}du$

$\rightarrow \ln\frac{1}{x} = -\ln|x| = \frac{1}{2}\ln|u^2+2u-1|+c = \ln c(\frac{y^2}{x^2}+2\frac{y}{x}-1)$

$\rightarrow x = c(y^2+2xy-x^2)$

4) $y = ux,\ dy = udx + xdu$

$(2x-3y)dy = (3x+2y)dx \rightarrow (2-3\frac{y}{x})dy = (3+2\frac{y}{x})dx$

$\rightarrow (2-3u)(udx+xdu) = (3+2u)dx \rightarrow \frac{2-3u}{1+u^2}du = \frac{3}{x}dx$

$\rightarrow 2\tan^{-1}u - \frac{3}{2}\ln(1+u^2) = 3\ln|x|+c$

$\rightarrow 2\tan^{-1}\frac{y}{x} = \ln[x^3\sqrt{(1+\frac{y^3}{x^2})^3}]+c$

## 제16장 여러 가지 증명법

**16.11** 9명 **16.12** 9장

# 찾아보기

**| ㄴ |**



**| ㄷ |**



**| ㄹ |**

**| ㅇ |**

**| ㅈ |**

**| ㅎ |**

## 강 태 원

연세대학교 수학과, 고려대학과 컴퓨터학과에서 학사를 취득하였고, 고려대학교 컴퓨터학과에서 석사와 박사학위를 취득하였다. 현재 국립강릉원주대학교 컴퓨터공학과 교수로 재직 중이다. 인공지능을 전공하였으며 복잡계 네트워크, 퍼지이론, 유전 알고리즘, 인공신경망 등 계산지능을 연구하고 있다.

## 한 수 경

연세대학교 수학과에서 학사, 석사, 박사학위를 취득하였다. 국립강릉대학교 컴퓨터공학과 BK교수로 재직했으며, 현재 국립강릉원주대학교, 연세대학교 등에서 강의를 하고 있다. 미분기하학을 전공하였으며 컴퓨터그래픽스, 계산이론, 수치해석을 연구하고 있다.



**아하! e-러닝강좌가 있는,**

**컴퓨터 응용수학**

2014년 2월 15일 초판 인쇄
2014년 2월 20일 초판 발행

저 자 / 강태원 · 한수경
발행자 / 오판근
발행처 / 교우사

주 소 / 서울특별시 동대문구 약령시로 8 교우빌딩 2층
전 화 / 925-2861(代), 편집부 / 925-2825
팩 스 / 925-2860
E-mail / kyowoo@kyowoo.co.kr
http://www.kyowoo.co.kr

등록 / 1994. 3. 24 제6-0256호

ISBN 979-11-251-0003-4 (93410)

값 20,000원